6 シリーズ 予測と発見の科学

北川 源四郎・有川 節夫・小西 貞則・宮野 悟 [編集]

データ同化入門

—次世代のシミュレーション技術—

樋口 知之 [編著]

上野 玄太
中野 慎也
中村 和幸
吉田 亮 [著]

JN312437

朝倉書店

執筆者（＊は編著者）

＊樋口　知之	統計数理研究所所長
上野　玄太	統計数理研究所准教授
中野　慎也	統計数理研究所助教
中村　和幸	明治大学先端数理科学研究科特任講師
吉田　　亮	統計数理研究所准教授

まえがき

天気予報で放映される宇宙から撮影された雲の動きや，海岸にて大きな波が岩にぶつかり砕け散る様子のように，大小の空間スケールと時間スケールの変動が密接に連携した躍動感あふれる現象は，忙しい現代人に一定の心理的やすらぎを与えてくれる．その理由をここで深く追究するつもりは毛頭ないが，「雲や波の形状は次の瞬間にはこのようになっているのでは」と，頭の中で“予測ゲーム”を無意識に楽しんでいる自分にふと気がつく瞬間がある．眼前の現象を精度良く予測できることは，ここまで進化してきた生命の根源的資質であり，人間は特に無上の喜びを感じるようにプログラミングされている．よって，複雑な現象を精度良く予測し，未来にうまく対処したり，さらには対象を制御したいという欲求はきわめて自然である．

この予測という行為を科学的に実現するには大別して二つの流儀がある．一つは，人間が広くは生命すべてが採用している帰納的アプローチである．要は，予測の主体が獲得した現在の環境情報 (本書の場合は単純に計測データあるいは観測データと言ってもよい) を，過去の経験の蓄積から構成された予測法と照らし合わせ分析するやり方である．このアプローチの利点は，難しい理屈を習わなくても，“見よう見まね”で学習則を内発的につくることができる点である．子供が二輪自転車に乗れるようになるまで，また，鉄棒の逆上がりができるようになるまでを考えればすぐに理解できよう．このアプローチはデータ解析や統計解析と言え，最近の専門領域の言葉で言えばデータマイニング，機械学習，統計科学等がその代表的なものとしてあげられる．帰納的アプローチの最大の弱点は，過去に一度も起こったことのないきわめてまれな現象を予測することは本質的にできない点である．つまり，現象間の内挿は可能だが，単純な意味での外挿は実現できない．このことを時間領域で解釈すれば，長期予測はきわめて難しいことを意味している．

この困難は，もう一つのアプローチである演繹的アプローチで理論上は克服可能である．まずは現象を記述する支配方程式 (第一原理) を見出し，この方程式を解くことで長期予測を行うのである．通常解析的に解を得られることは，きわめて単純な問題設定を除いてあり得ないため，計算機上で数値的に解を求めていく．つまりシミュレーションの実施により長期予測を実現する．しかしながら計算機の記憶容量や計算速度にはいつの時代にも限界があり，よってシミュレーションによって厳密に解を求めることはできない．また，解法にあたっては方程式そのもの以外にも初期条件や境界条件といった別の情報も必要不可欠で，それらは眼前の現象から読み取らねばならない．というのもシミュレーションはたいていの場合，時間積分や空間積分によって解を求めるからである．現実を忠実に写した初期条件や境界条件を設定することは不可能であり，その意味でもシミュレーションによって現実を完全に再現した解を得ることはできない．さらにシミュレーションによるアプローチの最大の難点は，支配方程式自体がよくわからない，あるいは存在しないような現象の予測を求められた際に，問題解決に向けた明確な統一的指針がない点である．

このように帰納的アプローチ，演繹的アプローチともに各々強みと弱みがあるが，それらは幸いなことに相補的である．そこで求められるのが二者の協調で，これにより 1 + 1 = 2 でなく，2 以上を狙う．協調作業のイメージとしては，例えば，シミュレーションが生み出す計算結果をデータ解析によって検証し，その検証結果をシミュレーションの計算に作用させたり，あるいはデータ解析が示唆するシミュレーション変数間の統計的な関係をシミュレーション計算に明示的に取り込み，その結果をまた統計的関係式の修正に利用するなどの形態があげられる．本書が取り扱うデータ同化は，上述したような，片方で得られた結果をもう片方に作用させ，その結果が自分に跳ね返ってくるといった，いわば情報循環作業を実現する技術である．

データ同化にはオンライン型とオフライン型の二種がある．現象に関連したデータが時系列の場合，オンライン型はデータが得られるたびに，またオフライン型はすべてのデータを得た時点で情報循環作業を行う．オンライン型は逐次型，またオフライン型は非逐次型と通常呼ばれている．本書では逐次データ同化と呼ばれる手法のみを取り扱う．その代表的なものには，カルマンフィルタ，アンサンブルカルマンフィルタ，粒子 (パーティクル) フィルタがある．一方，非逐次型データ同化手法として有名な手法は 4 次元変分法で，その中でもアジョイント法は特に有名である．実際，気象庁等の海洋・気象予報の現業機関で採用されている．

本書は，理工系大学の学部生から大学院の学生，また企業における技術者・実務者を対象に，データ同化の基本から応用までを学んでいただくためのテキストである．理工系大学の教養課程の数学の知識を持っていれば，独習できるようになっている．最低限必要な数学の知識は，1 章にまとめてあるので，本書を手に取られた読者はまずその節でレベルを確認されたい．またやや導出が難解な数式は，適宜付録において丁寧に解説することで，読者の理解に供した．

データ同化という言葉を初めて耳にする方も多いと思われるので，本書ではまずデータ同化の基本的な枠組みを，次に計算アルゴリズム，そしてデータ同化の利点が効果的に実現された応用例の紹介をいくつか行う．1 章では，まずデータ同化とは何かを，その研究の歴史を振り返りながら，研究目的を中心に解説する．逐次データ同化を理解する上で最も重要な概念である状態ベクトルを定義する．また，全体を通して理解しておいてもらいたい数学的準備をここで行う．2 章では，通常のシミュレーションと不確実性を伴うシミュレーションとの差異を説明し，後者の場合，確率分布の時間発展を求めることが本質的であることを強調する．3 章では，逐次データ同化のすべての手法の基本となる，逐次更新式を説明する．前半の残りは，その更新式を具現化した各手法の解説にあてている．4〜7 章でカルマンフィルタ，アンサンブルカルマンフィルタ，粒子フィルタ，そして融合粒子フィルタを各々解説する．

後半は応用の解説である．表に，採用した逐次データ同化の手法，利用したシミュレーションモデル，データセット，データ同化の主な目的をまとめた．8 章ではアンサンブルカルマンフィルタを気象・海洋結合モデルと人工衛星データを用いたデータ同化に適用した例を，9 章では粒子フィルタを津波シミュレーションと潮位計を用いたデータ同化に応用した例を示す．10 章では，融合粒子フィルタを宇宙空間のシミュレーションモデルと人工衛星データを用いたデータ同化に適用した事例を解説する．最後の 11 章では，生命体シミュレーションとゲノム情報データを用いた生命体データ同化に粒子フィルタを適用した成功例を示す．

目次からわかるように，本書は前半は理論編，後半は応用編の二部構成である．各章の概略を図に示した．理論編はさらに，基礎概念編と基本アルゴリズム編，そ

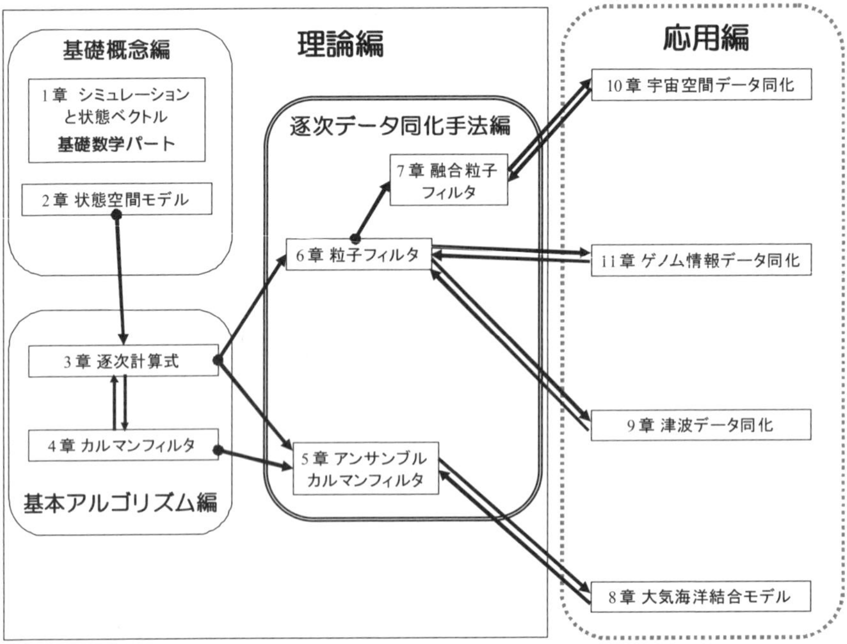

図　各章の関係

して逐次データ同化手法編の三つに分かれる．すでに時系列解析，信号処理，制御等の分野で状態空間モデルの知識がある読者は，1, 2 章を読んだ後に，3, 4 章は読み飛ばして逐次データ同化手法編からじっくりと読まれたい．一方，シミュレーション計算の経験はあるが状態空間モデルについては知識のない読者で，手っ取り早くデータ同化をやってみたい方は，1〜3 章までの基礎的な理論部分の後は，まずは 6 章の粒子フィルタのみを先に理解していただき，そののち，4, 5, 7 章の手法を理解すればよい．またすでに具体的シミュレーションモデルが手元にある読者は，後半の応用編 (8 章以降) のどの章でもよいから，興味を持ったところから読み始め，必要に応じて図中の矢印に従い理論編の章に立ち戻り手法に関する理解を深めていけば十分である．データ同化について既知の読者は，まず付録 B.2 の他書との対応表を見ながら，1〜4 章をじっくりと読まれることをお薦めする．既刊の書籍にはない，データ同化に関する統一的な視点が得られるはずである．

この研究の多くは，科学技術研究振興機構 (JST) の戦略的創造研究推進事業

表　応用例

章	手法	シミュレーションモデル	データセット	主な目的
8	アンサンブルカルマンフィルタ	大気海洋結合モデル(流体の方程式)	人工衛星観測による海面高度時空間データ	エルニーニョ現象の再現
9	粒子フィルタ	津波シミュレーション(浅水波方程式)	津波時の日本海沿岸での潮位データ	海底地形データの補正
10	融合粒子フィルタ	プラズマシミュレーション(ボルツマン方程式)	人工衛星撮像による画像データ	宇宙空間プラズマの分布の推定
11	粒子スムーザ	生命体モデル(ペトリネット)	遺伝子発現データ	遺伝子ネットワークの推定

(CREST) による,「先端的データ同化手法と適応型シミュレーションの研究」プロジェクトの成果によるものである．プロジェクトコアメンバーは樋口を研究代表者として，統計数理研究所の上野玄太准教授，吉田亮准教授，中野慎也助教，中村和幸博士 (現在，明治大学特任講師)，稲津大祐博士 (現在，東北大学産学連携研究員)，石垣司博士 (現在，東北大学講師)，斎藤正也博士，林圭佐博士，井元智子博士である．CREST 研究員の稲津，斎藤，林の各氏，および宇宙航空研究開発機構の高木亮治准教授，今川健太郎博士，九州大学大学院博士後期課程の廣瀬慧君，東北大学大学院博士後期課程の加藤博司君らの方々には原稿を丁寧に読んでいただき，数多くの指摘を頂戴した．本書の出版にあたっては，朝倉書店編集部にはひとかたならぬお世話になった．ここに感謝を申し上げたい．

2011 年 8 月

樋 口 知 之

目　　次

1. シミュレーションと状態ベクトル ……………………(樋口知之)　1

1.1　データ同化とは ………………………………………… 1

1.1.1　シミュレーションとデータ解析の協調作業 ……………… 1

1.1.2　データ同化の目的 …………………………………… 2

1.2　シミュレーションと状態ベクトル ……………………… 4

1.2.1　状態ベクトルの定義 ………………………………… 4

1.2.2　"完璧"シミュレーションは実現可能か？ ……………… 6

1.2.3　確率シミュレーションとシステムノイズ ……………… 8

1.3　数学的準備 ……………………………………………… 8

1.3.1　条件付き確率と周辺化 ……………………………… 8

1.3.2　ガウス分布とデルタ関数 …………………………… 9

1.3.3　期　待　値 ………………………………………… 10

1.3.4　尤度の分解 ………………………………………… 11

1.3.5　ベイズの定理 ……………………………………… 12

1.3.6　事後確率最大解 …………………………………… 13

2. 状態空間モデル ……………………………………(上野玄太)　16

2.1　シミュレーション ……………………………………… 16

2.2　システムモデル ………………………………………… 18

2.2.1　初期条件の不確実性 ………………………………… 19

2.2.2　時間発展過程の不確実性 …………………………… 21

2.2.3　システムモデル ……………………………………… 23

2.3　観測モデル ……………………………………………… 26

2.3.1　観測行列，観測演算子 ……………………………… 26

2.3.2 観測との比較から観測の取り込みへ …… 27
2.3.3 観測モデル，観測ノイズ …… 29
2.4 状態空間モデル …… 30

3. 逐次計算式 ……(樋口知之) 31
3.1 状態空間モデルの一般化 …… 31
3.1.1 非線形・非ガウス状態空間モデル …… 31
3.1.2 線形・ガウス状態空間モデル …… 31
3.1.3 一般状態空間モデル …… 32
3.1.4 データ同化の計算困難性 …… 33
3.2 逐次ベイズフィルタ …… 34
3.2.1 3つの分布 …… 34
3.2.2 予測とフィルタ …… 36
3.2.3 長 期 予 測 …… 37
3.2.4 シミュレーションの更新と観測のタイミング …… 38
3.3 平滑化アルゴリズム …… 39
3.3.1 固定区間平滑化 …… 39
3.3.2 固定点平滑化 …… 40
3.3.3 固定ラグ平滑化 …… 41
3.4 パラメータの推定とモデルの評価 …… 43
3.4.1 最 尤 法 …… 43
3.4.2 拡大状態ベクトルによる最適化 …… 44

4. カルマンフィルタ ……(上野玄太) 47
4.1 一期先予測，フィルタ，平滑化の一般的表現 …… 47
4.2 線形・ガウス状態空間モデル …… 48
4.3 カルマンフィルタ …… 49
4.3.1 一期先予測 …… 49
4.3.2 フ ィ ル タ …… 52
4.3.3 カルマンフィルタ …… 53
4.3.4 適 用 例 …… 55

4.3.5　ま　と　め …… 57
4.4　平　滑　化 …… 57
4.4.1　固定点平滑化 …… 59
4.4.2　固定ラグ平滑化 …… 66
4.4.3　固定区間平滑化 …… 71
4.4.4　適　用　例 …… 74
4.4.5　ま　と　め …… 76
4.5　線形最小分散推定，直交射影，線形最小分散フィルタ …… 76

5.　アンサンブルカルマンフィルタ ……(中村和幸)　78
5.1　拡張カルマンフィルタ …… 78
5.2　アンサンブル近似 …… 79
5.3　アンサンブルカルマンフィルタの手続き …… 80
5.3.1　一期先予測 …… 81
5.3.2　フ　ィ　ル　タ …… 82
5.3.3　手続きのまとめ …… 83
5.4　アンサンブルカルマンフィルタの特性 …… 83
5.4.1　一期先予測 …… 84
5.4.2　フ　ィ　ル　タ …… 85
5.5　アンサンブルカルマンフィルタの行列表現 …… 88
5.6　アンサンブルカルマンスムーザ …… 91
5.6.1　平滑化アルゴリズム …… 91
5.6.2　導　　　出 …… 92
5.7　非線形観測システム …… 94
5.8　適　用　例 …… 96
5.9　ま　と　め …… 100

6.　粒子フィルタ ……(中野慎也)　101
6.1　アルゴリズムの概要 …… 101
6.2　粒子フィルタの導出 …… 104
6.3　利点と問題点 …… 106

6.4 粒子スムーザ ……108
6.5 実装のための留意点 ……110
6.5.1 重みの計算 ……110
6.5.2 リサンプリングの方法 ……111
6.6 適 用 例 ……112
6.7 ま と め ……115

7. 融合粒子フィルタ ……(中野慎也) 116
7.1 アルゴリズムの概要 ……116
7.2 融合粒子フィルタの性質 ……119
7.3 重みの設定方法 ……120
7.4 融合粒子スムーザ ……121
7.5 適 用 例 ……122
7.6 双 子 実 験 ……125
7.6.1 ローレンツ 63 モデル ……125
7.6.2 模擬データの生成 ……126
7.6.3 同 化 実 験 ……127
7.7 ま と め ……131

8. アンサンブルカルマンフィルタ応用：大気海洋結合モデル ·(上野玄太) 136
8.1 は じ め に ……136
8.2 シミュレーションモデルと観測データ ……137
8.2.1 微分方程式とシミュレーションモデル ……137
8.2.2 観測データ ……141
8.3 逐次データ同化の手順 ……143
8.4 状態空間モデルの構成 ……143
8.4.1 状態ベクトルの設定 ……144
8.4.2 アンサンブルコードの作成 ……150
8.4.3 システムノイズの入れ方 ……150
8.4.4 観測行列の設定 ……151
8.5 ノイズの確率分布の設計 ……154

8.5.1　システムノイズの分散共分散行列 ……………………… 154
8.5.2　観測ノイズの分散共分散行列 ……………………… 155
8.6　一期先予測・フィルタ ……………………… 156
8.7　平　滑　化 ……………………… 157
8.8　ま　と　め ……………………… 160

9. 粒子フィルタ応用：津波データ同化 ………………(中村和幸) 161
9.1　目的と背景 ……………………… 161
9.2　状態空間モデルの構成 ……………………… 164
9.2.1　津波シミュレーションモデル ……………………… 164
9.2.2　システムモデルの構成 ……………………… 165
9.2.3　同化用データセットの作成 ……………………… 166
9.2.4　観測モデルの構成 ……………………… 168
9.2.5　データ同化による推定手続 ……………………… 169
9.3　双 子 実 験 ……………………… 170
9.3.1　双子実験・人工地形 ……………………… 171
9.3.2　双子実験・日本海地形 ……………………… 173
9.4　潮位計データを用いた解析 ……………………… 175
9.5　ま　と　め ……………………… 176

10. 融合粒子フィルタ応用：宇宙科学への適用例 ………………(中野慎也) 178
10.1　宇宙科学におけるデータ同化 ……………………… 178
10.2　地球磁気圏荷電粒子分布モデル ……………………… 180
10.3　システムモデル ……………………… 183
10.3.1　入力パラメータ ……………………… 183
10.3.2　状 態 変 数 ……………………… 185
10.4　高エネルギー中性粒子観測データ ……………………… 187
10.5　観測モデル ……………………… 189
10.6　融合粒子フィルタによる推定 ……………………… 193
10.7　ま　と　め ……………………… 196

11. 粒子スムーザ応用：遺伝子発現調節モデルのデータ同化 ‥(吉田 亮) 197
11.1 生体分子相互作用ネットワーク …… 197
11.2 モデリング …… 200
11.3 状態空間表現とパラメータ推定 …… 205
11.4 粒子スムーザの適用 …… 207
11.5 概日周期の転写回路 …… 209
11.6 その他の話題 …… 212
11.6.1 並列粒子フィルタ …… 212
11.6.2 ネットワークの構造予測，リモデリング …… 213
11.7 ま と め …… 214

A. 付 録 …… 215
A.1 多変量ガウス分布 (多変量正規分布) …… 215
A.2 行列の公式 …… 217
A.3 カルマンフィルタの導出に用いる積分計算 …… 218
A.4 ガウス分布の周辺分布 …… 222
A.5 乱 数 生 成 …… 223
A.6 逐次重点サンプリング (SIS) …… 225

B. 表 記 法 …… 228
B.1 本書で使う主な表記 …… 228
B.2 他書との対応表 …… 229

あ と が き …… 231
文 献 …… 233
索 引 …… 238

1

シミュレーションと状態ベクトル

1.1　データ同化とは

1.1.1　シミュレーションとデータ解析の協調作業

さまざまな科学の領域において計算機シミュレーションは，研究対象の複雑な現象の解明の手段として，実験・理論と並ぶ自然科学の第三の研究手法として確立している．これ以後シミュレーションといったら，それは計算機シミュレーションを指すものとする．この関係を図 1.1 に模式的に示した．後輪が，科学の駆動力である，実験と理論である．また左前輪が，第三の科学と呼ばれるシミュレーションである．一方，データ解析の基盤となる統計科学においては，研究対象の理解のために，現象を支配している規則，関係式といった経験則を観測や計測データから推定していく．すなわち帰納的推論を行う．統計科学は，データマイニングや機械学習といった，大量データ処理を行う研究領域と相互に関連しながら，図の右前輪に対応する分野を構成している．この分野のことを最近は，データセントリックサイエンスと呼ぶことも多くなってきた．研究推進にあたって，右側が帰納的アプローチに，また左側が演繹的アプローチになるように描いてある．本書で取り上げるデータ同化は，シミュレーション科学のような演繹的な推論と，統計科学に代表される帰納的な推論を融合するためのプラットフォームである．つまり，前輪をつなぐ軸となる数理技術である．前輪の両輪が軸でつながることで，制御や予測がうまくいくことが期待されるのである．もしうまくいかない場合でも，その問題をつきとめることで，シミュレーションモデルに内在する不確かさを推測・検討できる[77, 78]．

データ同化は気象学，海洋学の分野で発達してきたもので，特に 1990 年代中

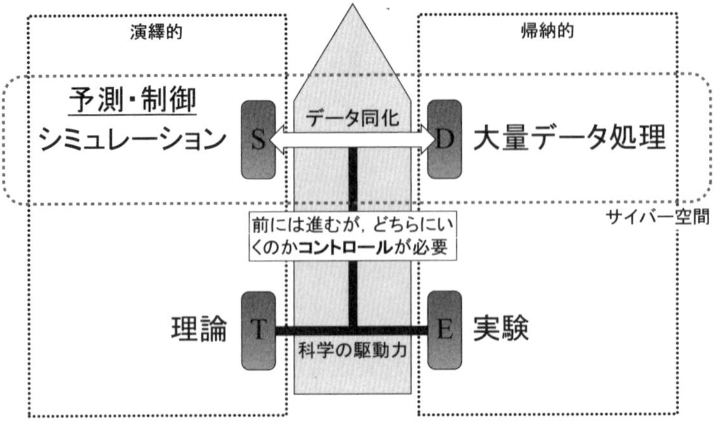

図 1.1　科学研究推進の 4 つの車輪とデータ同化

頃以降になって非常に研究が盛んになってきた．その理由に，まず，科学研究目的で打ち上げられる人工衛星の利用法の変化があげられる．地表や海面を時間的，空間的に綿密に観測し，大量の時空間データが蓄積され始めたのが 1990 年代である．また，1990 年代は温暖化などに伴う異常現象が多数発生し，それが深刻な災害を及ぼしていた年代でもあった．これら地球規模の災害問題に対して，真摯に取り組んでいこうという，世界的な一般市民レベルの意識の変化も，1990 年代以降データ同化の研究が盛んになってきた遠因であろう．現在では，ますます地球環境変動の定量的把握に関して，その重要性が認識されつつある．これまで環境問題に対して国家レベルで正面から取り組むことに消極的であった米国も，オバマ政権の登場により，その政策については大きく舵をきったため，地球環境の定量的な状態把握と予測の基盤的技術ともいえるデータ同化が活躍する場はこれから増大する一途であろう．

1.1.2　データ同化の目的

ここではデータ同化の技術的な詳細に立ち入る前に，蒲地らによる報告[74]に主に従い，気象・海洋学の観点からデータ同化の目的について 5 つにまとめてみた．

① 予報を行うための最適な初期条件を求める．これはすでに現業の天気予報で実用化されていることである．

② シミュレーションモデルを構成する際の最適な境界条件を求める．連成シ

ミュレーションを取り扱う際の適応的な境界条件設定もこの作業に含まれる．

③ スケールが異なるシミュレーションモデル間の橋渡しを行うスキーム内に含まれる諸パラメータの最適な値を求める．経験的に与えられるモデル内のパラメータ値の検証も一つの具体例である．

④ シミュレーションモデルに基づいた，観測されていない時間・空間点における観測値の補間を行う．この作業は再解析データセットの生成とも呼ばれる．このデータセットから新しい科学的発見をもくろむ．

⑤ 時間・経費を節約できる効率的な観測システムを構築するための仮想観測ネットワークシミュレーション実験や感度解析を行う．

実はこれらの問題はすべて，アルゴリズムやモデルの開発といった，表 1.1 の (A)～(E) の統計科学の研究課題そのものである．その両者の対応関係を表に示した．

上述したように，データ同化は気象・海洋学をはじめ，シミュレーションを活用した研究領域にさまざまな具体的な恩恵をもたらすが，シミュレーション科学自体にも新しい切り口を与えてくれる．具体的には，例えば以下のような点があげられる．

a) 予測精度の高いシミュレーションモデルを試行錯誤で探していた作業が自動化される．　(8, 9, 11 章)

b) 初期条件，境界条件，パラメータ値，シミュレーションモデル内の “急所” の自動探索が可能になる．　(8, 9, 10, 11 章)

c) 従来のものを超えた予測能力を保持する新しいシミュレーションモデルを生み出せる．

d) 従来シミュレーション科学において副次的問題とされてきたシミュレーションモデルの評価法に統一的視点を与えられる．　(11 章)

e) どのような時点，位置に観測点をおいたら推定精度があがるのか，計測デ

表 1.1　データ同化の問題と統計科学の問題の対応表

統計科学の問題	データ同化の問題
(A)　フィルタ (予測手法を含む)	①, ②, ③
(B)　最適化	①, ②, ③
(C)　内挿・外挿 (平滑化アルゴリズム)	④
(D)　計測 (観測) システムのデザイン (誤差評価)	⑤
(E)　知識発見	①, ④

ザインの鍵を探すプラットフォームを得られる.　(11 章)

各項で右端に記した番号は，本書でその目的が実現されている応用例を含む章を示す．このようにデータ同化の研究は，シミュレーション科学の観点からは，シミュレーションモデルの創出に関わる，メタシミュレーションモデルの研究ともいえる.

1.2　シミュレーションと状態ベクトル

1.2.1　状態ベクトルの定義

多くの分野においては通常，実際の現象の時間発展を，連続時間・空間の偏微分方程式系で表す場合が多い．この時間発展解を得るには，通常，計算機の上で数値計算せねばならない．計算機上で計算するには，時間上でも，また空間上でも離散化する作業が必要である．有限計算機資源のもとでは，不適切な離散化がさまざまな数値的問題を引き起こすことはよく知られていることで，したがって離散化の方法は問題の性質に応じて慎重に検討せねばならない．つまり，連続解と有限計算資源のもとでの離散解は厳密にいえば一致せず，離散解を得るための計算機上のシミュレーションも偏微分方程式系に対する一つの近似であることを忘れてはならない.

離散化作業は有限差分に基づいて行う場合が多い．もともとのさまざまな連続量は，時間・空間方向ともに離散化された代表点のみにおいて定義される．例えば気象・海洋では図 1.2 に示したように，球面を球座標の緯度と経度方向にそれぞれ等間隔に細かく切った格子系 (緯度経度格子．グリッドとも呼ぶ) 上で偏微分方程式を解くことが通常である．すべての格子点にシミュレーションを行う上で必要な物理変数，化学変数といったさまざまな変数が定義されている．これら格子系上で，境界条件や初期条件を与えて次々と格子点上の変数値を更新していく作業が，通常行われているシミュレーション計算の実体である．シミュレーション科学の最先端では，離散化から発生する数値的問題の克服にいろいろな格子系が提案されているが，その紹介は本書の目的の枠外である.

ここでシミュレーションモデルを本書の後述の議論のために，図 1.2 中に示したような表記法を使って数式で表現しておく．図 1.2 のシミュレーションで，適当な点から数えた k 番目の格子点で定義される量は，温度 T_k と風速ベクトル

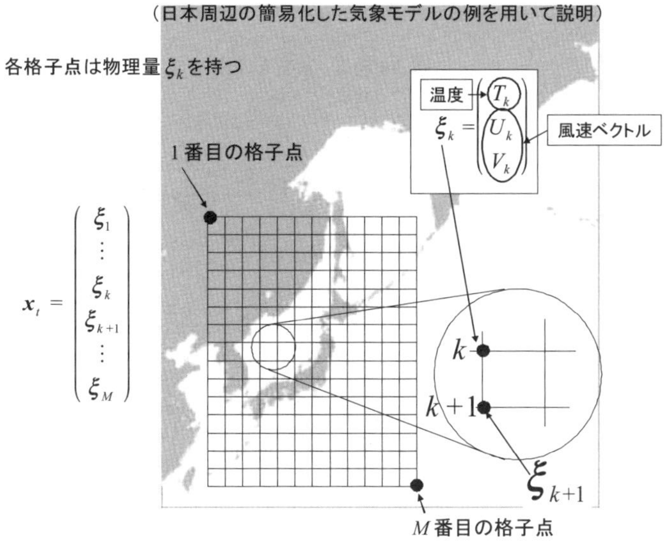

図 **1.2**　状態ベクトルの定義

(U_k, V_k) であるとする．ここで U_k は東西方向，V_k は南北方向の風速である．それらを縦ベクトルにまとめて $\boldsymbol{\xi}_k \stackrel{\text{def}}{=} (T_k\ U_k\ V_k)'$ と表記しよう．本書では，$'$ は転置を意味する．格子点数は M 個になったとする．シミュレーションに初期値を与えて時間更新作業を t ステップ進め，各格子点上に定義された量を縦に格子点数だけずらっと並べて，次のようなベクトル量

$$\boldsymbol{x}_t \stackrel{\text{def}}{=} \begin{pmatrix} \boldsymbol{\xi}_1 \\ \boldsymbol{\xi}_2 \\ \vdots \\ \boldsymbol{\xi}_k \\ \vdots \\ \boldsymbol{\xi}_M \end{pmatrix} \tag{1.1}$$

を構成する．この $\boldsymbol{x}_t$ を，時刻 t でのシミュレーション計算の状態を表すベクトルとして，状態ベクトルと呼ぶことにする[44, 72, 77, 78]．またこのベクトルの一つ一つの要素を状態変数と呼ぶ．高空間解像度のシミュレーション計算では格子間隔を非常に狭くするため，必然的に格子点数 M が膨大となり，結果として状態ベ

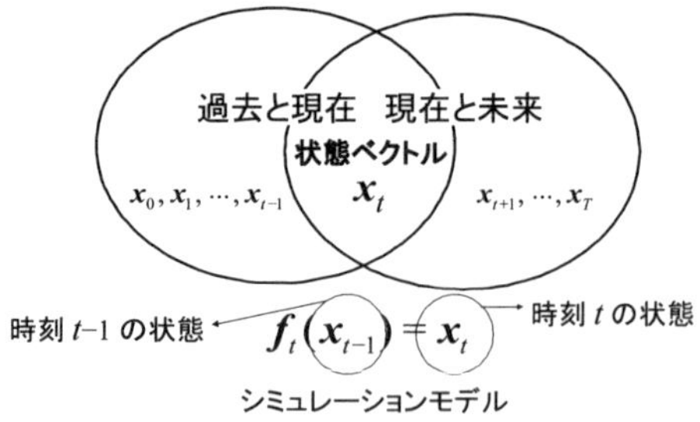

図 1.3　過去と未来をつなぐ状態ベクトル

クトルの次元が著しく高くなる．

この表記に従うとシミュレーションというのは，離散化された時間系での時刻 $t-1$ の状態ベクトルから時刻 t の状態ベクトルへの更新操作に対応する．つまり状態ベクトルは過去と未来の接点になっている．数式で書くと，$\boldsymbol{x}_t = \boldsymbol{f}_t(\boldsymbol{x}_{t-1})$ であり，その写像の様子を模式的に図 1.3 に示した．図中の $\boldsymbol{f}_t$ は計算機の上で実現される $\boldsymbol{x}_{t-1}$ から $\boldsymbol{x}_t$ への写像を指すもので，実際はプログラム (シミュレーションコード) に相当する．通常は写像 $\boldsymbol{f}_t$ は非線形写像である．

1.2.2　“完璧”シミュレーションは実現可能か？

現実世界の離散時間上での時間発展プロセスを今，真のダイナミクスと呼び，それが $\boldsymbol{z}_t = \boldsymbol{f}_t^{\mathrm{perfect}}(\boldsymbol{z}_{t-1})$ と表現できたとする．$\boldsymbol{z}_t$ は真のダイナミクスを記述するのに必要な状態変数をすべて含む状態ベクトルであり，今利用しているシミュレーションモデルの状態ベクトル $\boldsymbol{x}_t$ を

$$\boldsymbol{z}_t = \begin{pmatrix} \boldsymbol{x}_t \\ \boldsymbol{\lambda}_t \end{pmatrix} \tag{1.2}$$

のように包含するものと仮定する．$\boldsymbol{\lambda}_t$ は，$\boldsymbol{x}_t$ に含まれていない，本来真のダイナミクスを記述するのに必要な状態変数で，当然のことながら我々はそれが何であるかを知り得ない．したがって，普段取り扱うシミュレーションモデル $\boldsymbol{x}_t = \boldsymbol{f}_t(\boldsymbol{x}_{t-1})$ は，まず間違いなく真のダイナミクスではない．

これまでのシミュレーション科学の言い分は，現在の計算機資源のもとではいたしかたなく，$\boldsymbol{x}_t = \boldsymbol{f}_t(\boldsymbol{x}_{t-1})$ を採用しているが，計算機資源が増えれば $\boldsymbol{x}_t$ の次元はどんどん拡大していき，逆に $\boldsymbol{\lambda}_t$ の次元は減っていくので，いずれ $\boldsymbol{x}_t$ は $\boldsymbol{z}_t$ に

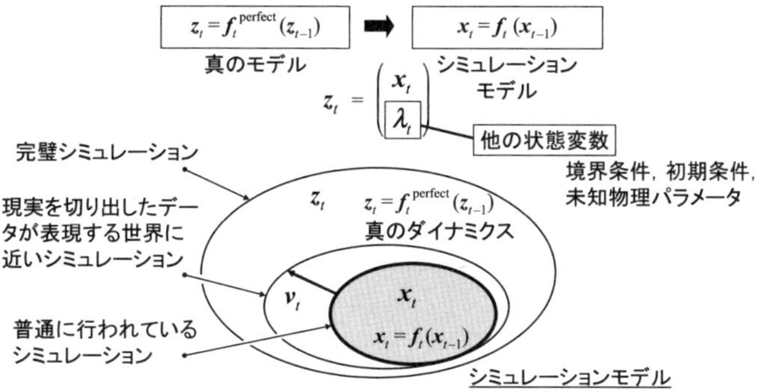

図 **1.4**　確率変数がつなぐ高精度シミュレーションと現実世界

一致するという，いわば“完璧”シミュレーションがいずれは実現できるという論法である．この“完璧”シミュレーションのことを，“まるごと”シミュレーションと呼ぶ人もいる．この言い分に従えば，状態ベクトルの拡大に伴ってシミュレーションモデル $\boldsymbol{f}_t$ も真のダイナミクスに対応する $\boldsymbol{f}_t^{\text{perfect}}$ に収斂していくという．この論理を図解したものが，図 1.4 である．現在のシミュレーションモデルは一番内側の楕円に対応し，これを拡大していけば，一番外側の真のモデルに到達 (張り付くことが) できるという理屈が一般的なシミュレーション科学の説くところである．例えば,「解像度をどんどんあげれば，いずれ……」とか,「積分時間の時間幅を無限小的に小さくしていけば，その結果，……」とか,「非線形項をすべて取り込んで，うまく積分できるアルゴリズムを開発すれば，……」などの説明をよく耳にすることと思う．

しかしながら，この『“完璧”シミュレーションは将来可能になる』という夢はにわかには信じ難いのが研究者の通常の理解であろう．つまり，“完璧”シミュレーションなどは未来永劫実現できないと思われる．これを図を用いていえば，一番外側の真のダイナミクスを表現できるモデルなどは存在しないと考えられる．そうすると現実世界に近いモデル (図中では，外側から二番目の楕円で表現されるもの) と，今取り扱っているシミュレーションモデル (一番内側の楕円) との乖離を埋めるモデル・計算が当然，ほしくなる．

一つの有力な方策は，その乖離を確率変数で表現してみることである．それを図中で $\boldsymbol{v}_t$ で示した．この $\boldsymbol{v}_t$ が現実世界に近いモデルとの緩衝材になり，状況に応じてうまく立ち回ることが期待できるのである．違った言い方をすれば，仮に

このような緩衝材 $\boldsymbol{v}_t$ を入れ，現状世界の一部を写し取ったと考えるデータにシミュレーションモデルをなるべく合わせ，そこにおいてどの状態変数が激しく立ち回るかをみることにより，モデル内のツボを客観的かつ自動的に探ることができるのである．これは，従来のシミュレーション科学でのやり方が職人的な勘で行われていたのと比較すると大きな発展である．

1.2.3　確率シミュレーションとシステムノイズ

前項で述べたように，モデル内の不確実性の効果を数値的に表すために，状態変数に作用を及ぼす確率的な駆動項 $\boldsymbol{v}_t$ をシミュレーション計算に導入することがある．どの状態変数にどのように導入するかは，従来の知見や勘に基づいて事前にわかっていることもあるが，とりあえず便宜的に導入し，計算の結果を見て事後的に $\boldsymbol{v}_t$ の影響を診断するケースも多い．統計科学ではこの項のことをシステムノイズ，あるいはイノベーションノイズと呼んだりする．$\boldsymbol{v}_t$ をシミュレーション計算に導入すると，シミュレーションは，システムモデルと呼ぶ式，$\boldsymbol{x}_t = \boldsymbol{f}_t(\boldsymbol{x}_{t-1}, \boldsymbol{v}_t)$ で形式的には表現できる．システムノイズを導入しない通常のシミュレーションは $\boldsymbol{v}_t = \boldsymbol{0}$ である．

1.3　数学的準備

以降の説明のために必要な数学的準備をここで行う[66,79]．この本では，基本的には確率変数は連続変数とする．したがって，原則，確率密度を取り扱う．

1.3.1　条件付き確率と周辺化

確率密度であるから，常に $p(\boldsymbol{x}) \geq 0$ であり，また $\int p(\boldsymbol{x})d\boldsymbol{x} = 1$ である．ここで積分は $\boldsymbol{x}$ の定義域全体にわたってとる．以後も明示的に積分領域が書かれていないときは，この流儀に従う．

$\boldsymbol{b}$ が所与のときの，$\boldsymbol{a}$ が起こる確率を $p(\boldsymbol{a}|\boldsymbol{b})$ と書き，条件付き確率と呼ぶ．正確には，$\boldsymbol{b}$ が所与の $\boldsymbol{a}$ の条件付き確率密度関数と呼ぶ．$p(\boldsymbol{a}|\boldsymbol{b})$ の $\boldsymbol{b}$ は所与な (値が確定している) ので，ここでは確率変数でないことに注意してもらいたい．よって，$\int p(\boldsymbol{a}|\boldsymbol{b})d\boldsymbol{a} = 1$ となる一方，$\int p(\boldsymbol{a}|\boldsymbol{b})d\boldsymbol{b} \neq 1$ である ($\boldsymbol{a}$ の関数となる) ことは留意すべきである．

また，$\boldsymbol{a}$ と $\boldsymbol{b}$ の同時分布 $p(\boldsymbol{a},\boldsymbol{b})$ は，

$$[\text{乗法定理}] \quad p(\boldsymbol{a},\boldsymbol{b}) = p(\boldsymbol{a}|\boldsymbol{b})p(\boldsymbol{b}) = p(\boldsymbol{b}|\boldsymbol{a})p(\boldsymbol{a}) \tag{1.3}$$

と分解できるので，

$$\begin{aligned}[\text{周辺化}] \quad p(\boldsymbol{a}) &= \int p(\boldsymbol{a},\boldsymbol{b})d\boldsymbol{b} \\ &= \int p(\boldsymbol{a}|\boldsymbol{b})p(\boldsymbol{b})d\boldsymbol{b} = \int p(\boldsymbol{b}|\boldsymbol{a})p(\boldsymbol{a})d\boldsymbol{b} \end{aligned} \tag{1.4}$$

と書くことができる．この操作のことを統計では周辺化 (marginalization) と呼び，後述の説明で頻出してくる．

確率変数 $\boldsymbol{a}$ が変数変換 $\boldsymbol{g}$ によって，新しい確率変数に変数変換されたとする：

$$\boldsymbol{A} = \boldsymbol{g}(\boldsymbol{a}) \tag{1.5}$$

このとき新しい確率変数 $\boldsymbol{A}$ の確率密度は，もとの確率密度 $p(\boldsymbol{a})$ を用いて，

$$p(\boldsymbol{A}) = p(\boldsymbol{a} = \boldsymbol{g}^{-1}(\boldsymbol{A}))\left\|\frac{\partial \boldsymbol{a}}{\partial \boldsymbol{A}'}\right\| \tag{1.6}$$

と表される．ここで，$|\partial \boldsymbol{a}/\partial \boldsymbol{A}'|$ はヤコビアンを，またその外側の $|\cdot|$ は絶対値記号を表す．また $\boldsymbol{g}^{-1}$ は，所与の $\boldsymbol{A}$ から $\boldsymbol{a}$ を求める逆関数である．

1.3.2 ガウス分布とデルタ関数

連続変数の中で最も重要な分布はガウス分布である．正規分布と呼ぶこともよくある．確率変数が 1 次元のとき，その確率密度は

$$p(x|\mu,\sigma^2) = \frac{1}{\sqrt{2\pi\sigma^2}} \exp\left\{-\frac{1}{2\sigma^2}(x-\mu)^2\right\} \tag{1.7}$$

となる．μ は平均パラメータ，σ^2 は分散パラメータである．次元が k のベクトル $\boldsymbol{x}$ が平均ベクトル $\boldsymbol{\mu}$，分散共分散行列 Σ のガウス分布に従うとき，$\boldsymbol{x} \sim N(\boldsymbol{\mu},\Sigma)$ と記す．そのときの密度関数は，

$$\begin{aligned} p(\boldsymbol{x}|\boldsymbol{\mu},\Sigma) &= N(\boldsymbol{\mu},\Sigma) \\ &= \frac{1}{(2\pi)^{k/2}|\Sigma|^{1/2}} \exp\left\{-\frac{1}{2}(\boldsymbol{x}-\boldsymbol{\mu})'\,\Sigma^{-1}\,(\boldsymbol{x}-\boldsymbol{\mu})\right\} \end{aligned} \tag{1.8}$$

である．この密度のことを，多変量正規分布と呼ぶことが普通である．N は normal distribution を表す．また，$|\cdot|$ は行列式である．多変量正規分布については，付録 A.1 も参照してほしい．

次章以降に頻出する，ディラックのデルタ関数 δ について，いくつかの基本的特性について解説する．x が 1 次元のとき，デルタ関数は以下のような性質を持つ：

$$\int \delta(x)dx = 1 \tag{1.9}$$

$$\int \delta(x)f(x)dx = f(0) \tag{1.10}$$

$$\int \delta(x-a)f(x)dx = f(a) \tag{1.11}$$

ここで，$f(x)$ は確率変数 x のある関数である．

このデルタ関数は，上述のガウス分布を利用し，その分散無限小の極限として定義することも可能である．

$$\delta(x-\mu) = \lim_{\varepsilon^2 \to +0} \frac{1}{\sqrt{2\pi\varepsilon^2}} \exp\left\{-\frac{1}{2\varepsilon^2}(x-\mu)^2\right\} \tag{1.12}$$

多変数のときのデルタ関数の定義については諸処議論が必要であるが，本書を理解する上では，等方的な分散共分散行列 $\Sigma = \varepsilon^2 I_k$ の，$\varepsilon^2 \to +0$ の極限として定義しておけば十分である．ここで I_k は，次元 k の単位 (恒等) 行列である．

$$\delta(\boldsymbol{x}-\boldsymbol{\mu}) = \lim_{\varepsilon^2 \to +0} \frac{1}{(2\pi\varepsilon^2)^{k/2}} \exp\left\{-\frac{1}{2\varepsilon^2}(\boldsymbol{x}-\boldsymbol{\mu})' I_k (\boldsymbol{x}-\boldsymbol{\mu})\right\} \tag{1.13}$$

デルタ関数の性質 (1.11) 式から，以下の性質を簡単に示すことができる．

$$\int f(\boldsymbol{x})\delta(\boldsymbol{x}-\boldsymbol{x}^{(i)})d\boldsymbol{x} = f(\boldsymbol{x}^{(i)}) \tag{1.14}$$

$$\int f(\boldsymbol{x})\left\{\frac{1}{N}\sum_{i=1}^{N}\delta(\boldsymbol{x}-\boldsymbol{x}^{(i)})\right\}d\boldsymbol{x} = \frac{1}{N}\sum_{i=1}^{N} f(\boldsymbol{x}^{(i)}) \tag{1.15}$$

ただし，$\boldsymbol{x}^{(i)}$ $(i = 1, \cdots, N)$ は実現値，つまり，値が確定したサンプルである．また，ここで $f(\boldsymbol{x})$ は確率変数 $\boldsymbol{x}$ のある関数である．

1.3.3 期　　待　　値

確率変数 $\boldsymbol{x}$ の，あるベクトル値関数 $\boldsymbol{f}(\boldsymbol{x})$ の，確率分布 $p(\boldsymbol{x})$ のもとでの平均値を $\boldsymbol{f}(\boldsymbol{x})$ の期待値と呼び，

$$E[\boldsymbol{f}(\boldsymbol{x})] \stackrel{\text{def}}{=} \int \boldsymbol{f}(\boldsymbol{x})p(\boldsymbol{x})d\boldsymbol{x} \tag{1.16}$$

と書く．ここで，$\boldsymbol{f}(\boldsymbol{x}) = \boldsymbol{x}$ とすれば，確率変数 $\boldsymbol{x}$ の平均値が計算される：

$$E[\boldsymbol{x}] \stackrel{\text{def}}{=} \int \boldsymbol{x}p(\boldsymbol{x})d\boldsymbol{x} \tag{1.17}$$

また，各変数が平均値の周りでどの程度関係しているのかの尺度となる分散共分散行列は，

$$\begin{aligned} \text{cov}[\boldsymbol{x}] &\stackrel{\text{def}}{=} E[(\boldsymbol{x} - E[\boldsymbol{x}])(\boldsymbol{x} - E[\boldsymbol{x}])'] \\ &= \int \left\{ (\boldsymbol{x} - E[\boldsymbol{x}]) (\boldsymbol{x} - E[\boldsymbol{x}])' \right\} p(\boldsymbol{x})d\boldsymbol{x} \end{aligned} \tag{1.18}$$

で定義される．$\boldsymbol{x}$ が (1.8) 式のガウス分布に従うとき，定義 (1.17) および (1.18) に従って，平均値と分散共分散行列を計算すると，それぞれ $\boldsymbol{\mu}$ と Σ になる：

$$\int \boldsymbol{x}N(\boldsymbol{\mu}, \Sigma)d\boldsymbol{x} = \boldsymbol{\mu} \tag{1.19}$$

$$\int \left\{ (\boldsymbol{x} - E[\boldsymbol{x}]) (\boldsymbol{x} - E[\boldsymbol{x}])' \right\} N(\boldsymbol{\mu}, \Sigma)d\boldsymbol{x} = \Sigma \tag{1.20}$$

1.3.4 尤度の分解

これ以後，離散化された時間系での任意の時刻 t のベクトル量 $\boldsymbol{z}_t$ を時刻 1 から時刻 t まで並べたものを $\boldsymbol{z}_{1:t}$ と記すことにする．

$$\boldsymbol{z}_{1:t} \stackrel{\text{def}}{=} \{\boldsymbol{z}_1, \boldsymbol{z}_2, \cdots, \boldsymbol{z}_t\} \tag{1.21}$$

したがって，総数 T 個のデータ $\boldsymbol{y}_t$ の集合は，$\boldsymbol{y}_{1:T}$ と簡単に記すことができる：

$$\boldsymbol{y}_{1:T} \stackrel{\text{def}}{=} \{\boldsymbol{y}_1, \boldsymbol{y}_2, \cdots, \boldsymbol{y}_T\} \tag{1.22}$$

データ集合 $\boldsymbol{y}_{1:T}$ をとる確率が乗法定理 (1.3) 式により

$$p(\boldsymbol{y}_{1:T}) = p(\boldsymbol{y}_T|\boldsymbol{y}_{1:T-1})p(\boldsymbol{y}_{1:T-1}) \tag{1.23}$$

と分解できることを逐次的に適用すると，

$$p(\boldsymbol{y}_{1:T}) = \prod_{t=1}^{T} p(\boldsymbol{y}_t|\boldsymbol{y}_{1:t-1}) \tag{1.24}$$

が得られる．したがって，その対数確率は以下のように書き下すことができる：

$$\log p(\boldsymbol{y}_{1:T}) = \sum_{t=1}^{T} \log p(\boldsymbol{y}_t|\boldsymbol{y}_{1:t-1}) \tag{1.25}$$

この $p(\boldsymbol{y}_{1:T})$ を尤度と呼ぶ．なお，$\boldsymbol{y}_{1:0} \stackrel{\mathrm{def}}{=} \phi$ (データが全くない) ものと定義する．したがって $p(\boldsymbol{y}_1|\boldsymbol{y}_{1:0})$ は，データを全く観測していないもとでの $\boldsymbol{y}_1$ の確率を意味する．また，分解された一つ一つの項 $p(\boldsymbol{y}_t|\boldsymbol{y}_{1:t-1})$ は，時刻 t のデータに対して，それより過去の手元にあるすべてのデータ $\boldsymbol{y}_{1:t-1}$ をもとに予測をしたときの実際のデータの $\boldsymbol{y}_t$ の確率であるので，一期先予測尤度と呼ばれる．簡単に，一期先尤度と呼ぶこともある．

もし，$p(\boldsymbol{y}_{1:T})$ にパラメータベクトル $\boldsymbol{\theta}$ が含まれる場合は，$p(\boldsymbol{y}_{1:T})$ は $\boldsymbol{\theta}$ の関数と見なせるので，$p(\boldsymbol{y}_{1:T}|\boldsymbol{\theta})$ と記して，これを尤度関数と呼ぶ．あわせて，(1.25) 式は対数尤度関数と呼ばれる．同様に，$p(\boldsymbol{y}_t|\boldsymbol{y}_{1:t-1}, \boldsymbol{\theta})$ を一期先尤度関数と呼ぶ．

この分解式を使って，$\boldsymbol{x}_{1:T}$ と $\boldsymbol{y}_{1:T}$ の同時分布を以下のように分解することができる：

$$\begin{aligned}
&p(\boldsymbol{y}_{1:T}, \boldsymbol{x}_{1:T}) \\
&= p(\boldsymbol{y}_{1:T-1}, \boldsymbol{y}_T, \boldsymbol{x}_{1:T}) \\
&= p(\boldsymbol{y}_T|\boldsymbol{y}_{1:T-1}, \boldsymbol{x}_{1:T})p(\boldsymbol{y}_{1:T-1}, \boldsymbol{x}_{1:T}) \\
&= p(\boldsymbol{y}_T|\boldsymbol{y}_{1:T-1}, \boldsymbol{x}_{1:T})p(\boldsymbol{y}_{1:T-1}, \boldsymbol{x}_{1:T-1}, \boldsymbol{x}_T) \\
&= p(\boldsymbol{y}_T|\boldsymbol{y}_{1:T-1}, \boldsymbol{x}_{1:T})p(\boldsymbol{x}_T|\boldsymbol{y}_{1:T-1}, \boldsymbol{x}_{1:T-1})p(\boldsymbol{y}_{1:T-1}, \boldsymbol{x}_{1:T-1})
\end{aligned} \tag{1.26}$$

(1.26) 式を再帰的に用いると，以下の分解式を得る：

$$p(\boldsymbol{y}_{1:T}, \boldsymbol{x}_{1:T}) = \prod_{t=1}^{T} p(\boldsymbol{y}_t|\boldsymbol{y}_{1:t-1}, \boldsymbol{x}_{1:t})p(\boldsymbol{x}_t|\boldsymbol{y}_{1:t-1}, \boldsymbol{x}_{1:t-1}) \tag{1.27}$$

ただし，$\boldsymbol{x}_{1:0} \stackrel{\mathrm{def}}{=} \phi$ とする．この仮定と，上で定義した $\boldsymbol{y}_{1:0} \stackrel{\mathrm{def}}{=} \phi$ とにより，$p(\boldsymbol{x}_1|\boldsymbol{y}_{1:0}, \boldsymbol{x}_{1:0})$ は，状態ベクトルの過去の履歴やデータに全く依存しない，いわゆる状態ベクトルの初期分布に相当する．

1.3.5 ベイズの定理

確率の乗法定理 (1.3) 式から，すぐに以下のベイズの定理と呼ばれる関係を得る：

$$p(\boldsymbol{b}|\boldsymbol{a}) = \frac{p(\boldsymbol{a}|\boldsymbol{b})p(\boldsymbol{b})}{p(\boldsymbol{a})} \tag{1.28}$$

$$p(\boldsymbol{b}|\boldsymbol{a},\boldsymbol{c}) = \frac{p(\boldsymbol{a}|\boldsymbol{b},\boldsymbol{c})p(\boldsymbol{b}|\boldsymbol{c})}{p(\boldsymbol{a}|\boldsymbol{c})} \tag{1.29}$$

2行目のベイズの定理を,「$\boldsymbol{c}$ で条件付けされたベイズの定理」と呼ぶこともある.これはへんてつもない単純な関係式であるが,データ同化を含む現代ベイズ統計の中心的役割を果たす.

ベイズの定理 (1.28) 式において,前項で既出の $\boldsymbol{a} = \boldsymbol{y}_{1:T}$ および $\boldsymbol{b} = \boldsymbol{x}_{1:T}$ とおくことにより,

$$p(\boldsymbol{x}_{1:T}|\boldsymbol{y}_{1:T}) = \frac{p(\boldsymbol{y}_{1:T}|\boldsymbol{x}_{1:T})p(\boldsymbol{x}_{1:T})}{p(\boldsymbol{y}_{1:T})} \tag{1.30}$$

を得る.ベイズ統計の枠組みでは,左辺を事後分布,また $p(\boldsymbol{y}_{1:T}|\boldsymbol{x}_{1:T})$ をデータ分布 (**data distribution**) と呼ぶ.事後分布と呼ぶ所以は,データ集合 $\boldsymbol{y}_{1:T}$ を観測した“事後”に $\boldsymbol{x}_{1:T}$ に関する不確実性を $p(\boldsymbol{x}_{1:T}|\boldsymbol{y}_{1:T})$ の形で評価するからである.また,$p(\boldsymbol{y}_{1:T}|\boldsymbol{x}_{1:T})$ では $\boldsymbol{x}_{1:T}$ が所与であるため,$\boldsymbol{x}_{1:T}$ を尤度関数のパラメータとしてとらえることができ,したがって $p(\boldsymbol{y}_{1:T}|\boldsymbol{x}_{1:T})$ は尤度関数になる.また,$p(\boldsymbol{x}_{1:T})$ はデータ集合 $\boldsymbol{y}_{1:T}$ と無関係であるので,事前分布と呼ぶ.

1.3.6 事後確率最大解

(1.30) 式において,データ集合は所与であるので,分母の $p(\boldsymbol{y}_{1:T})$ は確定した値をとる.したがって,

$$\begin{aligned} p(\boldsymbol{x}_{1:T}|\boldsymbol{y}_{1:T}) &\propto p(\boldsymbol{y}_{1:T}|\boldsymbol{x}_{1:T})p(\boldsymbol{x}_{1:T}) \\ &= p(\boldsymbol{y}_{1:T},\boldsymbol{x}_{1:T}) \end{aligned} \tag{1.31}$$

である.つまり,事後分布は,同時分布に比例する.このことにより,同時分布 (1.31) 式を最大化する $\boldsymbol{x}_{1:T}$ を事後確率最大解と呼ぶ.その定義を数式で示すと以下である.

$$\boldsymbol{x}^*_{1:T} \stackrel{\text{def}}{=} \underset{\boldsymbol{x}_{1:T}}{\operatorname{argmax}}\, p(\boldsymbol{y}_{1:T},\boldsymbol{x}_{1:T}) \tag{1.32}$$

通常は,英語での呼び名に従い,**MAP (マップ) 解** (maximum a posteriori) と呼ぶことが多い.MAP 解を求める一つの方策として

表 **1.2** データ同化の逐次型と非逐次型の比較

	逐次型	非逐次型
	本書で取り扱う	取り扱わない
代表的手法	アンサンブルカルマンフィルタ	4 次元変分法 (アジョイント法)
得る解	状態ベクトル $\boldsymbol{x}_t$ ($t = 1, \cdots, T$) の事後周辺分布	状態ベクトル列 $\boldsymbol{x}_{1:T}$ の事後確率最大 (MAP) 解
数理的観点から	統計的推測	最適化
シミュレーションの規模	小〜中規模に適している	超大規模まで適用可能
使われている領域	すべて	気象・海洋予報の現業が中心
プログラムの実装	既存のシミュレーションを平易にプラグイン	エキスパートが個々のシミュレーションコードに即した勾配計算プログラムを書く必要あり
High Performance Computing	スカラー並列計算機向き	ベクトル計算機向き
シミュレーションモデルの比較	尤度により可能	困難

$$\left.\frac{\partial p(\boldsymbol{y}_{1:T}, \boldsymbol{x}_{1:T})}{\partial \boldsymbol{x}_{1:T}}\right|_{\boldsymbol{x}_{1:T}=\boldsymbol{x}^*_{1:T}} = \boldsymbol{0} \tag{1.33}$$

を満たす $\boldsymbol{x}^*_{1:T}$ を求める方法が自然に思いつく．例えば，降下法[80] などの微分アルゴリズムを用いて，逐次的に (1.33) 式を満たす解 $\boldsymbol{x}^*_{1:T}$ を探索するのである．このアプローチは本書では取り扱わないが，データ同化の枠組みでは **4 次元変分法**と呼ばれる手法群に対応し，大規模なシミュレーションモデルを活用する現業で利用されることが多い[68]．4 次元変分法は，非逐次型のデータ同化手法に分類される手法である．逐次型と非逐次型の違いを表 1.2 にまとめた．

事後分布はデータ $\boldsymbol{y}_{1:T}$ が所与のもとでの $\boldsymbol{x}_{1:T}$ の分布であったが，本書で取り扱う逐次データ同化では，$\boldsymbol{y}_{1:T}$，あるいは時刻 t までのデータすべて $\boldsymbol{y}_{1:t}$ が所与のもとでの $\boldsymbol{x}_t$ の分布，つまり，$p(\boldsymbol{x}_t|\boldsymbol{y}_{1:T})$ や $p(\boldsymbol{x}_t|\boldsymbol{y}_{1:t})$ を興味の対象とする．この両者の事後分布との関係は，

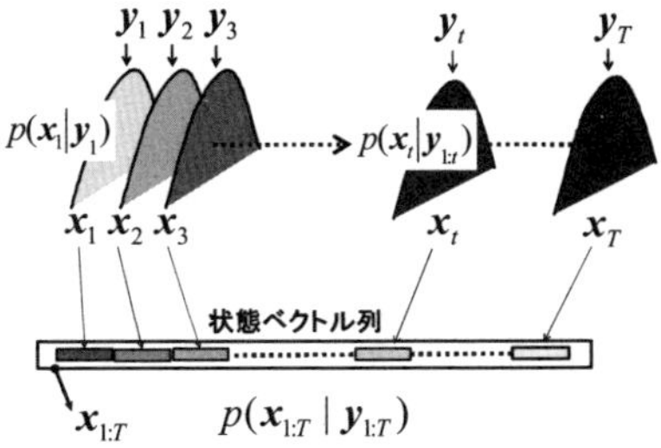

図 **1.5** 事後分布と周辺分布の関係

$$p(\boldsymbol{x}_t|\boldsymbol{y}_{1:T}) = \int p(\boldsymbol{x}_{1:T}|\boldsymbol{y}_{1:T})d\boldsymbol{x}_{-t} \tag{1.34}$$

$$p(\boldsymbol{x}_t|\boldsymbol{y}_{1:t}) = \int p(\boldsymbol{x}_{1:t}|\boldsymbol{y}_{1:t})d\boldsymbol{x}_{1:t-1} \tag{1.35}$$

となる．ここで，$\boldsymbol{x}_{-t}$ は，$\boldsymbol{x}_t$ 以外のすべての状態ベクトルで構成されるものを表す．つまり，次のように表される．

$$\boldsymbol{x}_{-t} \stackrel{\text{def}}{=} (\boldsymbol{x}_1, \cdots, \boldsymbol{x}_{t-1}, \boldsymbol{x}_{t+1}, \cdots, \boldsymbol{x}_T) \tag{1.36}$$

このことにより $p(\boldsymbol{x}_t|\boldsymbol{y}_{1:T})$ のことを，事後周辺分布と呼ぶ．逐次データ同化では，データを観測するたびに $p(\boldsymbol{x}_t|\boldsymbol{y}_{1:t})$ の推定を更新していく．図 1.5 に，事後分布 $p(\boldsymbol{x}_{1:T}|\boldsymbol{y}_{1:T})$ と対比しながら，その更新プロセスを模式的に示した．上半分にデータを観測するたびに $p(\boldsymbol{x}_t|\boldsymbol{y}_{1:t})$ が更新される様子を示し，また下半分には事後分布が取り扱う確率変数は $\boldsymbol{x}_{1:T}$ であることをわかりやすく図化した．

2

状態空間モデル

シミュレーションで思うように現象が再現・予測できないことがある．そんなとき，シミュレーションモデルの大規模化・精緻化・階層化を進めるのが，広く行われている対処法である．これに対して，本章で述べる方法では，シミュレーションの計算結果に「遊び」を許し，観測データを取り込める自由度を持ったものへと拡張する．同時に，シミュレーションの計算結果と観測データの間に自由度を持った関係を構築する．以上の 2 つの自由度を持った関係をそれぞれシステムモデル，観測モデルと呼び，あわせて状態空間モデルという．状態空間モデルは，従来からよく使われている時系列モデルの表現法であるが，データ同化においても基本となるモデルである．

2.1　シミュレーション

時間 t の関数である変数 $\boldsymbol{x}$ の時間発展を与える微分方程式

$$\frac{d\boldsymbol{x}(t)}{dt} = \boldsymbol{g}(\boldsymbol{x}(t), t) \tag{2.1}$$

$$\boldsymbol{x}(0) = \boldsymbol{x}_0 \tag{2.2}$$

を考える．$\boldsymbol{x}_0$ は初期値である．具体的には，ナビエ–ストークス方程式

$$\frac{\partial \boldsymbol{u}}{\partial t} + (\boldsymbol{u} \cdot \nabla)\boldsymbol{u} = -\frac{1}{\rho}\nabla p + \nu \nabla^2 \boldsymbol{u} + \boldsymbol{K} \tag{2.3}$$

や，ボルツマン方程式

$$\frac{\partial f}{\partial t} + \boldsymbol{v} \cdot \frac{\partial f}{\partial \boldsymbol{x}} + \frac{\boldsymbol{F}}{m} \cdot \frac{\partial f}{\partial \boldsymbol{v}} = \left(\frac{\delta f}{\delta t}\right)_{\mathrm{coll}} \tag{2.4}$$

を想定し，各方程式の $\boldsymbol{u}$, f が (2.1) 式における $\boldsymbol{x}(t)$ に対応していると見なすこととする．ナビエ–ストークス方程式は，左辺で表現される流体の速度ベクトル $\boldsymbol{u}$ の変化が，右辺の圧力項，粘性項，外力項により決まることを表している．ρ は流体の質量密度，p は圧力，ν は粘性係数，$\boldsymbol{K}$ は外力である．ボルツマン方程式は，左辺が示す粒子の速度分布関数 f の変化が，右辺の衝突項により支配されることを示している．m は粒子の質量，$\boldsymbol{v}$ は粒子の速度，$\boldsymbol{F}$ は粒子に働く力である．どちらの方程式も，変数の時間微分の項 $\partial \boldsymbol{u}/\partial t$, $\partial f/\partial t$ が現れるところが共通した特徴である．

微分方程式 (2.1) を数値的に解く場合，微分を差分で置き換える差分方程式

$$\frac{\boldsymbol{x}_t - \boldsymbol{x}_{t-1}}{\Delta t} = \boldsymbol{g}(\boldsymbol{x}_{t-1}, t) \tag{2.5}$$

を用いることが多い．分母を払って移項すると，

$$\boldsymbol{x}_t = \boldsymbol{x}_{t-1} + \boldsymbol{g}(\boldsymbol{x}_{t-1}, t)\,\Delta t \tag{2.6}$$

となるが，右辺をまとめて $\boldsymbol{f}_t(\boldsymbol{x}_{t-1})$ とおき，

$$\boldsymbol{x}_t = \boldsymbol{f}_t(\boldsymbol{x}_{t-1}) \qquad (t = 1, 2, \cdots, T) \tag{2.7}$$

と書くことにする．(2.2) 式より初期値 $\boldsymbol{x}_0$ を与えると，漸化式 (2.7) 式は再帰的に

$$\boldsymbol{x}_1 = \boldsymbol{f}_1(\boldsymbol{x}_0) \tag{2.8}$$

$$\boldsymbol{x}_2 = \boldsymbol{f}_2(\boldsymbol{x}_1) = \boldsymbol{f}_2(\boldsymbol{f}_1(\boldsymbol{x}_0)) \tag{2.9}$$

$$\cdots$$

$$\boldsymbol{x}_T = \boldsymbol{f}_T(\boldsymbol{x}_{T-1}) = \boldsymbol{f}_T(\boldsymbol{f}_{T-1}(\cdots \boldsymbol{f}_1(\boldsymbol{x}_0)\cdots)) \tag{2.10}$$

を与えるが，これらは微分方程式 (2.1) の解 $\boldsymbol{x}(1), \cdots, \boldsymbol{x}(T)$ の差分近似のもとでの数値解を与える．そこで，(2.7) 式を微分方程式 (2.1) のシミュレーションモデルと呼ぶ．シミュレーションモデルのことを，簡単にシミュレーションということもある．(2.1) 式は広く時間発展を表す微分方程式であることから，(2.7) 式は一般的なシミュレーションモデルの雛形として考えることができる．

ここで，本書で用いる用語を紹介しておく．シミュレーションモデル (2.7) に

おいて，$\boldsymbol{x}_t$ は時間発展する変数をまとめたベクトルで，1 章で述べた状態ベクトルである．$\boldsymbol{x}_t$ は一般に多次元のベクトルで，ここでは k 次元とする．$\boldsymbol{f}_t$ は，シミュレーションモデルが表す時間発展を与える k 次元上の k 次元ベクトル値関数である．ベクトル $\boldsymbol{x}_0$ を初期値もしくは初期条件といい，シミュレーションの計算の前にあらかじめ設定する．

上述の漸化式からわかるように，初期条件 $\boldsymbol{x}_0$ を与えると，その後の状態の列 $(\boldsymbol{x}_1, \cdots, \boldsymbol{x}_T)$ は一意に決まる．すなわち，初期条件が同じであれば，何度計算を行っても結果は不変であるし，状態の列が途中で分裂して 2 通りの状態が得られることもない．すなわち，(2.7) 式が示しているのは，$\boldsymbol{x}_{t-1}$ が与えられているならば，$\boldsymbol{x}_t$ は $\boldsymbol{f}_t(\boldsymbol{x}_{t-1})$ となるほかはないということである．あえて確率分布を書くならば，デルタ関数を用いて各タイムステップでの状態は

$$p(\boldsymbol{x}_t|\boldsymbol{x}_{t-1}) = \delta(\boldsymbol{x}_t - \boldsymbol{f}_t(\boldsymbol{x}_{t-1})) \qquad (t = 1, \cdots, T) \tag{2.11}$$

であり，時間発展は初期条件 $\boldsymbol{x}_0$ で完全に記述され，

$$p(\boldsymbol{x}_1|\boldsymbol{x}_0) = \delta(\boldsymbol{x}_1 - \boldsymbol{f}_1(\boldsymbol{x}_0)) \tag{2.12}$$

$$p(\boldsymbol{x}_2|\boldsymbol{x}_0) = \delta(\boldsymbol{x}_2 - \boldsymbol{f}_2(\boldsymbol{x}_1)) = \delta(\boldsymbol{x}_2 - \boldsymbol{f}_2(\boldsymbol{f}_1(\boldsymbol{x}_0))) \tag{2.13}$$

$$\cdots$$

$$p(\boldsymbol{x}_T|\boldsymbol{x}_0) = \delta(\boldsymbol{x}_T - \boldsymbol{f}_T(\boldsymbol{x}_{T-1})) = \delta(\boldsymbol{x}_T - \boldsymbol{f}_T(\boldsymbol{f}_{T-1}(\cdots \boldsymbol{f}_1(\boldsymbol{x}_0)\cdots))) \tag{2.14}$$

となる．シミュレーションモデル (2.7) によって状態の時間発展があらかじめ全面的に決定されているという点から，決定論的であるといえる．

2.2 システムモデル

前節で見たように，一般にシミュレーションは決定論的，つまり解は 1 つであり，あえて解の確率分布を図示するならば，デルタ関数となる (図 2.1 左)．本節では，確率論的なシミュレーション，つまり解は複数存在し，確率分布は幅を持つものを導入する (図 2.1 右)．この確率論的なシミュレーションモデルを，システムモデルという．

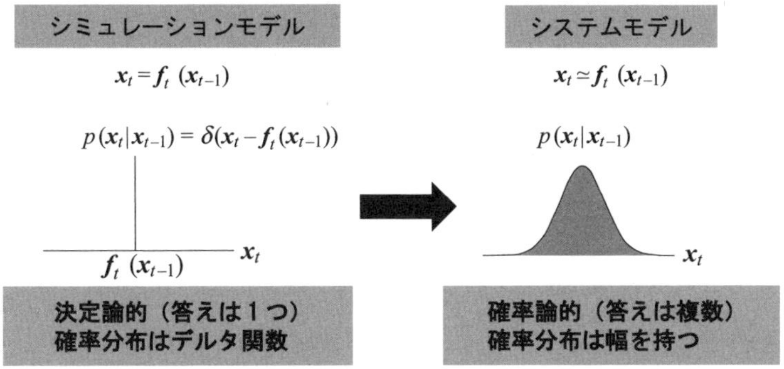

図 2.1　シミュレーションによる状態の確率分布とシステムモデルによる状態の確率分布

2.2.1　初期条件の不確実性

シミュレーションモデル自体は (2.7) 式のままだが，初期条件 $\boldsymbol{x}_0$ の具体的な値を正確に 1 つ特定することができない場合があったとしよう．ただし，$\boldsymbol{x}_0$ の近似値 $\hat{\boldsymbol{x}}_0$ ならば特定できるとする．このように，初期条件に不確実性がある場合にはどうしたらよいだろうか．

初期状態 $\boldsymbol{x}_0$ の近似値が $\hat{\boldsymbol{x}}_0$ であるから，

$$\boldsymbol{x}_0 \simeq \hat{\boldsymbol{x}}_0 \tag{2.15}$$

である．$\boldsymbol{x}_1, \cdots, \boldsymbol{x}_T$ を $\boldsymbol{x}_0$ を初期条件として得られた状態の列，$\hat{\boldsymbol{x}}_1, \cdots, \hat{\boldsymbol{x}}_T$ を $\hat{\boldsymbol{x}}_0$ を初期条件として得られた状態の列とすると，

$$\boldsymbol{x}_1 = \boldsymbol{f}_1(\boldsymbol{x}_0) \;\simeq\; \boldsymbol{f}_1(\hat{\boldsymbol{x}}_0) \;=\; \hat{\boldsymbol{x}}_1 \tag{2.16}$$

となる．これを繰り返すと，

$$\boldsymbol{x}_2 \simeq \boldsymbol{f}_2(\hat{\boldsymbol{x}}_1) \tag{2.17}$$

$$\cdots$$

$$\boldsymbol{x}_T \simeq \boldsymbol{f}_T(\hat{\boldsymbol{x}}_{T-1}) \tag{2.18}$$

と，すべての等号が近似等号となると想像できる (図 2.2)．しかし，近似等号は数値的には扱いづらい．

このとき，初期条件の確率分布を考えると都合がよい．つまり，初期条件はあ

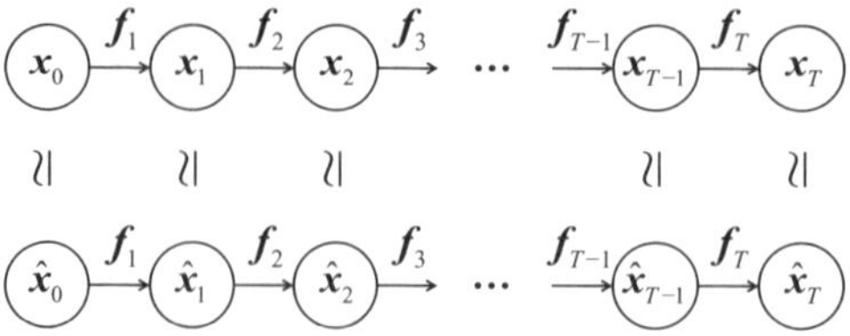

図 **2.2**　初期値を $\boldsymbol{x}_0$ としたときの状態の時間発展と，近似値 $\hat{\boldsymbol{x}}_0$ を初期値としたときの状態の時間発展

る確率分布 $p(\boldsymbol{x}_0|\hat{\boldsymbol{x}}_0)$ に従うことは想定するが，実際の値は何かとは言い切らずに時間発展の具合を追うのである．このとき，近似初期条件 $\hat{\boldsymbol{x}}_0$ のもとでの $\boldsymbol{x}_1$ の確率分布は，$\boldsymbol{x}_0, \boldsymbol{x}_1$ の同時分布 $p(\boldsymbol{x}_0, \boldsymbol{x}_1|\hat{\boldsymbol{x}}_0)$ を $\boldsymbol{x}_0$ について周辺化することで得られる．すなわち，

$$\begin{aligned} p(\boldsymbol{x}_1|\hat{\boldsymbol{x}}_0) &= \int p(\boldsymbol{x}_0, \boldsymbol{x}_1|\hat{\boldsymbol{x}}_0)\, d\boldsymbol{x}_0 \\ &= \int p(\boldsymbol{x}_1|\boldsymbol{x}_0, \hat{\boldsymbol{x}}_0)\, p(\boldsymbol{x}_0|\hat{\boldsymbol{x}}_0)\, d\boldsymbol{x}_0 \\ &= \int p(\boldsymbol{x}_1|\boldsymbol{x}_0)\, p(\boldsymbol{x}_0|\hat{\boldsymbol{x}}_0)\, d\boldsymbol{x}_0 \end{aligned} \tag{2.19}$$

と書ける．3 行目の変形では，$\boldsymbol{x}_0$ の値が確定していたならば，もはや近似値 $\hat{\boldsymbol{x}}_0$ は不要であることを用いている．以降も同様にして，

$$p(\boldsymbol{x}_2|\hat{\boldsymbol{x}}_0) = \int p(\boldsymbol{x}_2|\boldsymbol{x}_1)\, p(\boldsymbol{x}_1|\hat{\boldsymbol{x}}_0)\, d\boldsymbol{x}_1 \tag{2.20}$$

$$\cdots$$

$$p(\boldsymbol{x}_T|\hat{\boldsymbol{x}}_0) = \int p(\boldsymbol{x}_T|\boldsymbol{x}_{T-1})\, p(\boldsymbol{x}_{T-1}|\hat{\boldsymbol{x}}_0)\, d\boldsymbol{x}_{T-1} \tag{2.21}$$

と，その後の確率分布を求めて評価するのである．初期条件の確率分布 $p(\boldsymbol{x}_0|\hat{\boldsymbol{x}}_0)$ が広がりを持つならば，$p(\boldsymbol{x}_1|\hat{\boldsymbol{x}}_0), \cdots, p(\boldsymbol{x}_T|\hat{\boldsymbol{x}}_0)$ も広がりを持つ確率分布になるであろう．

通常のシミュレーションモデル (2.7) の場合には，これらの確率分布は前節で示したようなデルタ関数となることを確認しよう．初期状態を $\hat{\boldsymbol{x}}_0$ とし，これが厳密に正しいものだとすると，

$$p(\boldsymbol{x}_0|\hat{\boldsymbol{x}}_0) = \delta(\boldsymbol{x}_0 - \hat{\boldsymbol{x}}_0) \tag{2.22}$$

である．また，(2.7) 式が表す時間発展は

$$p\left(\boldsymbol{x}_t|\boldsymbol{x}_{t-1}\right)=\delta\left(\boldsymbol{x}_t-\boldsymbol{f}_t\left(\boldsymbol{x}_{t-1}\right)\right) \tag{2.23}$$

である．よって，$\boldsymbol{x}_1$ の確率分布は

$$\begin{aligned}p\left(\boldsymbol{x}_1|\hat{\boldsymbol{x}}_0\right)&=\int p\left(\boldsymbol{x}_1|\boldsymbol{x}_0\right)p\left(\boldsymbol{x}_0|\hat{\boldsymbol{x}}_0\right)d\boldsymbol{x}_0\\&=\int\delta\left(\boldsymbol{x}_1-\boldsymbol{f}_1\left(\boldsymbol{x}_0\right)\right)\delta\left(\boldsymbol{x}_0-\hat{\boldsymbol{x}}_0\right)d\boldsymbol{x}_0\\&=\delta\left(\boldsymbol{x}_1-\boldsymbol{f}_1\left(\hat{\boldsymbol{x}}_0\right)\right)\end{aligned} \tag{2.24}$$

となる．つまり，$\boldsymbol{x}_1$ は $\boldsymbol{f}_1\left(\hat{\boldsymbol{x}}_0\right)$ しかとり得ない確率分布に従うわけである．$t=2$ に対しては，今得られた (2.24) 式を用いて，

$$\begin{aligned}p\left(\boldsymbol{x}_2|\hat{\boldsymbol{x}}_0\right)&=\int p\left(\boldsymbol{x}_2|\boldsymbol{x}_1\right)p\left(\boldsymbol{x}_1|\hat{\boldsymbol{x}}_0\right)d\boldsymbol{x}_1\\&=\int\delta\left(\boldsymbol{x}_2-\boldsymbol{f}_2\left(\boldsymbol{x}_1\right)\right)\delta\left(\boldsymbol{x}_1-\boldsymbol{f}_1\left(\hat{\boldsymbol{x}}_0\right)\right)d\boldsymbol{x}_1\\&=\delta\left(\boldsymbol{x}_2-\boldsymbol{f}_2\left(\boldsymbol{f}_1\left(\hat{\boldsymbol{x}}_0\right)\right)\right)\end{aligned} \tag{2.25}$$

となる．以下同様にして，$p\left(\boldsymbol{x}_t|\hat{\boldsymbol{x}}_0\right)=\delta\left(\boldsymbol{x}_t-\boldsymbol{f}_t\left(\cdots\left(\boldsymbol{f}_1\left(\hat{\boldsymbol{x}}_0\right)\right)\cdots\right)\right)$ が得られ，最終タイムステップ T では，

$$p\left(\boldsymbol{x}_T|\hat{\boldsymbol{x}}_0\right)=\delta\left(\boldsymbol{x}_T-\boldsymbol{f}_T\left(\cdots\left(\boldsymbol{f}_1\left(\hat{\boldsymbol{x}}_0\right)\right)\cdots\right)\right) \tag{2.26}$$

となる．

2.2.2 時間発展過程の不確実性

次に考えるのは，シミュレーションモデルが表す状態の時間発展過程が完全に正しいとは言い切れない場合である．初期状態の不確実性のあるなしはさておき，シミュレーションの時間発展過程が厳密に正確である場合には，

$$\boldsymbol{x}_t=\boldsymbol{f}_t\left(\boldsymbol{x}_{t-1}\right) \tag{2.27}$$

であり，確率分布で書けば，

$$p\left(\boldsymbol{x}_t|\boldsymbol{x}_{t-1}\right)=\delta\left(\boldsymbol{x}_t-\boldsymbol{f}_t\left(\boldsymbol{x}_{t-1}\right)\right) \tag{2.28}$$

であった.

現実的には，シミュレーションの時間発展過程にそれほどの厳密さを要求できない場合が多い．その原因の一つは，もとの微分方程式の差分近似，すなわち離散化に伴う誤差の混入である．差分方程式を解いたとしても，微分方程式の解とは一致しないのである．もう一つの原因は，実際の現象を表現するには，立てている微分方程式自体が不完全であることから生ずる．微分方程式に含まれている経験的なパラメータ・境界条件の不確実性がある場合はこれに該当するし，微分方程式の項としてリストアップされていない現象はそもそもシミュレーション対象とされていない．複雑な現象に対しては，時間・空間スケールが異なる過程を除いたり，解析対象として興味がある部分の変数に限定したり，計算機資源や関連データ取得に伴う経済的理由により，シミュレーションモデルの簡略化が行われ，いわば不完全なモデルを解く状況にあることが珍しくない．

このような場合，シミュレーションモデルを用いて $\boldsymbol{x}_{t-1}$ から得られる $\hat{\boldsymbol{x}}_t = \boldsymbol{f}_t(\boldsymbol{x}_{t-1})$ は，完璧なシミュレーションモデル $\boldsymbol{f}_t^{\mathrm{perfect}}$ で得られる $\boldsymbol{x}_t = \boldsymbol{f}_t^{\mathrm{perfect}}(\boldsymbol{x}_{t-1})$ とは一致せず，せいぜいその近似にしかすぎない，という状況となる．すると，もともと等号で与えられていた (2.27), (2.28) 式が近似等号

$$\boldsymbol{x}_t \simeq \boldsymbol{f}_t(\boldsymbol{x}_{t-1}) \tag{2.29}$$

$$p(\boldsymbol{x}_t|\boldsymbol{x}_{t-1}) \simeq \delta(\boldsymbol{x}_t - \boldsymbol{f}_t(\boldsymbol{x}_{t-1})) \tag{2.30}$$

となる．この様子を示したのが図 2.3 である．仮に $\boldsymbol{x}_{t-1}$ を共通に時間発展させたとしても，シミュレーションモデルの違いから，得られる状態は厳密な等号では結ばれず，近似の関係にある．

近似等号を表現するために，新たに項 $\boldsymbol{v}_t$ を加えた上で等号にする．

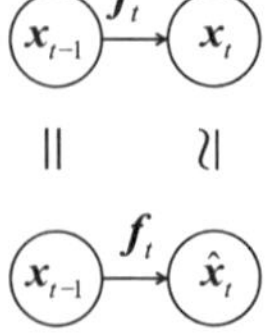

図 2.3　完璧なシミュレーションモデル $\boldsymbol{f}_t^{\mathrm{perfect}}$ による状態の時間発展とシミュレーションモデル f_t による状態の時間発展

$$\boldsymbol{x}_t = \boldsymbol{f}_t(\boldsymbol{x}_{t-1}) + \boldsymbol{v}_t \tag{2.31}$$

確率分布で書けば，

$$p(\boldsymbol{x}_t|\boldsymbol{x}_{t-1}, \boldsymbol{v}_t) = \delta(\boldsymbol{x}_t - \boldsymbol{f}_t(\boldsymbol{x}_{t-1}) - \boldsymbol{v}_t) \tag{2.32}$$

である．この $\boldsymbol{v}_t$ をシステムノイズという．$\boldsymbol{v}_t$ の確率分布を $p(\boldsymbol{v}_t)$ とすると，もはや $\boldsymbol{x}_{t-1}$ が与えられたもとでの $\boldsymbol{x}_t$ の確率分布はデルタ関数とはならず，

$$\begin{aligned} p(\boldsymbol{x}_t|\boldsymbol{x}_{t-1}) &= \int p(\boldsymbol{x}_t, \boldsymbol{v}_t|\boldsymbol{x}_{t-1})\, d\boldsymbol{v}_t \\ &= \int p(\boldsymbol{x}_t|\boldsymbol{v}_t, \boldsymbol{x}_{t-1})\, p(\boldsymbol{v}_t|\boldsymbol{x}_{t-1})\, d\boldsymbol{v}_t \\ &= \int p(\boldsymbol{x}_t|\boldsymbol{v}_t, \boldsymbol{x}_{t-1})\, p(\boldsymbol{v}_t)\, d\boldsymbol{v}_t \\ &= \int \delta(\boldsymbol{x}_t - \boldsymbol{f}_t(\boldsymbol{x}_{t-1}) - \boldsymbol{v}_t)\, p(\boldsymbol{v}_t)\, d\boldsymbol{v}_t \end{aligned} \tag{2.33}$$

のようにデルタ関数 $\delta(\boldsymbol{x}_t - \boldsymbol{f}_t(\boldsymbol{x}_{t-1}) - \boldsymbol{v}_t)$ とシステムノイズの確率分布 $p(\boldsymbol{v}_t)$ との畳み込み積分で表現される確率分布となる．なお，システムノイズは以前の状態には依存しない，すなわち $p(\boldsymbol{v}_t|\boldsymbol{x}_{t-1}) = p(\boldsymbol{v}_t)$ を仮定した．

通常のシミュレーションに対応するのは，システムノイズがゼロ，すなわち確率分布がデルタ関数

$$p(\boldsymbol{v}_t) = \delta(\boldsymbol{v}_t) \tag{2.34}$$

で与えられる場合である．

2.2.3　システムモデル

以上の 2 項で，初期状態の不確実性，時間発展の不確実性のあるシミュレーションモデルの扱いを述べてきた．本項では，2 つの不確実性をまとめて表現する．図 2.4 には，これら 2 つの不確実性が存在するときの状態の時間発展の様子を示した．図 2.2 と似ているが，上段は完璧なシミュレーションモデルとなっていることに留意されたい．まず，初期値は $\boldsymbol{x}_0$ の近似値 $\hat{\boldsymbol{x}}_0$ であることから，近似等号で結ばれている．つづいて，完璧なシミュレーションモデルとは異なるモデルを用いるために，時間発展の結果も近似等号で結ばれる関係となる．

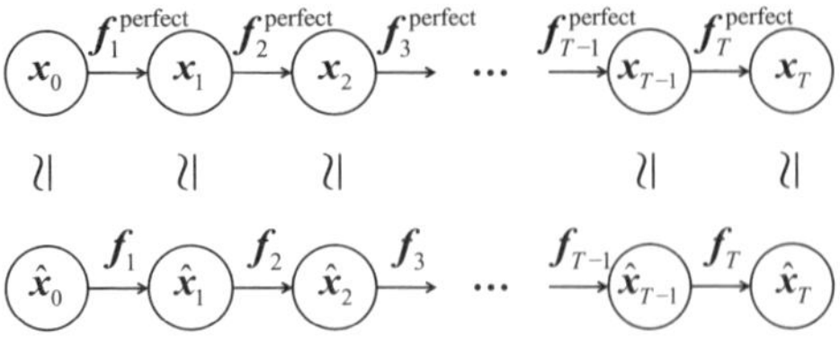

図 **2.4** 完璧なシミュレーションモデル $\boldsymbol{f}_t^{\text{perfect}}$ による状態の時間発展と，初期値の近似値 $\hat{\boldsymbol{x}}_0$ とシミュレーションモデル f_t による状態の時間発展

初期条件 $\boldsymbol{x}_0$ の確率分布

$$\boldsymbol{x}_0|\hat{\boldsymbol{x}}_0 \sim p\left(\boldsymbol{x}_0|\hat{\boldsymbol{x}}_0\right) \tag{2.35}$$

およびシステムノイズ $\boldsymbol{v}_t$ の確率分布

$$\boldsymbol{v}_t \sim p\left(\boldsymbol{v}_t\right) \qquad\qquad (t = 1, \cdots, T) \tag{2.36}$$

を与える．これらのもとで，

$$\boldsymbol{x}_t = \boldsymbol{f}_t\left(\boldsymbol{x}_{t-1}\right) + \boldsymbol{v}_t \tag{2.37}$$

で与えられる状態 $\boldsymbol{x}_t$ の時間発展を考える．(2.37) 式をシステムモデルという．

$t = 1$ の状態 $\boldsymbol{x}_t$ の確率分布は，(2.19) 式より，

$$\begin{aligned}
p\left(\boldsymbol{x}_1|\hat{\boldsymbol{x}}_0\right) &= \int p\left(\boldsymbol{x}_1|\boldsymbol{x}_0\right) p\left(\boldsymbol{x}_0|\hat{\boldsymbol{x}}_0\right) d\boldsymbol{x}_0 \\
&= \int \left[\int p\left(\boldsymbol{x}_1, \boldsymbol{v}_1|\boldsymbol{x}_0\right) d\boldsymbol{v}_1\right] p\left(\boldsymbol{x}_0|\hat{\boldsymbol{x}}_0\right) d\boldsymbol{x}_0 \\
&= \int\int p\left(\boldsymbol{x}_1|\boldsymbol{v}_1, \boldsymbol{x}_0\right) p\left(\boldsymbol{v}_1|\boldsymbol{x}_0\right) p\left(\boldsymbol{x}_0|\hat{\boldsymbol{x}}_0\right) d\boldsymbol{v}_1 d\boldsymbol{x}_0 \\
&= \int\int \delta\left(\boldsymbol{x}_1 - \boldsymbol{f}_1\left(\boldsymbol{x}_0\right) - \boldsymbol{v}_1\right) p\left(\boldsymbol{v}_1\right) p\left(\boldsymbol{x}_0|\hat{\boldsymbol{x}}_0\right) d\boldsymbol{v}_1 d\boldsymbol{x}_0
\end{aligned} \tag{2.38}$$

となる．同様に，$t = 2$ に対しては，

$$\begin{aligned}
p\left(\boldsymbol{x}_2|\hat{\boldsymbol{x}}_0\right) &= \int p\left(\boldsymbol{x}_2|\boldsymbol{x}_1\right) p\left(\boldsymbol{x}_1|\hat{\boldsymbol{x}}_0\right) d\boldsymbol{x}_1 \\
&= \int\int \delta\left(\boldsymbol{x}_2 - \boldsymbol{f}_2\left(\boldsymbol{x}_1\right) - \boldsymbol{v}_2\right) p\left(\boldsymbol{v}_2\right) p\left(\boldsymbol{x}_1|\hat{\boldsymbol{x}}_0\right) d\boldsymbol{v}_2 d\boldsymbol{x}_1
\end{aligned} \tag{2.39}$$

となるが，さらに (2.38) 式を代入して $\boldsymbol{x}_1$ について周辺化すると，

$$
\begin{aligned}
p(\boldsymbol{x}_2|\hat{\boldsymbol{x}}_0) &= \int\int \delta(\boldsymbol{x}_2 - \boldsymbol{f}_2(\boldsymbol{x}_1) - \boldsymbol{v}_2)\, p(\boldsymbol{v}_2) \\
&\quad \times \left[\int\int \delta(\boldsymbol{x}_1 - \boldsymbol{f}_1(\boldsymbol{x}_0) - \boldsymbol{v}_1)\, p(\boldsymbol{v}_1)\, p(\boldsymbol{x}_0|\hat{\boldsymbol{x}}_0)\, d\boldsymbol{v}_1 d\boldsymbol{x}_0\right] d\boldsymbol{v}_2 d\boldsymbol{x}_1 \\
&= \int\int\int \left[\int \delta(\boldsymbol{x}_2 - \boldsymbol{f}_2(\boldsymbol{x}_1) - \boldsymbol{v}_2)\, \delta(\boldsymbol{x}_1 - \boldsymbol{f}_1(\boldsymbol{x}_0) - \boldsymbol{v}_1)\, d\boldsymbol{x}_1\right] \\
&\quad \times p(\boldsymbol{v}_2)\, p(\boldsymbol{v}_1)\, p(\boldsymbol{x}_0|\hat{\boldsymbol{x}}_0)\, d\boldsymbol{v}_2 d\boldsymbol{v}_1 d\boldsymbol{x}_0 \\
&= \int\int\int \delta(\boldsymbol{x}_2 - \boldsymbol{f}_2(\boldsymbol{f}_1(\boldsymbol{x}_0) + \boldsymbol{v}_1) - \boldsymbol{v}_2) \\
&\quad \times p(\boldsymbol{v}_2)\, p(\boldsymbol{v}_1)\, p(\boldsymbol{x}_0|\hat{\boldsymbol{x}}_0)\, d\boldsymbol{v}_2 d\boldsymbol{v}_1 d\boldsymbol{x}_0
\end{aligned} \tag{2.40}
$$

を得る． $t = 3$ に対しても同様にして

$$
\begin{aligned}
p(\boldsymbol{x}_3|\hat{\boldsymbol{x}}_0) &= \int p(\boldsymbol{x}_3|\boldsymbol{x}_2)\, p(\boldsymbol{x}_2|\hat{\boldsymbol{x}}_0)\, d\boldsymbol{x}_2 \\
&= \int\int \delta(\boldsymbol{x}_3 - \boldsymbol{f}_3(\boldsymbol{x}_2) - \boldsymbol{v}_3)\, p(\boldsymbol{v}_3)\, p(\boldsymbol{x}_2|\hat{\boldsymbol{x}}_0)\, d\boldsymbol{v}_3 d\boldsymbol{x}_2 \\
&= \int\int \delta(\boldsymbol{x}_3 - \boldsymbol{f}_3(\boldsymbol{x}_2) - \boldsymbol{v}_3)\, p(\boldsymbol{v}_3) \\
&\quad \times \left[\int\int\int \delta(\boldsymbol{x}_2 - \boldsymbol{f}_2(\boldsymbol{f}_1(\boldsymbol{x}_0) + \boldsymbol{v}_1) - \boldsymbol{v}_2)\right. \\
&\quad \left. \times p(\boldsymbol{v}_2)\, p(\boldsymbol{v}_1)\, p(\boldsymbol{x}_0|\hat{\boldsymbol{x}}_0)\, d\boldsymbol{v}_2 d\boldsymbol{v}_1 d\boldsymbol{x}_0\right] d\boldsymbol{v}_3 d\boldsymbol{x}_2 \\
&= \int\int\int\int \left[\int \delta(\boldsymbol{x}_3 - \boldsymbol{f}_3(\boldsymbol{x}_2) - \boldsymbol{v}_3)\right. \\
&\quad \left. \times \delta(\boldsymbol{x}_2 - \boldsymbol{f}_2(\boldsymbol{f}_1(\boldsymbol{x}_0) + \boldsymbol{v}_1) - \boldsymbol{v}_2)\, d\boldsymbol{x}_2\right] \\
&\quad \times p(\boldsymbol{v}_3)\, p(\boldsymbol{v}_2)\, p(\boldsymbol{v}_1)\, p(\boldsymbol{x}_0|\hat{\boldsymbol{x}}_0)\, d\boldsymbol{v}_3 d\boldsymbol{v}_2 d\boldsymbol{v}_1 d\boldsymbol{x}_0 \\
&= \int\int\int\int \delta(\boldsymbol{x}_3 - \boldsymbol{f}_3(\boldsymbol{f}_2(\boldsymbol{f}_1(\boldsymbol{x}_0) + \boldsymbol{v}_1) + \boldsymbol{v}_2) - \boldsymbol{v}_3) \\
&\quad \times p(\boldsymbol{v}_3)\, p(\boldsymbol{v}_2)\, p(\boldsymbol{v}_1)\, p(\boldsymbol{x}_0|\hat{\boldsymbol{x}}_0)\, d\boldsymbol{v}_3 d\boldsymbol{v}_2 d\boldsymbol{v}_1 d\boldsymbol{x}_0
\end{aligned} \tag{2.41}
$$

となる．以降の t の状態 $\boldsymbol{x}_t$ の確率分布も，同様にして，

$$p\left(\boldsymbol{x}_t|\hat{\boldsymbol{x}}_0\right) = \int\cdots\int \delta\left(\boldsymbol{x}_t - \boldsymbol{f}_t\left(\boldsymbol{f}_{t-1}\left(\cdots\left(\boldsymbol{f}_1\left(\boldsymbol{x}_0\right)+\boldsymbol{v}_1\right)\cdots\right)+\boldsymbol{v}_{t-1}\right)-\boldsymbol{v}_t\right)$$
$$\times p\left(\boldsymbol{v}_t\right)p\left(\boldsymbol{v}_{t-1}\right)\cdots p\left(\boldsymbol{v}_1\right)p\left(\boldsymbol{x}_0|\hat{\boldsymbol{x}}_0\right)d\boldsymbol{v}_t d\boldsymbol{v}_{t-1}\cdots d\boldsymbol{v}_1 d\boldsymbol{x}_0$$
$$(t = 1,\cdots,T) \tag{2.42}$$

となり，(2.37) 式で与えられるシステムモデルに対して，これらの確率分布 $p\left(\boldsymbol{x}_t|\hat{\boldsymbol{x}}_0\right)$ $(t=1,\cdots,T)$ を求めることとなった．

従来の決定論的なシミュレーションモデルに戻すには，初期条件を確定させ，時間発展過程も厳密であるもの，すなわち

$$p\left(\boldsymbol{x}_0\right) = \delta\left(\boldsymbol{x}_0 - \hat{\boldsymbol{x}}_0\right) \tag{2.43}$$

$$p\left(\boldsymbol{v}_t\right) = \delta\left(\boldsymbol{v}_t\right) \tag{2.44}$$

とすればよい．

2.3 観測モデル

観測された時系列データを $\boldsymbol{y}_1,\boldsymbol{y}_2,\cdots,\boldsymbol{y}_T$ と表す．一般に，$\boldsymbol{y}_t$ は時刻 t においてさまざまな地点で観測される諸々の物理量をすべてまとめたものを表す，多次元のベクトルである．

2.3.1 観測行列，観測演算子

ここでは，シミュレーションモデル，もしくはシステムモデルにより得られた状態の列 $\boldsymbol{x}_1,\boldsymbol{x}_2,\cdots,\boldsymbol{x}_T$ と観測データ $\boldsymbol{y}_1,\boldsymbol{y}_2,\cdots,\boldsymbol{y}_T$ を比較することを考えよう．

状態 $\boldsymbol{x}_t$ $(t=1,\cdots,T)$ は k 次元ベクトル，観測データ $\boldsymbol{y}_t$ $(t=1,\cdots,T)$ は l 次元ベクトルとすると，これらの次元が等しい $(k=l)$ ことはまれで，大抵の状況では $k>l$ である．状態は多くの変量からなるベクトルであるが，実際に観測されるのはそれらの変量の一部である．

状態の変量の一部が観測される場合，状態の全変量から観測される変量を取り出すような $l\times k$ 行列 H_t を導入し，l 次元ベクトル $H_t\boldsymbol{x}_t$ $(t=1,\cdots,T)$ をモデルの観測対応量とする．行列 H_t を観測行列という．

例えば，2 次元の状態ベクトル

$$\boldsymbol{x}_t = \begin{pmatrix} a_t \\ b_t \end{pmatrix} \tag{2.45}$$

に対して，観測されるのは a 成分のみの場合は，観測行列として

$$H_t = \begin{pmatrix} 1 & 0 \end{pmatrix} \qquad (t = 1, \cdots, T) \tag{2.46}$$

を定義すればよい．観測に対応する状態の変量は，$H_t\boldsymbol{x}_t$ すなわち

$$H_t\boldsymbol{x}_t = \begin{pmatrix} 1 & 0 \end{pmatrix} \begin{pmatrix} a_t \\ b_t \end{pmatrix} = a_t \tag{2.47}$$

となる．

次に，モデルの要素の一部の非線形変換が観測される場合を考える．このときは，観測行列のかわりに観測演算子 $\boldsymbol{h}_t$ を導入する．$\boldsymbol{h}_t$ は，状態の全変量から観測される変量を取り出す関数で，H_t と同じく l 次元ベクトルを返す．

例えば，状態の絶対値が観測される場合を考えると，観測演算子として

$$\boldsymbol{h}_t(\boldsymbol{x}_t) = \sqrt{a_t^2 + b_t^2} \tag{2.48}$$

となる．観測機器が移動しながらデータをとる場合や，データ欠損がある場合など，$\boldsymbol{y}_t$ の次元が t に応じて変化する場合 ($l = l_t$ のとき) には，観測行列 H_t の行数や観測演算子 $\boldsymbol{h}_t$ の次元もそれに応じて変化させて対処する．

2.3.2 観測との比較から観測の取り込みへ

さて，シミュレーションと観測データの比較を考えよう．初期条件 $\hat{\boldsymbol{x}}_0$ からスタートしたシミュレーションで得られる状態の列 $\hat{\boldsymbol{x}}_t$ $(t = 1, \cdots, T)$ から，観測演算子を作用させて観測される変量を求めると，

$$\boldsymbol{h}_t(\hat{\boldsymbol{x}}_t) \qquad (t = 1, \cdots, T) \tag{2.49}$$

となる．2.1 節で述べたように，$\hat{\boldsymbol{x}}_t$ $(t = 1, \cdots, T)$ が一意に確定した量であるため，$\boldsymbol{h}_t(\hat{\boldsymbol{x}}_t)$ $(t = 1, \cdots, T)$ も一意に確定した量の列である．また，得られた観測データ $\boldsymbol{y}_t$ $(t = 1, \cdots, T)$ も確定した量の列である．これらを付き合わせることは，確定しているものどうしの付き合わせであり，いわゆる「ここは合うけど

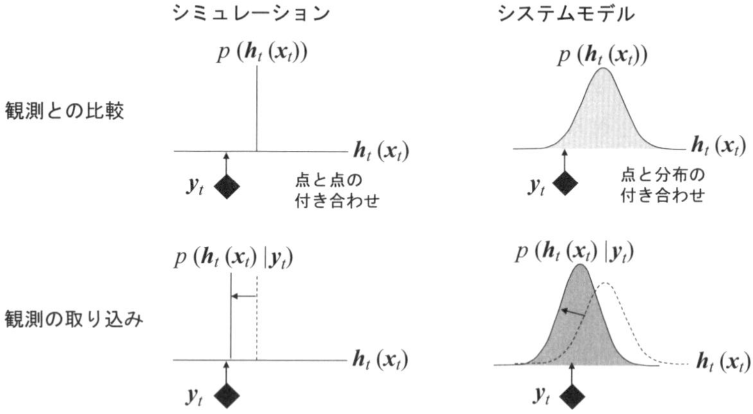

図 2.5 (左上) シミュレーションと観測との比較，(右上) システムモデルと観測との比較，(左下) シミュレーションへの観測の取り込み，(右下) システムモデルへの観測の取り込み

あそこは合わない」といった“シミュレーションと観測との比較”の議論がなされる．

次に，システムモデルと観測データの比較をする場合を考える．システムモデルから得られるのは，状態の確率分布の列 $p(\boldsymbol{x}_t)$ $(t=1,\cdots,T)$ である．これより明らかなのは，観測対応量 $\boldsymbol{h}_t(\boldsymbol{x}_t)$ も確率分布の列 $p(\boldsymbol{h}_t(\boldsymbol{x}_t))$ $(t=1,\cdots,T)$ に従うこと，すなわち，$\boldsymbol{h}_t(\boldsymbol{x}_t)$ の値は一意に確定していないことである．こういった不確実なモデルの結果を確定した観測データと比較するために，確率分布 $p(\boldsymbol{h}_t(\boldsymbol{x}_t))$ と $\boldsymbol{y}_t$ の整合性を吟味することになる．

シミュレーションモデルと観測との比較，システムモデルと観測との比較を図 2.5 の左上，右上に示す．シミュレーションと観測の比較 (左上) を見ると，シミュレーションで得られる確定値，すなわちデルタ関数で与えられる確率分布 $p(\boldsymbol{h}_t(\boldsymbol{x}_t))$ と，同じく確定値である観測データ $\boldsymbol{y}_t$ とを比べる，点と点との付き合わせである．デルタ関数と $\boldsymbol{y}_t$ が近ければ近いほどよい．システムモデルと観測を比較する場合 (右上) は，モデルの観測対応量の確率分布 $p(\boldsymbol{h}_t(\boldsymbol{x}_t))$ との比較になる．これは，点と分布を付き合わせることになる．確率の高い部分に $\boldsymbol{y}_t$ が入っていれば，モデルの推定結果は妥当と判断されよう．

システムモデルでは確率分布が得られ，状態の不確実性を表す．状態にはこの「遊び」が許されているため，観測データを取り込むことにより，状態の確率分布

$p(\boldsymbol{x}_t|\hat{\boldsymbol{x}}_0)$ を修正し不確実の度合いを下げる，すなわち推定精度を上げることが可能である．これが本書の主題であるデータ同化の一大目標である．図 2.5 の右下の図では，観測 $\boldsymbol{y}_t$ を利用して，確率分布 $p(\boldsymbol{h}_t(\boldsymbol{x}_t))$ を改善し，観測が得られたもとでの確率分布 $p(\boldsymbol{h}_t(\boldsymbol{x}_t)|\boldsymbol{y}_t)$ を得る状況を示している．ちなみに，観測を使用してシミュレーション結果を置き換える (図 2.5 左下) ということもなされる．直接挿入法，ナッジング法[61) などの「古い」データ同化手法がこれにあたる．

2.3.3 観測モデル，観測ノイズ

観測データ $\boldsymbol{y}_t$ とモデルによる観測変量 $\boldsymbol{h}_t(\boldsymbol{x}_t)$ は一般には一致せず，期待できるのは両者は近い値であろうということである．すなわち，両者の関係は

$$\boldsymbol{y}_t \simeq \boldsymbol{h}_t(\boldsymbol{x}_t) \tag{2.50}$$

と書かれる．システムモデルの導入時と同様に，近似等号を表現するために，付加項 $\boldsymbol{w}_t$ を含めて等号で結び，$\boldsymbol{w}_t$ が従う確率分布を仮定する．すなわち，

$$\boldsymbol{y}_t = \boldsymbol{h}_t(\boldsymbol{x}_t) + \boldsymbol{w}_t \tag{2.51}$$

$$\boldsymbol{w}_t \sim p(\boldsymbol{w}_t) \tag{2.52}$$

と書く $(t = 1, \cdots, T)$．$\boldsymbol{w}_t$ を観測ノイズ，(2.51) 式を観測モデルという．

観測ノイズに関して，一点注意をしておく．$\boldsymbol{w}_t$ は (2.51) 式の示す通り，観測とモデルの差 $\boldsymbol{y}_t - \boldsymbol{h}_t(\boldsymbol{x}_t)$ である．観測機器の特性に起因する，いわゆる「測定誤差」は，観測ノイズに寄与する要素の一部と考えるべきものである．観測ノイズ，という言葉から「測定誤差のことだろう」と類推をしないことが重要である．観測ノイズには，測定誤差とシミュレーションモデルの不備分が寄与している．極端な例として，観測ノイズと測定誤差が一致する場合を考えると，モデルが観測機器を取り巻く自然現象を完璧に再現する場合に対応する．通常はモデルにはそこまでの能力はないため，モデルが再現し切れない部分が観測とモデルの差としてカウントされる．観測ノイズを設定するとき，測定誤差以外の部分を表現誤差ということがある．

2.4 状態空間モデル

データ同化では，システムモデル，観測モデルを連立させたモデル

$$\boldsymbol{x}_t = \boldsymbol{f}_t\left(\boldsymbol{x}_{t-1}\right) + \boldsymbol{v}_t \tag{2.53}$$

$$\boldsymbol{y}_t = \boldsymbol{h}_t\left(\boldsymbol{x}_t\right) + \boldsymbol{w}_t \tag{2.54}$$

を考える $(t = 1, \cdots, T)$. このような連立モデルは状態空間モデルと呼ばれ，3 章でその一般論が述べられる．状態空間モデルの運用には，あらかじめ初期状態，システムノイズ，観測ノイズの確率分布

$$\boldsymbol{x}_0 \sim p\left(\boldsymbol{x}_0\right) \tag{2.55}$$

$$\boldsymbol{v}_t \sim p\left(\boldsymbol{v}_t\right) \tag{2.56}$$

$$\boldsymbol{w}_t \sim p\left(\boldsymbol{w}_t\right) \tag{2.57}$$

を指定する $(t = 1, \cdots, T)$.

状態空間モデルに対して，本書で解説するのは，初期状態，システムノイズ，観測ノイズの確率分布を与えたときに，観測データに基づいて，状態の確率分布を求めることである．

3

逐 次 計 算 式

3.1　状態空間モデルの一般化

3.1.1　非線形・非ガウス状態空間モデル

2 章で導入した状態空間モデル (2.53),(2.54) 式では，システムノイズや観測ノイズが $\boldsymbol{f}_t(\boldsymbol{x}_{t-1})$ や $\boldsymbol{h}_t(\boldsymbol{x}_t)$ にそれぞれ線形に加わっていたが，次のようなより一般形を考えてもよい．

$$\boldsymbol{x}_t = \boldsymbol{f}_t(\boldsymbol{x}_{t-1}, \boldsymbol{v}_t) \qquad [\text{システムモデル}] \tag{3.1}$$

$$\boldsymbol{y}_t = \boldsymbol{h}_t(\boldsymbol{x}_t, \boldsymbol{w}_t) \qquad [\text{観測モデル}] \tag{3.2}$$

システムノイズ $\boldsymbol{v}_t$ と観測ノイズ $\boldsymbol{w}_t$ は，それぞれ確率密度関数 $p(\boldsymbol{v}|\boldsymbol{\theta}_{\rm sys})$ および $p(\boldsymbol{w}|\boldsymbol{\theta}_{\rm obs})$ に従う白色雑音である．$\boldsymbol{\theta}_{\rm sys}$ および $\boldsymbol{\theta}_{\rm obs}$ は，それぞれの確率分布を記述するのに必要なパラメータベクトルである．これらのパラメータベクトルを 1 つにまとめて，$\boldsymbol{\theta} = (\boldsymbol{\theta}'_{\rm sys}, \boldsymbol{\theta}'_{\rm obs})'$ を定義しておく．これらの分布はもはやガウス分布に限らないことに注意する．また，$\boldsymbol{f}_t$ および $\boldsymbol{h}_t$ は行列ではなくそれぞれ $\boldsymbol{x}_{t-1}$ および $\boldsymbol{x}_t$ に関する非線形関数である．これらにより，時系列モデルの枠組みではこのモデルのことを非線形・非ガウスモデルと呼ぶ．カオス時系列モデルの多くは，システムモデルにおいて $\boldsymbol{v}_t = \boldsymbol{0}$ とおき，観測モデルは線形・ガウスモデルに簡略化した場合になる．

3.1.2　線形・ガウス状態空間モデル

もし，$\boldsymbol{f}_t$ や $\boldsymbol{h}_t$ が行列で，システムノイズおよび観測ノイズともにガウス分布に従うものであったなら，これは制御理論などにもよく使われる (一般ではない，線形・ガウス) 状態空間モデルに帰着する．時系列モデルにおいて通常状態空間モデルと呼ばれるものは，この線形・ガウス状態空間モデルである．状態空間モデルは非定常の現象を記述するのに適した時系列モデルであり，その汎用性は広く知られている[64, 66]．

$$\boldsymbol{x}_t = F_t \boldsymbol{x}_{t-1} + G_t \boldsymbol{v}_t \qquad [\text{システムモデル}] \tag{3.3}$$

$$\boldsymbol{y}_t = H_t \boldsymbol{x}_t + \boldsymbol{w}_t \qquad [\text{観測モデル}] \tag{3.4}$$

ただし，$\boldsymbol{x}_t$ は k 次元の状態ベクトル，$\boldsymbol{v}_t \sim N(\boldsymbol{0}, Q_t)$ と $\boldsymbol{w}_t \sim N(\boldsymbol{0}, R_t)$ はそれぞれ m 次元および l 次元のガウス (正規) 白色雑音で，システムノイズ，観測ノイズと呼ばれる．Q_t, R_t は分散共分散行列である．また，F_t, G_t, H_t はそれぞれ $k \times k$, $k \times m$，および $l \times k$ 次元の行列である．

3.1.3 一般状態空間モデル

(3.1),(3.2) 式をさらに一般化したものとして，条件付き分布を用いて表現された以下のような一般的な状態空間モデルを考えることができる．

$$\boldsymbol{x}_t \sim p(\boldsymbol{x}_t | \boldsymbol{x}_{t-1}) \qquad [\text{システムモデル}] \tag{3.5}$$

$$\boldsymbol{y}_t \sim p(\boldsymbol{y}_t | \boldsymbol{x}_t) \qquad [\text{観測モデル}] \tag{3.6}$$

1 行目は $\boldsymbol{x}_{t-1}$ が与えられたときの $\boldsymbol{x}_t$ の条件付き分布，また 2 行目は $\boldsymbol{x}_t$ が与えられたときの $\boldsymbol{y}_t$ の条件付き分布である．初期ベクトル $\boldsymbol{x}_0$ は，確率密度関数 $p(\boldsymbol{x}_0)$ に従うものとする．この一般状態空間モデルにより，観測値 $\boldsymbol{y}_t$ が二項分布やポアソン分布に従うカウントデータのモデル化なども可能になる．音声情報処理で利用されている隠れマルコフモデルは，$\boldsymbol{x}_t$ も離散値のみ許される状態空間モデルの特殊なケースである．特殊なクラスの状態空間モデルはその前に形容詞をつけることで，その特殊性を明確に表すことにする．本書での時系列モデルの呼称法を表 3.1 にまとめた．

(3.1),(3.2) 式の場合，この条件付き分布は，変数変換に伴う確率密度の変換式 (1.6) より，

$$p(\boldsymbol{x}_t | \boldsymbol{x}_{t-1}, \boldsymbol{\theta}_{\text{sys}}) = p\left(\boldsymbol{v}_t = \boldsymbol{f}_t^{-1}(\boldsymbol{x}_t, \boldsymbol{x}_{t-1}) | \boldsymbol{\theta}_{\text{sys}}\right) \left\| \frac{\partial \boldsymbol{v}_t}{\partial \boldsymbol{x}_t'} \right\| \tag{3.7}$$

$$p(\boldsymbol{y}_t | \boldsymbol{x}_t, \boldsymbol{\theta}_{\text{obs}}) = p\left(\boldsymbol{w}_t = \boldsymbol{h}_t^{-1}(\boldsymbol{y}_t, \boldsymbol{x}_t) | \boldsymbol{\theta}_{\text{obs}}\right) \left\| \frac{\partial \boldsymbol{w}_t}{\partial \boldsymbol{y}_t'} \right\| \tag{3.8}$$

となる．ただし，$\boldsymbol{f}_t^{-1}$ は，(3.1) 式に従って，$\boldsymbol{x}_t$ と $\boldsymbol{x}_{t-1}$ から $\boldsymbol{v}_t$ を求める逆関数

表 **3.1** 時系列モデルの呼称のまとめ

特性	線形・ガウス	非線形・非ガウス	一般
制御理論	状態空間モデル		一般状態空間モデル
北川[66]	状態空間モデル	非線形・非ガウス状態空間モデル	一般化状態空間モデル
本書	線形・ガウス状態空間モデル	非線形・非ガウス状態空間モデル	一般状態空間モデル

を，また $\boldsymbol{h}_t^{-1}$ は，(3.2) 式に従って，$\boldsymbol{y}_t$ と $\boldsymbol{x}_t$ から $\boldsymbol{w}_t$ を求める逆関数をそれぞれ表す．$\|\cdot\|$ は，ヤコビアンの絶対値を表す．また，(2.53),(2.54) 式の場合は，

$$\boldsymbol{v}_t = \boldsymbol{x}_t - \boldsymbol{f}_t(\boldsymbol{x}_{t-1})$$

$$\boldsymbol{w}_t = \boldsymbol{y}_t - \boldsymbol{h}_t(\boldsymbol{x}_t)$$

であるため，$\|\partial \boldsymbol{v}_t / \partial \boldsymbol{x}_t'\| = 1$ および $\|\partial \boldsymbol{w}_t / \partial \boldsymbol{y}_t'\| = 1$ となり，

$$p(\boldsymbol{x}_t|\boldsymbol{x}_{t-1}, \boldsymbol{\theta}_{\mathrm{sys}}) = p(\boldsymbol{x}_t - \boldsymbol{f}_t(\boldsymbol{x}_{t-1})|\boldsymbol{\theta}_{\mathrm{sys}}) \tag{3.9}$$

$$p(\boldsymbol{y}_t|\boldsymbol{x}_t, \boldsymbol{\theta}_{\mathrm{obs}}) = p(\boldsymbol{y}_t - \boldsymbol{h}_t(\boldsymbol{x}_t)|\boldsymbol{\theta}_{\mathrm{obs}}) \tag{3.10}$$

が得られる．

ここで (3.5),(3.6) 式の仮定は，それぞれ以下のマルコフ性が成立することを示している．

$$p(\boldsymbol{x}_t|\boldsymbol{x}_{1:t-1}, \boldsymbol{y}_{1:t-1}) = p(\boldsymbol{x}_t|\boldsymbol{x}_{t-1}) \tag{3.11}$$

$$p(\boldsymbol{y}_t|\boldsymbol{x}_{1:t}, \boldsymbol{y}_{1:t-1}) = p(\boldsymbol{y}_t|\boldsymbol{x}_t) \tag{3.12}$$

これにより，1 章に示した，同時分布の分解 (1.27) 式が以下のように簡単な積になることが示される：

$$\begin{aligned} p(\boldsymbol{y}_{1:T}, \boldsymbol{x}_{1:T}|\boldsymbol{x}_0) &= \prod_{t=1}^{T} p(\boldsymbol{y}_t|\boldsymbol{y}_{1:t-1}, \boldsymbol{x}_{1:t}) p(\boldsymbol{x}_t|\boldsymbol{y}_{1:t-1}, \boldsymbol{x}_{1:t-1}) \\ &= \prod_{t=1}^{T} p(\boldsymbol{y}_t|\boldsymbol{x}_t) p(\boldsymbol{x}_t|\boldsymbol{x}_{t-1}) \end{aligned} \tag{3.13}$$

ただし，$\boldsymbol{x}_{1:0} = \boldsymbol{x}_0$ とする．この (3.11),(3.12) 式で表される 2 つのマルコフ性は，3. 2 節以降で説明する漸化式の導出の際，さまざまな場面で出てくる重要な性質である．

3.1.4 データ同化の計算困難性

データ同化に特徴的なことの一つは，変数の多さで，典型的には $\boldsymbol{x}_t$ の次元は

$k = 10^4 \sim 10^6$ にもなる．地球環境問題に関連したデータ同化の問題では，人工衛星などで得られる観測データを使うため，$\boldsymbol{y}_t$ の次元は小さい場合でも 100 から，ときには 10 万次元にまでのぼる．このため，計算アルゴリズムに十分気を配る必要が出てくる．もう一つの特徴は，$k \gg l$ すなわちモデルの変数の数と比べて，観測される変数の数がずっと少ないという点である．このような場合には，観測データを用いても推定精度をそれほど上げられない部分が多く残ってしまう可能性がある．大量の $\boldsymbol{y}_t$ が得られたとしても劣決定問題であることに変わりはない．そのため，観測されない部分の推定精度を上げるために，もともとのシミュレーションモデル $\boldsymbol{f}_t$ として，高性能なものを用いることも肝要である．このように非常に難しい逆問題の設定で計算の限界に挑戦していくのがデータ同化の研究である[77, 78]．

3.2 逐次ベイズフィルタ

3.2.1 3 つ の 分 布

(3.5) 式や (3.6) 式で関係式が与えられるときには，状態ベクトルの分布の推定に関して非常に便利な漸化式が存在する[66]．この漸化式を理解する上で，次の 3 つの条件付き分布—「予測分布」,「フィルタ分布」,「平滑化分布」—を考えればよい．今，3 つの分布の理解のために，簡単な統計的な推測問題を考えてみる．我々は，毎日得られる株価インデックスの終値でもって，毎日の経済の状態を推測したいとしよう．明らかに，経済の状態は直接観測できない量である．この場合，毎日のインデックス終値がデータ $\boldsymbol{y}_t$ に，また日ごとの経済の状態が $\boldsymbol{x}_t$ に相当する．ベクトルの次元は，ともに 1 次元となる．

上述の例では，昨日 $(t-1)$ までのデータ $(\boldsymbol{y}_{1:t-1})$ に基づいた今日の経済の状態 $\boldsymbol{x}_t$ の分布が予測分布 $p(\boldsymbol{x}_t|\boldsymbol{y}_{1:t-1})$ である．1 つ株価インデックスデータが新しく手元に増え，今日までのデータに基づいた今日の状態ベクトルの分布がフィルタ分布 $p(\boldsymbol{x}_t|\boldsymbol{y}_{1:t})$ である．総数 T 個のデータがすべて手元にあるもとでの今日の状態ベクトルの分布が平滑化分布 $p(\boldsymbol{x}_t|\boldsymbol{y}_{1:T})$ である．もちろん平滑化分布が状態ベクトルの推定に関して一番精度が高い．以上の説明を表 3.2 にまとめた．

条件付き分布の関係を表の形式で図式化したものが，図 3.1 である．図中では簡単のために，

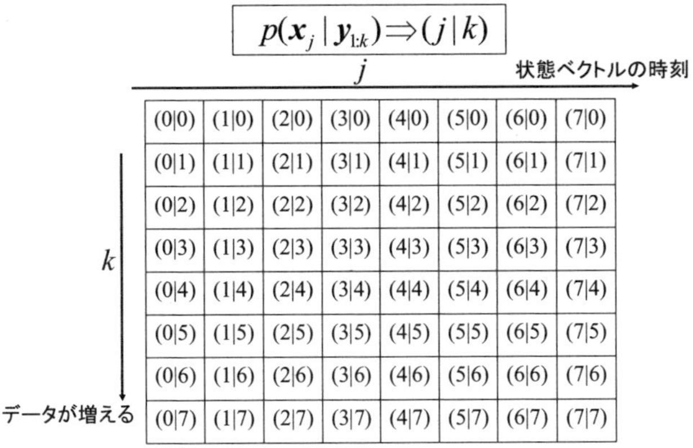

図 **3.1** 条件付き確率密度関数の関係

表 **3.2** 条件付き分布のまとめ

呼称	予測	フィルタ	平滑化
表記	$p(\boldsymbol{x}_t \vert \boldsymbol{y}_{1:t-1})$	$p(\boldsymbol{x}_t \vert \boldsymbol{y}_{1:t})$	$p(\boldsymbol{x}_t \vert \boldsymbol{y}_{1:T})$
日ごとデータの場合に使うデータ	昨日まで	今日まで	数年後まですべて

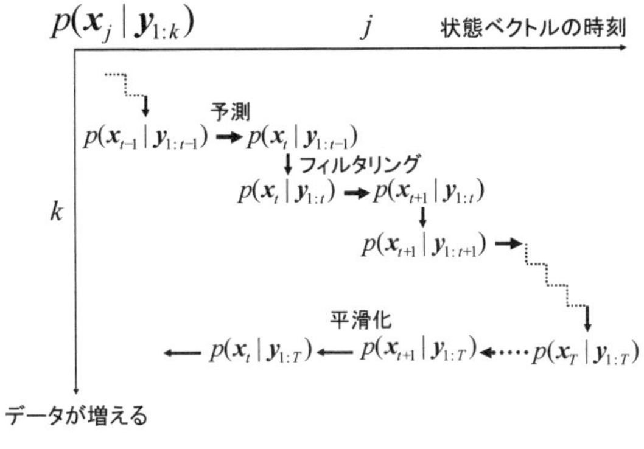

図 **3.2** 状態推定のための漸化式の模式図

$$p(\boldsymbol{x}_j | \boldsymbol{y}_{1:k}) \stackrel{\text{def}}{=} (j|k) \tag{3.14}$$

で表現してある．フィルタ分布は対角線上にある分布に相当する．対角線より右上はすべて予測分布に，特に対角線から１つ右にずれたマスは一期先予測分布にあたる．一方，$T = 7$ の場合，一番下の行が平滑化分布に相当する．

3.2.2　予測とフィルタ

この 3 つの分布間には便利な漸化式の存在が知られている．それを図化したものが図 3.2 である．まず，手元に，昨日 $(t-1)$ のフィルタ分布 $p(\boldsymbol{x}_{t-1}|\boldsymbol{y}_{1:t-1})$ があるものとする．このフィルタ分布が与えられると，予測 (prediction. 図中では→で示される) の操作でもって，今日の予測分布 $p(\boldsymbol{x}_t|\boldsymbol{y}_{1:t-1})$ が計算できる．式で書けば以下のようになる．

[一期先予測]

$$
\begin{aligned}
p(\boldsymbol{x}_t|\boldsymbol{y}_{1:t-1}) &= \int p(\boldsymbol{x}_t, \boldsymbol{x}_{t-1}|\boldsymbol{y}_{1:t-1})d\boldsymbol{x}_{t-1} \\
&= \int p(\boldsymbol{x}_t|\boldsymbol{x}_{t-1}, \boldsymbol{y}_{1:t-1})p(\boldsymbol{x}_{t-1}|\boldsymbol{y}_{1:t-1})d\boldsymbol{x}_{t-1} \\
&= \int p(\boldsymbol{x}_t|\boldsymbol{x}_{t-1})p(\boldsymbol{x}_{t-1}|\boldsymbol{y}_{1:t-1})d\boldsymbol{x}_{t-1} \qquad (3.15)
\end{aligned}
$$

2 行目から 3 行目の式変形は，状態空間モデルのマルコフ性 (3.11) 式による．また $p(\boldsymbol{x}_t|\boldsymbol{x}_{t-1})$ は (3.5) 式のシステムモデルである．

今日の予測分布が得られると，今日のデータ $\boldsymbol{y}_t$ が入ってきて，ベイズの定理を使ってフィルタの計算 (filtering. 図中では↓で示される) を行い，今日のフィルタ分布 $p(\boldsymbol{x}_t|\boldsymbol{y}_{1:t})$ が得られる．式で書けば以下のようになる．

[フィルタ]

$$
\begin{aligned}
p(\boldsymbol{x}_t|\boldsymbol{y}_{1:t}) &= p(\boldsymbol{x}_t|\boldsymbol{y}_{1:t-1}, \boldsymbol{y}_t) \\
&= \frac{p(\boldsymbol{x}_t, \boldsymbol{y}_t|\boldsymbol{y}_{1:t-1})}{p(\boldsymbol{y}_t|\boldsymbol{y}_{1:t-1})} \\
&= \frac{p(\boldsymbol{y}_t|\boldsymbol{x}_t, \boldsymbol{y}_{1:t-1})p(\boldsymbol{x}_t|\boldsymbol{y}_{1:t-1})}{p(\boldsymbol{y}_t|\boldsymbol{y}_{1:t-1})} \\
&= \frac{p(\boldsymbol{y}_t|\boldsymbol{x}_t)p(\boldsymbol{x}_t|\boldsymbol{y}_{1:t-1})}{p(\boldsymbol{y}_t|\boldsymbol{y}_{1:t-1})} \\
&= \frac{p(\boldsymbol{y}_t|\boldsymbol{x}_t)p(\boldsymbol{x}_t|\boldsymbol{y}_{1:t-1})}{\displaystyle\int p(\boldsymbol{y}_t, \boldsymbol{x}_t|\boldsymbol{y}_{1:t-1})d\boldsymbol{x}_t} \\
&= \frac{p(\boldsymbol{y}_t|\boldsymbol{x}_t)p(\boldsymbol{x}_t|\boldsymbol{y}_{1:t-1})}{\displaystyle\int p(\boldsymbol{y}_t|\boldsymbol{x}_t)p(\boldsymbol{x}_t|\boldsymbol{y}_{1:t-1})d\boldsymbol{x}_t} \qquad (3.16)
\end{aligned}
$$

3 行目から 4 行目の式変形は，状態空間モデルのマルコフ性 (3.12) 式による．分

子は，時刻 t の一期先予測分布 $p(\boldsymbol{x}_t|\boldsymbol{y}_{1:t-1})$ に，$\boldsymbol{y}_t$ に対する確率変数 $\boldsymbol{x}_t$ の尤度関数 $p(\boldsymbol{y}_t|\boldsymbol{x}_t)$ をかけたもので与えられることに留意してほしい．なお分母は，分子を $\boldsymbol{x}_t$ に関して積分することで得られる．$p(\boldsymbol{y}_t|\boldsymbol{x}_t)$ のことを，データ全体 $\boldsymbol{y}_{1:T}$ に対する尤度 (関数) ((1.24) 式で既出) との区別のために，さらには一期先尤度関数 $p(\boldsymbol{y}_t|\boldsymbol{y}_{1:t-1},\boldsymbol{\theta})$ との区別のために，正確には「$\boldsymbol{x}_t$ の一時点尤度 (関数)」と呼ぶべきであろうが，フィルタの操作の説明時のような場面においては単に尤度と略称することが普通である．以後読み進められるときにご注意願いたい．

これらの操作を最後のデータ $\boldsymbol{y}_T$ まで繰り返せば，すべてのデータ $\boldsymbol{y}_{1:T}$ に基づいた，最後の時点 T の状態ベクトルのフィルタ分布 $p(\boldsymbol{x}_T|\boldsymbol{y}_{1:T})$ が得られる．

3.2.3 長 期 予 測

データ $\boldsymbol{y}_{1:t}$ が与えられたときに，時刻 s (ただし，$t < s$) の状態ベクトルの分布 $p(\boldsymbol{x}_s|\boldsymbol{y}_{1:t})$ を推定する問題は，長期予測と呼ばれる．明らかに $s = t + 1$ のときは前項で説明した一期先予測に対応する．

[長期予測]　$s - t$ 期先予測．

$$
\begin{aligned}
p(\boldsymbol{x}_s|\boldsymbol{y}_{1:t}) &= \int p(\boldsymbol{x}_s, \boldsymbol{x}_t|\boldsymbol{y}_{1:t})d\boldsymbol{x}_t \\
&= \int p(\boldsymbol{x}_s|\boldsymbol{x}_t, \boldsymbol{y}_{1:t})p(\boldsymbol{x}_t|\boldsymbol{y}_{1:t})d\boldsymbol{x}_t \\
&= \int p(\boldsymbol{x}_s|\boldsymbol{x}_t)p(\boldsymbol{x}_t|\boldsymbol{y}_{1:t})d\boldsymbol{x}_t \\
&= \int \left[\int p(\boldsymbol{x}_s|\boldsymbol{x}_{t+1}, \boldsymbol{x}_t)p(\boldsymbol{x}_{t+1}|\boldsymbol{x}_t)d\boldsymbol{x}_{t+1}\right] p(\boldsymbol{x}_t|\boldsymbol{y}_{1:t})d\boldsymbol{x}_t \\
&= \int \left[\int p(\boldsymbol{x}_s|\boldsymbol{x}_{t+1})p(\boldsymbol{x}_{t+1}|\boldsymbol{x}_t)d\boldsymbol{x}_{t+1}\right] p(\boldsymbol{x}_t|\boldsymbol{y}_{1:t})d\boldsymbol{x}_t \\
&= \int \cdots \int p(\boldsymbol{x}_s|\boldsymbol{x}_{s-1}) \cdots p(\boldsymbol{x}_{t+1}|\boldsymbol{x}_t)p(\boldsymbol{x}_t|\boldsymbol{y}_{1:t})d\boldsymbol{x}_{s-1} \cdots d\boldsymbol{x}_t \quad (3.17)
\end{aligned}
$$

2 行目から 3 行目の変換，および 4 行目から 5 行目の変換にはマルコフ性 (3.11) 式を使っている．この長期予測の式は，まさに $s - t$ 回，一期先予測の手続きを繰り返し適用すれば，$s - t$ 期先予測ができることを示している．やや専門的な観点から解釈すれば，$p(\boldsymbol{x}_t|\boldsymbol{y}_{1:t})$ を初期分布とした，$s - t$ 期先の状態ベクトルのモンテカルロシミュレーションの解全体が $p(\boldsymbol{x}_s|\boldsymbol{y}_{1:t})$ になっている．

3.2.4　シミュレーションの更新と観測のタイミング

観測の時間間隔とシミュレーションの時間更新作業を行う離散時間幅が異なる場合の対処の仕方についてここで説明しておく．シミュレーションは通常その計算精度を高めるために，非常に細かい離散時間幅で計算 (時間積分) を行う．一方観測の頻度は時々であり，観測データがあるときに限りフィルタの手続きを実行すればよい．例えば，図 3.3 に示すように，3 回に 1 回しかデータが観測できない状況，つまり時刻 $t = 1, 4, 7, 10, \cdots$ でしか観測できないとする．よって，$\boldsymbol{y}_0$，$\boldsymbol{y}_2$，$\boldsymbol{y}_3$，$\boldsymbol{y}_5$，$\boldsymbol{y}_6$，$\boldsymbol{y}_8$，$\boldsymbol{y}_9$，$\cdots = \phi$ である．このような場合は，図に右矢印で示したように，データを観測できない時刻 (例えば，$t = 2, 3$) では一期先予測の操作のみを行い，フィルタの操作はスキップする．データがある時刻においてのみフィルタの操作 (図では下向き矢印の操作) を行えばよい．具体的には，$(7|4) = p(\boldsymbol{x}_7|\boldsymbol{y}_{1:4})$ を，時刻 $t = 7$ でデータ $\boldsymbol{y}_7$ を用いてフィルタを行い，$(7|7) = p(\boldsymbol{x}_7|\boldsymbol{y}_{1:7})$ を得るのである．

反対に，シミュレーションモデルの時間刻み幅の方が大きい場合は，モデルの状態が計算されている時刻よりも短い間隔で観測データが得られている状況である．シミュレーションモデルの計算時間の制約から，時間差分近似の精度が悪くなったとしても，データが得られる時間間隔よりもモデルの時間刻み幅を大きくとらざるを得ない場合が考えられる．このような場合は，オリジナルの観測データをそのまま $\boldsymbol{y}_t$ と見なすのではなく，何らかの前処理を施して，モデルの時間

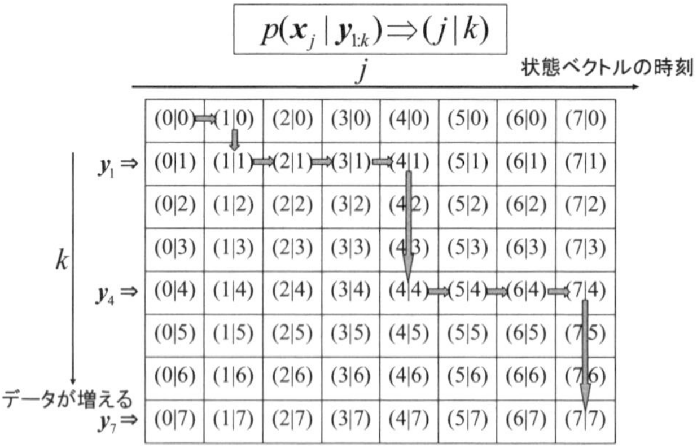

図 3.3　シミュレーションとデータ観測の時間間隔が異なる場合の予測とフィルタの操作

間隔に合わせたものを構成し，それを $\boldsymbol{y}_t$ とする．例えば，モデルの状態が計算される時刻以外のデータは使わないのも一つの方法である．一方，データを捨てずに用いる方法として，降水量など示量性のデータに対してはモデルの時間間隔内での積算量を，温度など示強性のデータに対してはモデルの時間間隔内での平均量を，それぞれモデルに対応させることが考えられる．

3.3　平滑化アルゴリズム

3.3.1　固定区間平滑化

平滑化分布を求めるためには，$p(\boldsymbol{x}_T|\boldsymbol{y}_{1:T})$ から $p(\boldsymbol{x}_{T-1}|\boldsymbol{y}_{1:T})$ を求め，次に $p(\boldsymbol{x}_{T-1}|\boldsymbol{y}_{1:T})$ から $p(\boldsymbol{x}_{T-2}|\boldsymbol{y}_{1:T})$ を計算，といったふうに順次時間をさかのぼる計算アルゴリズムが必要である．このアルゴリズムのことを平滑化 (smoothing. 図 3.2 中では←で示される) という[64, 66]．T が変わらない，つまりデータ数が変わらないもとでのアルゴリズムであることを明確にするために，固定区間平滑化とも呼ばれる．式で書けば次のように表される．

[固定区間平滑化]

$$\begin{aligned}
p(\boldsymbol{x}_t|\boldsymbol{y}_{1:T}) &= \int p(\boldsymbol{x}_t, \boldsymbol{x}_{t+1}|\boldsymbol{y}_{1:T})d\boldsymbol{x}_{t+1} \\
&= \int p(\boldsymbol{x}_t|\boldsymbol{x}_{t+1}, \boldsymbol{y}_{1:T})p(\boldsymbol{x}_{t+1}|\boldsymbol{y}_{1:T})d\boldsymbol{x}_{t+1} \\
&= \int p(\boldsymbol{x}_t|\boldsymbol{x}_{t+1}, \boldsymbol{y}_{1:t})p(\boldsymbol{x}_{t+1}|\boldsymbol{y}_{1:T})d\boldsymbol{x}_{t+1} \\
&= \int \frac{p(\boldsymbol{x}_t, \boldsymbol{x}_{t+1}|\boldsymbol{y}_{1:t})}{p(\boldsymbol{x}_{t+1}|\boldsymbol{y}_{1:t})}p(\boldsymbol{x}_{t+1}|\boldsymbol{y}_{1:T})d\boldsymbol{x}_{t+1} \\
&= \int \frac{p(\boldsymbol{x}_t|\boldsymbol{y}_{1:t})p(\boldsymbol{x}_{t+1}|\boldsymbol{x}_t, \boldsymbol{y}_{1:t})}{p(\boldsymbol{x}_{t+1}|\boldsymbol{y}_{1:t})}p(\boldsymbol{x}_{t+1}|\boldsymbol{y}_{1:T})d\boldsymbol{x}_{t+1} \\
&= \int \frac{p(\boldsymbol{x}_t|\boldsymbol{y}_{1:t})p(\boldsymbol{x}_{t+1}|\boldsymbol{x}_t)}{p(\boldsymbol{x}_{t+1}|\boldsymbol{y}_{1:t})}p(\boldsymbol{x}_{t+1}|\boldsymbol{y}_{1:T})d\boldsymbol{x}_{t+1} \\
&= p(\boldsymbol{x}_t|\boldsymbol{y}_{1:t})\int \frac{p(\boldsymbol{x}_{t+1}|\boldsymbol{x}_t)p(\boldsymbol{x}_{t+1}|\boldsymbol{y}_{1:T})}{p(\boldsymbol{x}_{t+1}|\boldsymbol{y}_{1:t})}d\boldsymbol{x}_{t+1} \qquad (3.18)
\end{aligned}$$

この 2 行目から 3 行目における $p(\boldsymbol{x}_t|\boldsymbol{x}_{t+1}, \boldsymbol{y}_{1:T}) = p(\boldsymbol{x}_t|\boldsymbol{x}_{t+1}, \boldsymbol{y}_{1:t})$ の置き換えは，次のようにマルコフ性の (3.12) 式から正しいことが導ける：

$$
\begin{aligned}
p(\boldsymbol{x}_t|\boldsymbol{x}_{t+1}, \boldsymbol{y}_{1:T}) &= p(\boldsymbol{x}_t|\boldsymbol{x}_{t+1}, \boldsymbol{y}_{1:t}, \boldsymbol{y}_{t+1:T}) \\
&= \frac{p(\boldsymbol{y}_{t+1:T}|\boldsymbol{x}_t, \boldsymbol{x}_{t+1}, \boldsymbol{y}_{1:t})p(\boldsymbol{x}_t|\boldsymbol{x}_{t+1}, \boldsymbol{y}_{1:t})}{p(\boldsymbol{y}_{t+1:T}|\boldsymbol{x}_{t+1}, \boldsymbol{y}_{1:t})} \\
&= \frac{p(\boldsymbol{y}_{t+1:T}|\boldsymbol{x}_{t+1}, \boldsymbol{y}_{1:t})p(\boldsymbol{x}_t|\boldsymbol{x}_{t+1}, \boldsymbol{y}_{1:t})}{p(\boldsymbol{y}_{t+1:T}|\boldsymbol{x}_{t+1}, \boldsymbol{y}_{1:t})} \\
&= p(\boldsymbol{x}_t|\boldsymbol{x}_{t+1}, \boldsymbol{y}_{1:t})
\end{aligned}
\tag{3.19}
$$

(3.18) 式で，$p(\boldsymbol{x}_{t+1}|\boldsymbol{y}_{1:T})$ は時刻 $t+1$ の平滑化分布，$p(\boldsymbol{x}_t|\boldsymbol{y}_{1:t})$ は時刻 t のフィルタ分布，$p(\boldsymbol{x}_{t+1}|\boldsymbol{y}_{1:t})$ は時刻 $t+1$ の予測分布である．なお，$p(\boldsymbol{x}_t|\boldsymbol{y}_{1:t})$ と $p(\boldsymbol{x}_{t+1}|\boldsymbol{y}_{1:t})$ は [固定区間平滑化] を行う際には，[一期先予測] と [フィルタ] の手続きによりすでに計算済みである．また，$p(\boldsymbol{x}_{t+1}|\boldsymbol{x}_t)$ は [一期先予測] で説明したように，状態空間モデルのシステムモデルである．

このように予測，フィルタ，そして平滑化アルゴリズムの 3 つの操作で，いわば“情報のバケツリレー”をしていけば，状態ベクトルのあらゆる条件付き分布 $p(\boldsymbol{x}_j|\boldsymbol{y}_{1:k})$ が理論的には厳密に求められる．この方式を，逐次ベイズフィルタと呼ぶ．j と k は 1 から T の間の任意の整数である．ここでいずれの式においても，状態ベクトルの次元の積分が必要であることに注意してもらいたい．

3.3.2 固定点平滑化

データ $\boldsymbol{y}_{1:t}$ が与えられたときに，時刻 s (ただし，$s < t$) の状態ベクトルの分布 $p(\boldsymbol{x}_s|\boldsymbol{y}_{1:t})$ を推定する問題は，固定点平滑化と呼ばれる．t と s の大小関係が長期予測のときと逆になっていることに注意してもらいたい．この分布を求めるためにまず思いつくアルゴリズムは，$p(\boldsymbol{x}_s|\boldsymbol{y}_{1:s})$ に対して通常の予測とフィルタのアルゴリズムを時刻 t まで適用し，$p(\boldsymbol{x}_t|\boldsymbol{y}_{1:t})$ を得る．その後，(3.18) 式の固定区間平滑化アルゴリズムを $t-s$ 回数繰り返し適用して，$p(\boldsymbol{x}_s|\boldsymbol{y}_{1:t})$ を求める方法である．

もう一つのアルゴリズムは，まず，やはり，時刻 s までは，$\boldsymbol{x}_t$ に対する通常の予測とフィルタを繰り返し，$p(\boldsymbol{x}_s|\boldsymbol{y}_{1:s})$ を得る．ここで，時間 τ の状態ベクトルに時刻 s の状態ベクトル $\boldsymbol{x}_s$ を結合した，拡大された状態ベクトル $\widetilde{\boldsymbol{x}}_\tau$ を次のように定義する：

$$
\widetilde{\boldsymbol{x}}_\tau = \begin{pmatrix} \boldsymbol{x}_\tau \\ \boldsymbol{x}_s \end{pmatrix}
\tag{3.20}
$$

ただし，時刻 τ のとりうる範囲は，$s < \tau \leq t$ とする．定義から明らかなように，(3.1),(3.2) 式は $\widetilde{\boldsymbol{x}}_\tau$ を用いて次のように書ける．

$$\widetilde{\boldsymbol{x}}_\tau = \begin{pmatrix} \boldsymbol{x}_\tau \\ \boldsymbol{x}_s \end{pmatrix} = \begin{pmatrix} \boldsymbol{f}_\tau(\boldsymbol{x}_{\tau-1}, \boldsymbol{v}_\tau) \\ \boldsymbol{x}_s \end{pmatrix} = \widetilde{\boldsymbol{f}}_\tau(\widetilde{\boldsymbol{x}}_{\tau-1}, \boldsymbol{v}_\tau) \quad \text{[システムモデル]} \tag{3.21}$$

$$\boldsymbol{y}_\tau = \boldsymbol{h}_\tau(\boldsymbol{x}_\tau, \boldsymbol{w}_\tau) = \widetilde{\boldsymbol{h}}_\tau(\widetilde{\boldsymbol{x}}_\tau, \boldsymbol{w}_\tau) \quad \text{[観測モデル]} \tag{3.22}$$

読者は，これらの (3.21),(3.22) 式が $\widetilde{\boldsymbol{x}}_t$ に対する通常の状態空間モデルと何らかわりがないことに気づかれるであろう．そうすると，この状態空間モデルに対して，前節で説明した逐次ベイズフィルタを適用すれば，フィルタ分布 $p(\widetilde{\boldsymbol{x}}_\tau|\boldsymbol{y}_{1:\tau})$ が得られる．よって，$\tau > s$ 以降は，$\widetilde{\boldsymbol{x}}_\tau$ に関する予測とフィルタを時刻 t まで繰り返して適用し，$p(\widetilde{\boldsymbol{x}}_t|\boldsymbol{y}_{1:t})$ を得る．ただし，$p(\widetilde{\boldsymbol{x}}_s|\boldsymbol{y}_{1:s})$ は，先に求めた $p(\boldsymbol{x}_s|\boldsymbol{y}_{1:s})$ から構成することに注意する．

$\widetilde{\boldsymbol{x}}_t$ のフィルタ分布を以下のように $\boldsymbol{x}_t$ に関して周辺化することで，データ $\boldsymbol{y}_{1:t}$ を得たもとでの $\boldsymbol{x}_s$ の条件付き分布が求まる．

$$\begin{aligned} p(\boldsymbol{x}_s|\boldsymbol{y}_{1:t}) &= \int p(\widetilde{\boldsymbol{x}}_t|\boldsymbol{y}_{1:t}) d\boldsymbol{x}_t \\ &= \int p(\boldsymbol{x}_s, \boldsymbol{x}_t|\boldsymbol{y}_{1:t}) d\boldsymbol{x}_t \end{aligned} \tag{3.23}$$

3.3.3 固定ラグ平滑化

(3.18) 式で示した固定区間平滑化のアルゴリズムをそのまま数値的に実現するのは状態ベクトルの次元がきわめて低次元のときに限られる[66]．状態ベクトルが高次元のときの平滑化分布に関する推測は，固定区間平滑化による固定区間平滑化分布 $p(\boldsymbol{x}_t|\boldsymbol{y}_{1:T})$ のかわりに，固定ラグ平滑化分布 $p(\boldsymbol{x}_t|\boldsymbol{y}_{1:t+L})$ を用いて実行される．ここで，L のことを固定ラグと呼び，一般には問題の非定常性によって異なるが，$10 \sim 20$ の値が設定されることが多い．固定ラグ平滑化分布は，現在の時刻 t よりも L 個先のデータの情報までを取り込んだもとでの状態ベクトル $\boldsymbol{x}_t$ の確率分布である．一方，T は手元にあるすべてのデータ数であるから，利用される (条件付けする) データの観測 “区間は固定” している．それが $p(\boldsymbol{x}_t|\boldsymbol{y}_{1:T})$ を固定区間平滑化分布と呼ぶ所以である．

固定ラグ平滑化分布の求め方は非常に簡単である．今，次のように，L 個前までの過去の状態ベクトルをすべてつなげて構成する，拡大した状態ベクトル $\widetilde{\boldsymbol{x}}_t$ を

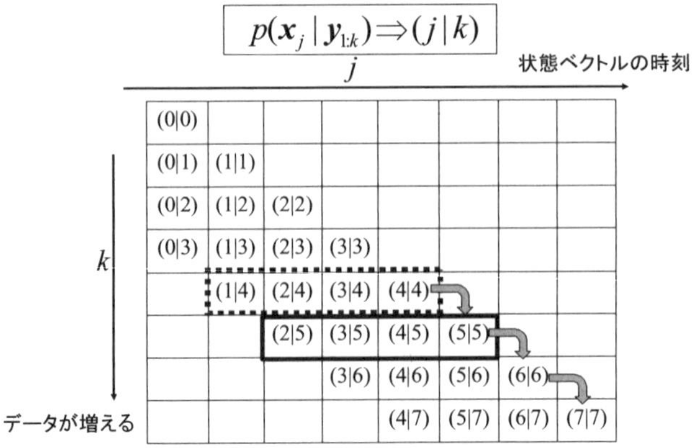

図 **3.4**　固定ラグ平滑化アルゴリズムの図解

考える.

$$\widetilde{\boldsymbol{x}}'_t \stackrel{\text{def}}{=} \begin{pmatrix} \boldsymbol{x}'_t & \boldsymbol{x}'_{t-1} & \cdots & \boldsymbol{x}'_{t-L+1} & \boldsymbol{x}'_{t-L} \end{pmatrix} \tag{3.24}$$

$\boldsymbol{x}_t$ に対する (3.1),(3.2) 式に変更はないので，我々は $\widetilde{\boldsymbol{x}}_t$ に対する状態空間モデルを次のように定めることができる.

$$\widetilde{\boldsymbol{x}}_t = \begin{pmatrix} \boldsymbol{x}_t \\ \boldsymbol{x}_{t-1} \\ \vdots \\ \boldsymbol{x}_{t-L+1} \\ \boldsymbol{x}_{t-L} \end{pmatrix} = \begin{pmatrix} \boldsymbol{f}_t(\boldsymbol{x}_{t-1}, \boldsymbol{v}_t) \\ \boldsymbol{x}_{t-1} \\ \vdots \\ \boldsymbol{x}_{t-L+1} \\ \boldsymbol{x}_{t-L} \end{pmatrix} = \widetilde{\boldsymbol{f}}_t(\widetilde{\boldsymbol{x}}_{t-1}, \boldsymbol{v}_t) \quad [\text{システムモデル}] \tag{3.25}$$

$$\boldsymbol{y}_t = \boldsymbol{h}_t(\boldsymbol{x}_t, \boldsymbol{w}_t) = \widetilde{\boldsymbol{h}}_t(\widetilde{\boldsymbol{x}}_t, \boldsymbol{w}_t) \qquad [\text{観測モデル}] \tag{3.26}$$

(3.25),(3.26) 式が $\widetilde{\boldsymbol{x}}_t$ に対する通常の状態空間モデルと何らかわりがないので，この状態空間モデルに対して 3.2 節で説明した逐次ベイズフィルタを適用すれば，フィルタ分布 $p(\widetilde{\boldsymbol{x}}_t|\boldsymbol{y}_{1:t})$ が得られる．図 3.4 に示したのは，$L = 3$ の場合である．図中の太点線で示したのが $\widetilde{\boldsymbol{x}}_{4|4}$，また太実線は $\widetilde{\boldsymbol{x}}_{5|5}$ の要素である．$k = 5$ で，拡大された状態ベクトル $\widetilde{\boldsymbol{x}}_4$ に対して予測とフィルタ操作 (図中では，最初の右斜め下への矢印) を適用すれば，$\boldsymbol{x}_5$ に対しては当然だが，$\boldsymbol{x}_2, \boldsymbol{x}_3, \boldsymbol{x}_4$ に対しても自動的に $\boldsymbol{y}_5$ の情報が影響する仕組みとなっている．つまり，$\{(2|4), (3|4), (4|4)\} \Longrightarrow$

$\{(2|5),(3|5),(4|5)\}$ というふうに更新される．この際，$(1|4)$ はラグ圏外になるので，更新計算の対象から外れる．

このようにして逐次的に得られるフィルタ分布を，以下のように $\boldsymbol{x}_{t-L}$ 以外の変数に関して周辺化することで，データ $\boldsymbol{y}_{1:t}$ を得たもとでの $\boldsymbol{x}_{t-L}$ の分布が求まる．

[固定ラグ平滑化]

$$p(\boldsymbol{x}_{t-L}|\boldsymbol{y}_{1:t}) = \int p(\widetilde{\boldsymbol{x}}_t|\boldsymbol{y}_{1:t}) d\boldsymbol{x}_{t-L+1} d\boldsymbol{x}_{t-L+2} \cdots d\boldsymbol{x}_t \tag{3.27}$$

図の例でいえば，太実線で示された $p(\widetilde{\boldsymbol{x}}_5|\boldsymbol{y}_{1:5})$ から $\boldsymbol{x}_2$ 以外の変数 $(\boldsymbol{x}_{3:5})$ に関して周辺化を行い，$(2|5)$ を得るのである．

3.4 パラメータの推定とモデルの評価

3.4.1 最　尤　法

a. パラメータの最適化

パラメータ $\boldsymbol{\theta}$ は，(1.25) 式の対数尤度

$$\ell(\boldsymbol{\theta}) = \log p(\boldsymbol{y}_{1:T}|\boldsymbol{\theta}) = \sum_{t=1}^{T} \log p(\boldsymbol{y}_t|\boldsymbol{y}_{1:t-1},\boldsymbol{\theta}) \tag{3.28}$$

を最大化することで求めることができる．$\boldsymbol{\theta}$ としては $\boldsymbol{\theta}_{\rm sys}$ や $\boldsymbol{\theta}_{\rm obs}$ はもちろん，もともとのシミュレーションプログラム内で経験的に定めていたサブグリッドスケールの過程を表現する定数パラメータのような常数がそれにあたる[76]．また，$p(\boldsymbol{y}_t|\ \boldsymbol{y}_{1:t-1},\boldsymbol{\theta})$ はフィルタの式 (3.16) の 2 行目以降で，分母として既出である．

残念ながら $\ell(\boldsymbol{\theta})$ の最大化は数値的に行わざるを得ない．$\boldsymbol{\theta}$ の次元がきわめて低いときは直接法で最大化を行えばよい．つまり，まずパラメータ空間を離散化し，そのすべての格子点で尤度 (対数尤度) を計算し，最大尤度値 (最大対数尤度値) を与えるパラメータベクトルを求めるのである．増大する尤度計算量は並列演算で解決すればよい．というのも，各格子点での計算は完全に独立であるからである．もちろん $\boldsymbol{\theta}$ の次元がだんだん高くなると，爆発する探索数に並列計算のパワーがすぐに追いつかなくなるので，直接法による尤度最大化は相当困難になる．ただし，$\boldsymbol{\theta}$ 内のパラメータの性質によっては，準ニュートン法などの勾配法が適用できることもあることを注記しておく[66]．具体的にいうと，$\ell(\boldsymbol{\theta})$ の変動がそのパラメータに関してなめらかで，その上局所的な最大値が存在しない場合

である．例えば，観測ノイズ $\boldsymbol{w}_t$ がガウス分布に従い，その分散値 $\boldsymbol{\theta}_{\mathrm{obs}}$ に関して $\ell(\boldsymbol{\theta})$ を最大化する場合がそうである．しかしながら，このようなケースはむしろ例外で，通常は局所最大値が複数存在する状況を取り扱わねばならない．その場合は，貪欲法のような発見的探索で満足するか，遺伝的アルゴリズムのような集団的最適化で計算機資源をフルに活用するしか解決策がない[16, 75]．

b. シミュレーションモデルの比較

これまでは連続値をとるパラメータベクトルに関する尤度の最大化を議論してきたが，パラメータベクトルのとりうる値が離散値の場合，あるいはカテゴリー値の場合でも同様の最大化で適切なものを選択することができる．さらにつきすすめると，異なるシミュレーションモデルを尤度で比較検討することができる[77]．つまりシミュレーションモデルは尤度の視点で系統的な比較が可能になり，シミュレーションモデルの評価法にも統一的な視点が生まれるのである．もちろん尤度による評価がすべてだとはいわないが，統一的な評価ができるようになったことは利点である．

従来は，シミュレーション計算の結果を世に問う場合，既存の知見やデータに適合するよう，よい初期値や境界条件を試行錯誤で探索していた．統一的な評価の視点が生まれたことにより，予測精度の高いシミュレーションモデルを試行錯誤で探していた作業が自動化できる．これにより，いろいろな異なる特性を持った複数のシミュレーションモデルを，尤度の視点でデータ適合的に結合，切り替えを行い，複数のシミュレーションモデルを同時に扱うモデル，いわばメタシミュレーションモデルの開発も可能である．

3.4.2 拡大状態ベクトルによる最適化

a. パラメータの最適化

本項では前項の最尤法とは異なる方法によるパラメータ値の推定法について述べる[67]．まず，通常の状態ベクトルにパラメータベクトルを結合した，拡大された状態ベクトル $\widetilde{\boldsymbol{x}}_t$ を次のように定義する．

$$\widetilde{\boldsymbol{x}}_t = \begin{pmatrix} \boldsymbol{x}_t \\ \boldsymbol{\theta} \end{pmatrix} \tag{3.29}$$

時不変のパラメータはその定義から明らかなように時間更新式がない．したがって，(3.1), (3.2) 式は $\widetilde{\boldsymbol{x}}_t$ を用いて次のように書ける．

$$\widetilde{\boldsymbol{x}}_t = \begin{pmatrix} \boldsymbol{x}_t \\ \boldsymbol{\theta} \end{pmatrix} = \begin{pmatrix} \boldsymbol{f}_t(\boldsymbol{x}_{t-1}, \boldsymbol{v}_t) \\ \boldsymbol{\theta} \end{pmatrix} = \widetilde{\boldsymbol{f}}_t(\widetilde{\boldsymbol{x}}_{t-1}, \boldsymbol{v}_t) \quad [\text{システムモデル}] \tag{3.30}$$

$$\boldsymbol{y}_t = \boldsymbol{h}_t(\boldsymbol{x}_t, \boldsymbol{w}_t|\boldsymbol{\theta}) = \widetilde{\boldsymbol{h}}_t(\widetilde{\boldsymbol{x}}_t, \boldsymbol{w}_t) \quad [\text{観測モデル}] \tag{3.31}$$

読者は，もうすでに，これらの (3.30),(3.31) 式が $\widetilde{\boldsymbol{x}}_t$ に対する通常の状態空間モデルと何らかわりがないことに気づいているであろう．そうすると，この状態空間モデルに対して逐次ベイズフィルタを適用すれば，フィルタ分布 $p(\widetilde{\boldsymbol{x}}_t|\boldsymbol{y}_{1:t})$ が得られる．このフィルタ分布を以下のように $\boldsymbol{x}_t$ に関して周辺化することで，データ $\boldsymbol{y}_{1:t}$ を得たもとでの $\boldsymbol{\theta}$ の条件付き分布が求まる．

$$p(\boldsymbol{\theta}|\boldsymbol{y}_{1:t}) = \int p(\widetilde{\boldsymbol{x}}_t|\boldsymbol{y}_{1:t}) d\boldsymbol{x}_t \tag{3.32}$$

したがって，(3.30),(3.31) 式で与えられる $\widetilde{\boldsymbol{x}}_t$ に関する状態空間モデルに対して，予測とフィルタの操作を繰り返すことで，すべてのデータを得たもとでのパラメータベクトルの事後分布，$p(\boldsymbol{\theta}|\boldsymbol{y}_{1:T})$ を原理的には得ることができる．この事後分布から，問題に応じて適切な $\boldsymbol{\theta}$ に関する統計量，例えば平均値，メジアン (中央値)，あるいはモード (ピークをとる値) などの $\boldsymbol{\theta}$ の代表値を計算しパラメータの最適値とすることができる．必要であれば，$\boldsymbol{\theta}$ の推定値の誤差評価もこの事後分布から求めればよい．

b.　時間に依存するパラメータの推定法

これまでは時不変のパラメータを考えてきたが，時間とともに変化するランダムウォークモデルを $\boldsymbol{\theta}$ に対して仮定してみることも可能である：

$$\boldsymbol{\theta}_t = \boldsymbol{\theta}_{t-1} + \boldsymbol{u}_t \tag{3.33}$$

もはや明らかであろうが，このモデルを採用したときの状態空間モデルを以下に記しておく．

$$\widetilde{\boldsymbol{x}}_t = \begin{pmatrix} \boldsymbol{x}_t \\ \boldsymbol{\theta}_t \end{pmatrix} = \begin{pmatrix} \boldsymbol{f}_t(\boldsymbol{x}_{t-1}, \boldsymbol{v}_t) \\ \boldsymbol{\theta}_{t-1} + \boldsymbol{u}_t \end{pmatrix} = \widetilde{\boldsymbol{f}}_t(\widetilde{\boldsymbol{x}}_{t-1}, \boldsymbol{v}_t, \boldsymbol{u}_t) \quad [\text{システムモデル}] \tag{3.34}$$

$$\boldsymbol{y}_t = \boldsymbol{h}_t(\boldsymbol{x}_t, \boldsymbol{w}_t|\boldsymbol{\theta}_t) = \widetilde{\boldsymbol{h}}_t(\widetilde{\boldsymbol{x}}_t, \boldsymbol{w}_t) \quad [\text{観測モデル}] \tag{3.35}$$

具体的な問題解決にあたっては，$\boldsymbol{u}_t$ はガウス分布 $N(\boldsymbol{0}, \Sigma_{\boldsymbol{u}})$ に従うものとし，簡単のためにパラメータ間に相互関係はなく，つまり $\Sigma_{\boldsymbol{u}}$ は対角行列とすること

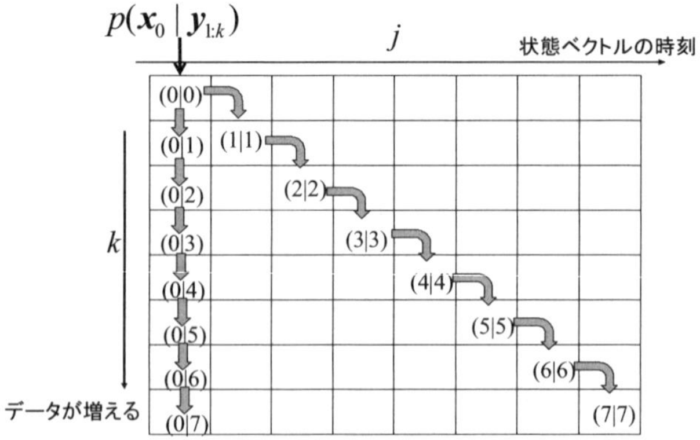

図 **3.5** 初期条件の改良のためのアルゴリズムの図解

が多い．この対角要素が各パラメータ変動の分散に相当するが，この値をどのような値に設定するかで，時間依存性の程度をコントロールすることができる．分散を大きくすればするほど，そのパラメータ値は“ふらふら”と変動する可能性が高くなる．具体的にどのような値になるかは，$\Sigma_{\boldsymbol{u}}$ の中身をパラメータとして取り扱い，3.4.1 項で説明した最尤法でデータ自身により決定できる．これにより，$\Sigma_{\boldsymbol{u}}$ のような，パラメータの分布をコントロールするパラメータのことをベイズモデルの枠組みではハイパーパラメータと呼ぶ．分散をゼロとすれば，パラメータは結果として時不変となる．

c. 初期ベクトルの最適化

固定点平滑化の $\boldsymbol{x}_s$ を初期値 $\boldsymbol{x}_0$ とすることで，データとの整合性の高いシミュレーションの初期値を簡単に求めることが可能である．

$$\widetilde{\boldsymbol{x}}_t = \begin{pmatrix} \boldsymbol{x}_t \\ \boldsymbol{x}_0 \end{pmatrix} \tag{3.36}$$

予測とフィルタを繰り返すことで，初期条件はだんだんと改良されていく．その様子を図 3.5 に示した．対角線上は $p(\boldsymbol{x}_t|\boldsymbol{y}_{1:t})$ に，また一番左端の縦項は，$p(\boldsymbol{x}_0|\boldsymbol{y}_{1:t})$ に対応する．$\widetilde{\boldsymbol{x}}_t$ に対する予測とフィルタのセットの操作を 1 回行うことで，斜めの太い矢印に対応する更新と，下方向の細い矢印に対応する更新が実現される．

4

カルマンフィルタ

最も簡単な状態空間モデルである，線形・ガウス状態空間モデルに対して，予測分布，フィルタ分布，平滑化分布を解析的に導出する．初期状態にガウス分布を仮定すれば，以降すべての状態の分布がガウス分布となることがわかる．状態の分布を規定する平均ベクトル，分散共分散行列の逐次更新式からなる，カルマンフィルタ・平滑化のアルゴリズムを導く．

4.1 一期先予測，フィルタ，平滑化の一般的表現

3 章で得られた一期先予測，フィルタ，平滑化の各分布が満たす漸化式をまとめると，以下のようになる．

[一期先予測]

(3.15) 式より，

$$p(\boldsymbol{x}_t|\boldsymbol{y}_{1:t-1}) = \int p(\boldsymbol{x}_t|\boldsymbol{x}_{t-1})\, p(\boldsymbol{x}_{t-1}|\boldsymbol{y}_{1:t-1})\, d\boldsymbol{x}_{t-1} \tag{4.1}$$

[フィルタ]

(3.16) 式より，

$$p(\boldsymbol{x}_t|\boldsymbol{y}_{1:t}) = \frac{p(\boldsymbol{y}_t|\boldsymbol{x}_t)\, p(\boldsymbol{x}_t|\boldsymbol{y}_{1:t-1})}{\displaystyle\int p(\boldsymbol{y}_t|\boldsymbol{x}_t)\, p(\boldsymbol{x}_t|\boldsymbol{y}_{1:t-1})\, d\boldsymbol{x}_t} \tag{4.2}$$

[固定点平滑化]

(3.23) 式より，固定点を s として，$s < t$ に対して

$$p(\boldsymbol{x}_t, \boldsymbol{x}_s|\boldsymbol{y}_{1:t}) = \frac{p(\boldsymbol{y}_t|\boldsymbol{x}_t)\, p(\boldsymbol{x}_t, \boldsymbol{x}_s|\boldsymbol{y}_{1:t-1})}{\int\int p(\boldsymbol{y}_t|\boldsymbol{x}_t)\, p(\boldsymbol{x}_t, \boldsymbol{x}_s|\boldsymbol{y}_{1:t-1})\, d\boldsymbol{x}_t d\boldsymbol{x}_s} \tag{4.3}$$

を $\boldsymbol{x}_t$ について周辺化して,

$$p(\boldsymbol{x}_s|\boldsymbol{y}_{1:t}) = \int p(\boldsymbol{x}_t, \boldsymbol{x}_s|\boldsymbol{y}_{1:t})\, d\boldsymbol{x}_t \tag{4.4}$$

[固定ラグ平滑化]

(3.27) 式より，固定ラグを L として，$\boldsymbol{x}_{t:t-L} = \{\boldsymbol{x}_t, \boldsymbol{x}_{t-1}, \cdots, \boldsymbol{x}_{t-L}\}$ の同時分布

$$p(\boldsymbol{x}_{t:t-L}|\boldsymbol{y}_{1:t}) = \frac{p(\boldsymbol{y}_t|\boldsymbol{x}_t)\, p(\boldsymbol{x}_{t:t-L}|\boldsymbol{y}_{1:t-1})}{\int p(\boldsymbol{y}_t|\boldsymbol{x}_t)\, p(\boldsymbol{x}_{t:t-L}|\boldsymbol{y}_{1:t-1})\, d\boldsymbol{x}_{t:t-L}} \tag{4.5}$$

を $\boldsymbol{x}_{t-j}$ 以外の変数について周辺化して,

$$p(\boldsymbol{x}_{t-j}|\boldsymbol{y}_{1:t}) = \int\int p(\boldsymbol{x}_{t:t-L}|\boldsymbol{y}_{1:t})\, d\boldsymbol{x}_{t:t-j+1} d\boldsymbol{x}_{t-j-1:t-L} \quad (j = 1, \cdots, L) \tag{4.6}$$

ただし，$s < t$ に対して $d\boldsymbol{x}_{t:s} \overset{\text{def}}{=} d\boldsymbol{x}_t d\boldsymbol{x}_{t-1} \cdots d\boldsymbol{x}_s$ などと記した.

[固定区間平滑化]

(3.18) 式より,

$$p(\boldsymbol{x}_t|\boldsymbol{y}_{1:T}) = p(\boldsymbol{x}_t|\boldsymbol{y}_{1:t}) \int \frac{p(\boldsymbol{x}_{t+1}|\boldsymbol{x}_t)\, p(\boldsymbol{x}_{t+1}|\boldsymbol{y}_{1:T})}{p(\boldsymbol{x}_{t+1}|\boldsymbol{y}_{1:t})} d\boldsymbol{x}_{t+1} \tag{4.7}$$

本章では，線形・ガウス状態空間モデルと呼ばれる最も簡単な状態空間モデルに対して，以上の確率分布に関する逐次更新式を計算する．その結果，初期状態の分布がガウス分布である場合には，以降すべての時刻の状態の分布がガウス分布となることがわかる．それらのガウス分布の平均ベクトル，分散共分散行列が満たす逐次更新式として，カルマンフィルタ・平滑化と呼ばれるアルゴリズムを導出する.

4.2　線形・ガウス状態空間モデル

$\boldsymbol{y}_t$ を l 次元の時系列観測データとする．このとき，3.1.2 項で紹介した線形・ガウス状態空間モデルを考えることにする.

$$\boldsymbol{x}_t = F_t \boldsymbol{x}_{t-1} + G_t \boldsymbol{v}_t \quad \text{[システムモデル]} \tag{4.8}$$

$$\boldsymbol{y}_t = H_t \boldsymbol{x}_t + \boldsymbol{w}_t \quad \text{[観測モデル]} \tag{4.9}$$

ここで，$\boldsymbol{x}_t$ は状態ベクトルで，k 次元であるとする．$\boldsymbol{x}_0$ は初期状態である．$\boldsymbol{v}_t$ はシステムノイズで，平均ベクトル $\mathbf{0}$，分散共分散行列 Q_t であるガウス分布に従う m 次元ベクトルである．一方，$\boldsymbol{w}_t$ は観測ノイズで，平均ベクトル $\mathbf{0}$，分散共分散行列 R_t のガウス分布に従う l 次元ベクトルである．F_t, G_t, H_t はそれぞれ $k \times k, k \times m, l \times k$ の行列である．$\boldsymbol{x}_t, \boldsymbol{v}_t, \boldsymbol{y}_t, \boldsymbol{w}_t$ は確率変数を要素に持つベクトルであるが，F_t, G_t, H_t は確率変数ではなく，確定した値をとる行列である．

F_t はシミュレーションモデルが線形であること，H_t は観測行列として状態ベクトルの線形変換で観測量の対応量を得られることを示している．G_t は，ガウス分布に従うシステムノイズ $\boldsymbol{v}_t$ の線形変換量により，時間発展の不確実性 $\boldsymbol{x}_t - F_t \boldsymbol{x}_{t-1}$ が表現できることを示している．F_t, G_t, H_t が行列であり，$\boldsymbol{v}_t, \boldsymbol{w}_t$ がガウス分布に従うことが，線形・ガウス状態空間モデルと呼ばれる所以である．

4.3 カルマンフィルタ

4.3.1 一期先予測

一期先予測分布 (4.1) を，線形・ガウス状態空間モデルに対して具体的に求める．まず，被積分関数に含まれる $p(\boldsymbol{x}_t|\boldsymbol{x}_{t-1})$ を $\boldsymbol{v}_t$ に関して展開した形で表すと，

$$p(\boldsymbol{x}_t|\boldsymbol{y}_{1:t-1}) = \int p(\boldsymbol{x}_{t-1}|\boldsymbol{y}_{1:t-1}) \left[\int p(\boldsymbol{x}_t|\boldsymbol{x}_{t-1}, \boldsymbol{v}_t)\, p(\boldsymbol{v}_t)\, d\boldsymbol{v}_t \right] d\boldsymbol{x}_{t-1} \tag{4.10}$$

となる．システムモデル (4.8) から

$$p(\boldsymbol{x}_t|\boldsymbol{x}_{t-1}, \boldsymbol{v}_t) = \delta(\boldsymbol{x}_t - F_t \boldsymbol{x}_{t-1} - G_t \boldsymbol{v}_t) \tag{4.11}$$

と書ける．δ はディラックのデルタ関数である．(4.11) 式が意味するのは，$\boldsymbol{x}_{t-1}$, $\boldsymbol{v}_t$ を与えた場合，$\boldsymbol{x}_t$ が唯一の確定値 $F_t \boldsymbol{x}_{t-1} + G_t \boldsymbol{v}_t$ をとるということである．ここでは，(1.13) 式で示したように，デルタ関数を正規分布

$$\boldsymbol{x}_t|\boldsymbol{x}_{t-1}, \boldsymbol{v}_t \sim N\left(F_t \boldsymbol{x}_{t-1} + G_t \boldsymbol{v}_t, \varepsilon^2 I_k\right) \tag{4.12}$$

の極限として定義する．積分計算が済んだ後で $\varepsilon \to +0$ の極限をとる．次に，時刻 $t-1$ での状態 $\boldsymbol{x}_{t-1}$ のフィルタ分布が平均 $\boldsymbol{x}_{t-1|t-1}$，分散共分散行列 $V_{t-1|t-1}$ のガウス分布であると仮定する：

$$\boldsymbol{x}_{t-1}|\boldsymbol{y}_{1:t-1} \sim N\left(\boldsymbol{x}_{t-1|t-1}, V_{t-1|t-1}\right) \tag{4.13}$$

$\boldsymbol{x}_{t-1|t-1}, V_{t-1|t-1}$ の添え字 $t-1|t-1$ は，前半の $t-1$ が状態の時刻 ($\boldsymbol{x}_{t-1}$ の $t-1$) に対応し，後半の $t-1$ が用いたデータの最終時刻 ($\boldsymbol{y}_{1:t-1}$ の $t-1$) に対応している．また，$\boldsymbol{x}_{t-1}$ は確率変数であるが，$\boldsymbol{x}_{t-1|t-1}, V_{t-1|t-1}$ は確率変数ではなく，確定値であることに注意されたい．

システムノイズの確率分布は仮定から

$$\boldsymbol{v}_t \sim N(\boldsymbol{0}, Q_t) \tag{4.14}$$

である．これで，(4.10) 式を計算する準備が整った．

まず，

$$p(\boldsymbol{x}_t|\boldsymbol{x}_{t-1}) = \int p(\boldsymbol{x}_t|\boldsymbol{x}_{t-1}, \boldsymbol{v}_t)\, p(\boldsymbol{v}_t)\, d\boldsymbol{v}_t \tag{4.15}$$

を求める．(4.12) 式が表す $\boldsymbol{x}_t$ の密度関数

$$\begin{aligned} p(\boldsymbol{x}_t|\boldsymbol{x}_{t-1}, \boldsymbol{v}_t) = \frac{1}{(2\pi)^{k/2}} \frac{1}{\sqrt{|\varepsilon^2 I_k|}} \exp\Bigl[-\frac{1}{2}(\boldsymbol{x}_t - F_t\boldsymbol{x}_{t-1} - G_t\boldsymbol{v}_t)' \\ \times \left(\varepsilon^2 I_k\right)^{-1}(\boldsymbol{x}_t - F_t\boldsymbol{x}_{t-1} - G_t\boldsymbol{v}_t)\Bigr] \end{aligned} \tag{4.16}$$

を $\boldsymbol{x}_t - F_t\boldsymbol{x}_{t-1}$ に関する密度関数と読み替える．すなわち，$\boldsymbol{x}_t - F_t\boldsymbol{x}_{t-1}|\boldsymbol{v}_t \sim N\left(G_t\boldsymbol{v}_t, \varepsilon^2 I_k\right)$ と読み替えると，$\boldsymbol{v}_t \sim N(\boldsymbol{0}, Q_t)$ と組み合わせて補題 2 (付録 A.3) が適用できる．すなわち，補題 2 において $\boldsymbol{\theta} = \boldsymbol{v}_t$, $\bar{\boldsymbol{\theta}} = \boldsymbol{0}$, $V = Q_t$, $\boldsymbol{x} = \boldsymbol{x}_t - F_t\boldsymbol{x}_{t-1}$, $F = G_t$, $R = \varepsilon^2 I_k$ として，

$$\boldsymbol{x}_t - F_t\boldsymbol{x}_{t-1} \sim N\left(\boldsymbol{0}, G_t Q_t G_t' + \varepsilon^2 I_k\right) \tag{4.17}$$

を得る．これより，

$$\boldsymbol{x}_t|\boldsymbol{x}_{t-1} \sim N\left(F_t\boldsymbol{x}_{t-1}, G_t Q_t G_t' + \varepsilon^2 I_k\right) \tag{4.18}$$

となる．

積分計算が済んだので，$\varepsilon \to +0$ の極限をとる予定であった．しかし，分散共分散行列 $G_tQ_tG'_t + \varepsilon^2 I_k$ の第1項の $k \times k$ 行列 $G_tQ_tG'_t$ は間に $m \times m$ 行列 Q_t を含むため，一般に特異である ($m \leq k$ が一般的である)．そのため，まだ第2項を無視するわけにはいかない．

次に，

$$p(\boldsymbol{x}_t|\boldsymbol{y}_{1:t-1}) = \int p(\boldsymbol{x}_{t-1}|\boldsymbol{y}_{1:t-1})\, p(\boldsymbol{x}_t|\boldsymbol{x}_{t-1})\, d\boldsymbol{x}_{t-1} \tag{4.19}$$

を求める．(4.13), (4.18) 式より，補題2が適用できて，$\boldsymbol{\theta} = \boldsymbol{x}_{t-1}$, $\bar{\boldsymbol{\theta}} = \boldsymbol{x}_{t-1|t-1}$, $V = V_{t-1|t-1}$, $\boldsymbol{x} = \boldsymbol{x}_t$, $F = F_t$, $R = G_tQ_tG'_t + \varepsilon^2 I_k$ のもとで

$$\boldsymbol{x}_t|\boldsymbol{y}_{1:t-1} \sim N\left(\boldsymbol{x}_{t|t-1}, V_{t|t-1}\right) \tag{4.20}$$

を得る．ここで，

$$\boldsymbol{x}_{t|t-1} \stackrel{\text{def}}{=} F_t \boldsymbol{x}_{t-1|t-1} \tag{4.21}$$

$$V_{t|t-1} \stackrel{\text{def}}{=} F_t V_{t-1|t-1} F'_t + G_tQ_tG'_t \tag{4.22}$$

である．(4.22) 式は，補題の適用から得られる分散共分散行列

$$F_t V_{t-1|t-1} F'_t + G_tQ_tG'_t + \varepsilon^2 I_k \tag{4.23}$$

に対して，$\varepsilon \to +0$ の極限をとったものである．一般には，$F_t V_{t-1|t-1} F'_t$ は非特異であるために，極限操作が正当化される．

まとめると，$t-1$ でのフィルタ分布がガウス分布

$$\boldsymbol{x}_{t-1}|\boldsymbol{y}_{1:t-1} \sim N\left(\boldsymbol{x}_{t-1|t-1}, V_{t-1|t-1}\right) \tag{4.24}$$

であるならば，t での一期先予測分布もガウス分布

$$\boldsymbol{x}_t|\boldsymbol{y}_{1:t-1} \sim N\left(\boldsymbol{x}_{t|t-1}, V_{t|t-1}\right) \tag{4.25}$$

$$\boldsymbol{x}_{t|t-1} = F_t \boldsymbol{x}_{t-1|t-1} \tag{4.26}$$

$$V_{t|t-1} = F_t V_{t-1|t-1} F'_t + G_tQ_tG'_t \tag{4.27}$$

となる．

4.3.2 フィルタ

フィルタ分布の式 (4.2)

$$p(\boldsymbol{x}_t|\boldsymbol{y}_{1:t}) = \frac{p(\boldsymbol{y}_t|\boldsymbol{x}_t)\,p(\boldsymbol{x}_t|\boldsymbol{y}_{1:t-1})}{\displaystyle\int p(\boldsymbol{y}_t|\boldsymbol{x}_t)\,p(\boldsymbol{x}_t|\boldsymbol{y}_{1:t-1})\,d\boldsymbol{x}_t} \tag{4.28}$$

を計算する．

まず，尤度 $p(\boldsymbol{y}_t|\boldsymbol{x}_t)$ は，観測モデル (4.9) から，

$$\boldsymbol{y}_t - H_t\boldsymbol{x}_t|\,\boldsymbol{x}_t \sim N(\boldsymbol{0}, R_t) \tag{4.29}$$

より，

$$\boldsymbol{y}_t|\boldsymbol{x}_t \sim N(H_t\boldsymbol{x}_t, R_t) \tag{4.30}$$

となる．$\boldsymbol{x}_t$ の一期先予測分布 $p(\boldsymbol{x}_t|\boldsymbol{y}_{1:t-1})$ はガウス分布

$$\boldsymbol{x}_t|\boldsymbol{y}_{1:t-1} \sim N\left(\boldsymbol{x}_{t|t-1}, V_{t|t-1}\right) \tag{4.31}$$

を仮定する．前節で見たように，時刻 $t-1$ でのフィルタ分布がガウス分布であったならば，この仮定は成立する．付録 A.3 の補題 3 を適用すると，(4.28) 式を求めることができる．すなわち，$\boldsymbol{\theta} = \boldsymbol{x}_t$, $\bar{\boldsymbol{\theta}} = \boldsymbol{x}_{t|t-1}$, $V = V_{t|t-1}$, $\boldsymbol{y} = \boldsymbol{y}_t$, $H = H_t$, $R = R_t$ に対して，

$$\boldsymbol{x}_t|\boldsymbol{y}_{1:t} \sim N\left(\boldsymbol{x}_{t|t}, V_{t|t}\right) \tag{4.32}$$

を得る．ここで，

$$\begin{aligned}
\boldsymbol{x}_{t|t} &\stackrel{\text{def}}{=} \boldsymbol{x}_{t|t-1} + V_{t|t-1}H_t'\left(H_tV_{t|t-1}H_t' + R_t\right)^{-1}\left(\boldsymbol{y}_t - H_t\boldsymbol{x}_{t|t-1}\right) && (4.33)\\
&= \boldsymbol{x}_{t|t-1} + K_t\left(\boldsymbol{y}_t - H_t\boldsymbol{x}_{t|t-1}\right) && (4.34)\\
V_{t|t} &\stackrel{\text{def}}{=} V_{t|t-1} - V_{t|t-1}H_t'\left(H_tV_{t|t-1}H_t' + R_t\right)^{-1}H_tV_{t|t-1} && (4.35)\\
&= V_{t|t-1} - K_tH_tV_{t|t-1} && (4.36)\\
K_t &\stackrel{\text{def}}{=} V_{t|t-1}H_t'\left(H_tV_{t|t-1}H_t' + R_t\right)^{-1} && (4.37)
\end{aligned}$$

とおいた．この $k \times l$ 行列をカルマンゲインと呼ぶ．

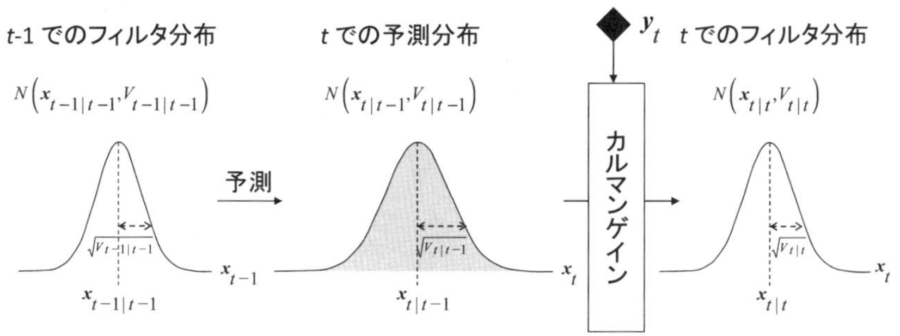

図 **4.1** カルマンフィルタにおける一期先予測分布，フィルタ分布

以上をまとめると，t での一期先予測分布がガウス分布

$$\boldsymbol{x}_t|\boldsymbol{y}_{1:t-1} \sim N\left(\boldsymbol{x}_{t|t-1}, V_{t|t-1}\right) \tag{4.38}$$

であるとき，t でのフィルタ分布もガウス分布

$$\boldsymbol{x}_t|\boldsymbol{y}_{1:t} \sim N\left(\boldsymbol{x}_{t|t}, V_{t|t}\right) \tag{4.39}$$

$$\boldsymbol{x}_{t|t} = \boldsymbol{x}_{t|t-1} + K_t\left(\boldsymbol{y}_t - H_t\boldsymbol{x}_{t|t-1}\right) \tag{4.40}$$

$$V_{t|t} = V_{t|t-1} - K_tH_tV_{t|t-1} \tag{4.41}$$

$$K_t = V_{t|t-1}H_t'\left(H_tV_{t|t-1}H_t' + R_t\right)^{-1} \tag{4.42}$$

となることがわかった．図 4.1 にこの様子を示す．

4.3.3 カルマンフィルタ

上述した一期先予測，フィルタの計算を交互に行う計算法をカルマンフィルタという．一期先予測では，$t-1$ での状態のフィルタ分布がガウス分布ならば，t における状態の予測分布もガウス分布となることがわかった．また，フィルタでは，t 時点の状態の一期先予測分布がガウス分布ならば，t での状態のフィルタ分布もガウス分布となることがわかった．したがって，ある一時点でのいずれかの分布をガウス分布と仮定し，その平均ベクトルと分散共分散行列を指定すれば，この 2 つの計算ステップがかみ合って動き出す．指定する分布は，例えば $t=0$ でのフィルタ分布 $\boldsymbol{x}_0|\boldsymbol{y}_0 \sim N\left(\boldsymbol{x}_{0|0}, V_{0|0}\right)$ の平均ベクトル $\boldsymbol{x}_{0|0}$，分散共分散行列 $V_{0|0}$ である．ただし，$t=0$ ではデータはまだないものとしているので，$\boldsymbol{y}_0 = \phi$ (空

集合) を表すものとする．以下，カルマンフィルタのアルゴリズムをまとめる．

カルマンフィルタのアルゴリズム

[初期条件]　$\boldsymbol{x}_{0|0}, V_{0|0}$ を与える．

$t = 1, \cdots, T$ に対して，次を行う．

[一期先予測]

$$\boldsymbol{x}_{t|t-1} = F_t \boldsymbol{x}_{t-1|t-1} \tag{4.43}$$

$$V_{t|t-1} = F_t V_{t-1|t-1} F_t' + G_t Q_t G_t' \tag{4.44}$$

[フィルタ]

$$K_t = V_{t|t-1} H_t' \left(H_t V_{t|t-1} H_t' + R_t \right)^{-1} \tag{4.45}$$

$$\boldsymbol{x}_{t|t} = \boldsymbol{x}_{t|t-1} + K_t \left(\boldsymbol{y}_t - H_t \boldsymbol{x}_{t|t-1} \right) \tag{4.46}$$

$$V_{t|t} = V_{t|t-1} - K_t H_t V_{t|t-1} \tag{4.47}$$

図 4.2 に，カルマンフィルタによる状態の平均ベクトル，分散共分散行列の推定順を示した．右に進むと状態の時間ステップが進み，下に進むとデータの時間ステップが進む．右向き矢印は一期先予測の操作に，下向きの矢印はフィルタの操作に対応する．

	0		1		2		3		4
0	$\boldsymbol{x}_{0\|0}, V_{0\|0}$	→	$\boldsymbol{x}_{1\|0}, V_{1\|0}$						
			↓						
1			$\boldsymbol{x}_{1\|1}, V_{1\|1}$	→	$\boldsymbol{x}_{2\|1}, V_{2\|1}$				
					↓				
2					$\boldsymbol{x}_{2\|2}, V_{2\|2}$	→	$\boldsymbol{x}_{3\|2}, V_{3\|2}$		
							↓		
3							$\boldsymbol{x}_{3\|3}, V_{3\|3}$	→	$\boldsymbol{x}_{4\|3}, V_{4\|3}$
									↓
4									$\boldsymbol{x}_{4\|4}, V_{4\|4}$

図 **4.2**　カルマンフィルタのアルゴリズム
縦軸は観測の時刻，横軸は状態の時刻を示す．

4.3.4 適 用 例

最も簡単な線形ガウス状態空間モデルである，**1 階トレンドモデル**を用いた例を紹介する.

図 4.3(a) には，観測データ $\boldsymbol{y}_t$ を示す．これは，地面の変動の人工的なデータであり，時間ステップ 1 つが 1 時間に相当する．24 時間 (= 1 日) 周期の変動に加え，$t = 360$ あたりから減少傾向があることが見て取れる．縦の破線は $t = 10$ から 24 ステップ間隔で引いてあり，データがスパイク状に減少しているタイミングとほぼ重なる.

図 4.3(b) に示すのは，

$$\boldsymbol{x}_0 = -0.909 \tag{4.48}$$

$$\boldsymbol{x}_t = \boldsymbol{x}_{t-1} \qquad (t = 1, \cdots, T = 480) \tag{4.49}$$

で与えられるシミュレーションの出力である．(4.48), (4.49) 式から明らかだが，初期条件 $\boldsymbol{x}_0 = -0.909$ の値で一定値をとり続けるシミュレーション結果である．一定値 -0.909 は，観測データの標本平均の値から採用した.

さて，シミュレーションモデルの初期状態 (4.48) に確率分布を仮定し，時間発展式 (4.49) にシステムノイズを加えることによって，システムモデルを構成する.

$$\boldsymbol{x}_0 \sim N(-0.909, 32.2) \tag{4.50}$$

$$\boldsymbol{x}_t = \boldsymbol{x}_{t-1} + \boldsymbol{v}_t \qquad (t = 1, \cdots, T) \tag{4.51}$$

$$\boldsymbol{v}_t \sim N(0, 0.0040) \qquad (t = 1, \cdots, T) \tag{4.52}$$

(4.51) 式で与えられるシステムモデルを **1 階トレンドモデル**という．図 4.3(c) には，このシステムモデルが表現する状態 $\boldsymbol{x}_t$ の平均値と標準偏差が示してある．具体的には，カルマンフィルタの計算において，フィルタの操作をすべてスキップし，一期先予測のみを繰り返して得られる値を示している．平均値はシミュレーションの結果 (図 4.3(b)) と同じ一定値 -0.909 であり，標準偏差は $t = 0$ で $\sqrt{32.2} = 5.7$，$t \geq 1$ で $\sqrt{32.2 + 0.0040t}$ と順次幅が大きくなることが見て取れる (縦軸のスケールが他の図より大きいことに注意).

つづいて，観測モデルを

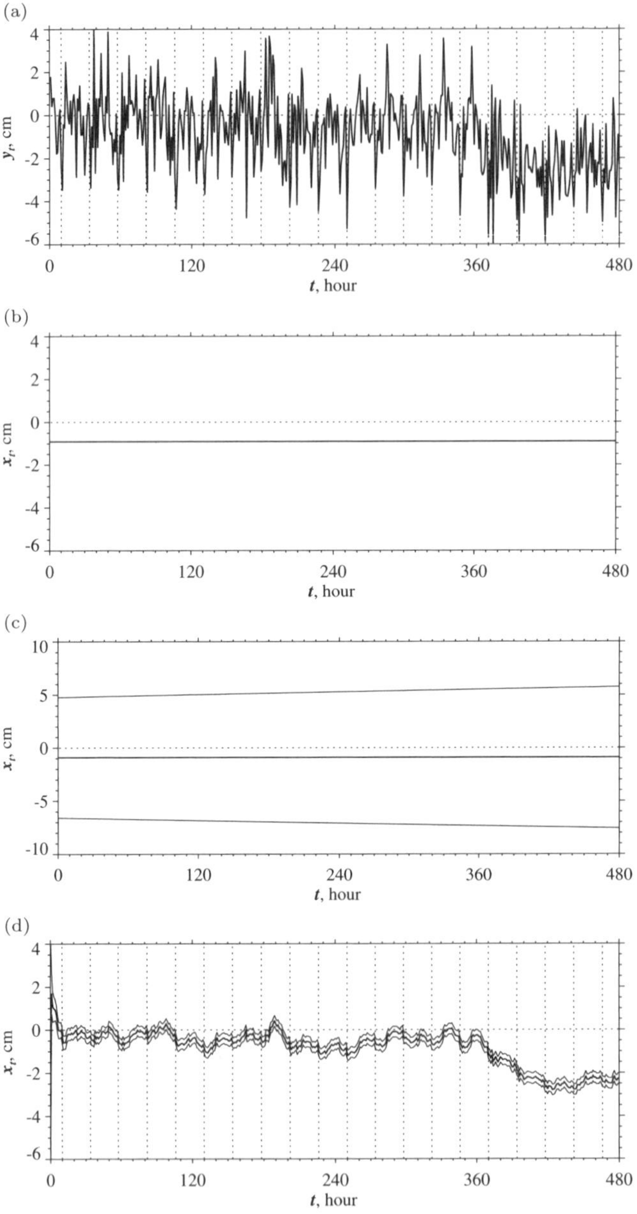

図 4.3 (a) 観測データ $\boldsymbol{y}_t$，(b) シミュレーション $\boldsymbol{x}_t$，(c) システムモデル $\boldsymbol{x}_{t|0}$，(d) フィルタ推定値 $\boldsymbol{x}_{t|t}$ とその標準偏差 $\pm\sqrt{V_{t|t}}$

$$\boldsymbol{y}_t = \boldsymbol{x}_t + \boldsymbol{w}_t \qquad (t = 1, \cdots, T) \tag{4.53}$$

$$\boldsymbol{w}_t \sim N(0, 1) \qquad (t = 1, \cdots, T) \tag{4.54}$$

とする.

このように構成した状態空間モデルは，線形ガウス状態空間モデル (4.8), (4.9) で $F_t = 1$, $G_t = 1$, $H_t = 1$, $Q_t = 0.0040$, $R_t = 1$ とした場合に相当している.

図 4.3(d) には，カルマンフィルタにより得られる，各時間ステップでのフィルタ分布の平均と標準偏差を示した．振幅は観測データよりも小さいながらも 24 ステップ周期の変動と，$t = 360$ 過ぎに見られるトレンドの減少をとらえていることがわかる．観測データの下向きのスパイクのタイミングを示す縦の破線と比べると，フィルタ推定値の極小は 2,3 ステップ遅れて現れることに注意したい.

4.3.5 ま　と　め

カルマンフィルタとは，一期先予測・フィルタの計算を交互に行う計算法である.

1) システムモデル，観測モデルが線形である.
2) システムノイズ，観測ノイズがガウス分布に従う.
3) 初期フィルタ分布がガウス分布，もしくは初期一期先予測分布がガウス分布である.

と仮定すると，以降の予測分布，フィルタ分布はすべてガウス分布となる．ガウス分布は平均ベクトルと分散共分散行列で指定できるので，両者の更新を計算することで，状態の確率分布を追うことができる．なお，4.3.1, 4.3.2 項の確率分布の導出は，Kitagawa and Gersch[27] を参考にした.

4.4 平　滑　化

3.3 節で見たように，状態の時間ステップよりも未来のデータを使って行う推定を平滑化 といい，固定点平滑化，固定ラグ平滑化，固定区間平滑化の 3 つが知られている.

以下で示すように，線形・ガウス状態空間モデル (4.8), (4.9) に対しては，これらの平滑化分布もガウス分布となる．図 4.4〜4.6 には，それぞれの平滑化分布の平均ベクトル，分散共分散行列の推定の順を示した．前章で示した一般の条件

	0		1		2		3		4
0	$\boldsymbol{x}_{0\|0}, V_{0\|0}$	$\rightarrow$	$\boldsymbol{x}_{1\|0}, V_{1\|0}$						
			$\downarrow$						
1			$\boldsymbol{x}_{1\|1}, V_{1\|1}$	$\rightarrow$	$\boldsymbol{x}_{2\|1}, V_{2\|1}$				
					$\downarrow$				
2					$\boldsymbol{x}_{2\|2}, V_{2\|2}$	$\rightarrow$	$\boldsymbol{x}_{3\|2}, V_{3\|2}$		
					$\downarrow$		$\downarrow$		
3					$\boldsymbol{x}_{2\|3}, V_{2\|3}$		$\boldsymbol{x}_{3\|3}, V_{3\|3}$	$\rightarrow$	$\boldsymbol{x}_{4\|3}, V_{4\|3}$
					$\downarrow$				$\downarrow$
4					$\boldsymbol{x}_{2\|4}, V_{2\|4}$				$\boldsymbol{x}_{4\|4}, V_{4\|4}$

図 4.4 固定点平滑化のアルゴリズム (破線で囲まれた部分)
固定点を $s = 2$ としている．縦軸は観測の時刻，横軸は状態の時刻を示す．

	0		1		2		3		4
0	$\boldsymbol{x}_{0\|0}, V_{0\|0}$	$\rightarrow$	$\boldsymbol{x}_{1\|0}, V_{1\|0}$						
	$\downarrow$		$\downarrow$						
1	$\boldsymbol{x}_{0\|1}, V_{0\|1}$		$\boldsymbol{x}_{1\|1}, V_{1\|1}$	$\rightarrow$	$\boldsymbol{x}_{2\|1}, V_{2\|1}$				
	$\downarrow$		$\downarrow$		$\downarrow$				
2	$\boldsymbol{x}_{0\|2}, V_{0\|2}$		$\boldsymbol{x}_{1\|2}, V_{1\|2}$		$\boldsymbol{x}_{2\|2}, V_{2\|2}$	$\rightarrow$	$\boldsymbol{x}_{3\|2}, V_{3\|2}$		
			$\downarrow$		$\downarrow$		$\downarrow$		
3			$\boldsymbol{x}_{1\|3}, V_{1\|3}$		$\boldsymbol{x}_{2\|3}, V_{2\|3}$		$\boldsymbol{x}_{3\|3}, V_{3\|3}$	$\rightarrow$	$\boldsymbol{x}_{4\|3}, V_{4\|3}$
					$\downarrow$		$\downarrow$		$\downarrow$
4					$\boldsymbol{x}_{2\|4}, V_{2\|4}$		$\boldsymbol{x}_{3\|4}, V_{3\|4}$		$\boldsymbol{x}_{4\|4}, V_{4\|4}$

図 4.5 固定ラグ平滑化のアルゴリズム (破線で囲まれた部分)
ラグ $L = 2$ としている．縦軸は観測の時刻，横軸は状態の時刻を示す．

	0		1		2		3		4
0	$\boldsymbol{x}_{0\|0}, V_{0\|0}$	$\rightarrow$	$\boldsymbol{x}_{1\|0}, V_{1\|0}$						
			$\downarrow$						
1			$\boldsymbol{x}_{1\|1}, V_{1\|1}$	$\rightarrow$	$\boldsymbol{x}_{2\|1}, V_{2\|1}$				
					$\downarrow$				
2					$\boldsymbol{x}_{2\|2}, V_{2\|2}$	$\rightarrow$	$\boldsymbol{x}_{3\|2}, V_{3\|2}$		
							$\downarrow$		
3							$\boldsymbol{x}_{3\|3}, V_{3\|3}$	$\rightarrow$	$\boldsymbol{x}_{4\|3}, V_{4\|3}$
									$\downarrow$
4	$\boldsymbol{x}_{0\|4}, V_{0\|4}$	$\leftarrow$	$\boldsymbol{x}_{1\|4}, V_{1\|4}$	$\leftarrow$	$\boldsymbol{x}_{2\|4}, V_{2\|4}$	$\leftarrow$	$\boldsymbol{x}_{3\|4}, V_{3\|4}$	$\leftarrow$	$\boldsymbol{x}_{4\|4}, V_{4\|4}$

図 4.6 固定区間平滑化のアルゴリズム (破線で囲まれた部分)
縦軸は観測の時刻，横軸は状態の時刻を示す．

付き分布間の関係 (図 3.5, 3.4, 3.2) のガウス分布版である.

4.4.1 固定点平滑化

(4.3),(4.4) 式に示したように，ある着目した時点 s における平滑化分布 $p(\boldsymbol{x}_s|\boldsymbol{y}_{1:t})$ $(s < t)$ を求めるために，$\boldsymbol{x}_t$ と $\boldsymbol{x}_s$ の同時分布 $p(\boldsymbol{x}_t, \boldsymbol{x}_s|\boldsymbol{y}_{1:t})$ を求め，それを $\boldsymbol{x}_t$ について周辺化して $p(\boldsymbol{x}_s|\boldsymbol{y}_{1:t})$ を得るという 2 段階を踏む.

a. 拡大システムのカルマンフィルタ

同時分布 $p(\boldsymbol{x}_t, \boldsymbol{x}_s|\boldsymbol{y}_{1:t})$ を求めることが前半の課題である. 3.3.2 項で記したように，新たに状態ベクトルを

$$\tilde{\boldsymbol{x}}_t = \begin{pmatrix} \boldsymbol{x}_t \\ \boldsymbol{x}_s \end{pmatrix} \tag{4.55}$$

と定義して，フィルタ分布 $p(\tilde{\boldsymbol{x}}_t|\boldsymbol{y}_{1:t})$ を求めればよい.

この状態ベクトル $\tilde{\boldsymbol{x}}_t$ が従う状態空間モデルとして,

$$\tilde{F}_t = \begin{pmatrix} F_t & O_{k\times k} \\ O_{k\times k} & I_k \end{pmatrix} \tag{4.56}$$

$$\tilde{G}_t = \begin{pmatrix} G_t \\ O_{k\times m} \end{pmatrix} \tag{4.57}$$

$$\tilde{H}_t = \begin{pmatrix} H_t & O_{l\times k} \end{pmatrix} \tag{4.58}$$

とおき ($O_{i\times j}$ は $i\times j$ の零行列，I_k は $k\times k$ の単位行列)，$\tilde{\boldsymbol{x}}_t, \tilde{F}_t, \tilde{G}_t, \tilde{H}_t$ についての状態空間モデル

$$\tilde{\boldsymbol{x}}_t = \tilde{F}_t\tilde{\boldsymbol{x}}_{t-1} + \tilde{G}_t\boldsymbol{v}_t \tag{4.59}$$

$$\boldsymbol{y}_t = \tilde{H}_t\tilde{\boldsymbol{x}}_t + \boldsymbol{w}_t \tag{4.60}$$

を考える. この状態空間モデルを，拡大システムと呼ぶことにする. ブロックごとに書き出せば，もともとの状態空間モデル (4.8), (4.9) と等価であることが確認できる.

(4.59), (4.60) 式は線形・ガウス状態空間モデルであることから，前節で得られたカルマンフィルタのアルゴリズムがそのまま転用できる. 以下で掲げるのは,

固定点平滑化のアルゴリズムのプロトタイプ，すなわち，完成形ではないが，方向性を示すものである．

固定点平滑化のアルゴリズム — プロトタイプ **1**：拡大システム

[初期条件] $\tilde{\boldsymbol{x}}_{0|0}, \tilde{V}_{0|0}$ を与える．

$t = 1, \cdots, T$ に対して，次を行う．

[一期先予測]

$$\tilde{\boldsymbol{x}}_{t|t-1} = \tilde{F}_t \tilde{\boldsymbol{x}}_{t-1|t-1} \tag{4.61}$$

$$\tilde{V}_{t|t-1} = \tilde{F}_t \tilde{V}_{t-1|t-1} \tilde{F}_t' + \tilde{G}_t Q_t \tilde{G}_t' \tag{4.62}$$

[フィルタ]

$$\tilde{\boldsymbol{x}}_{t|t} = \tilde{\boldsymbol{x}}_{t|t-1} + \tilde{K}_t \left(\boldsymbol{y}_t - \tilde{H}_t \tilde{\boldsymbol{x}}_{t|t-1} \right) \tag{4.63}$$

$$\tilde{V}_{t|t} = \tilde{V}_{t|t-1} - \tilde{K}_t \tilde{H}_t \tilde{V}_{t|t-1} \tag{4.64}$$

$$\tilde{K}_t = \tilde{V}_{t|t-1} \tilde{H}_t' \left(\tilde{H}_t \tilde{V}_{t|t-1} \tilde{H}_t' + R_t \right)^{-1} \tag{4.65}$$

b. 同時分布から周辺分布へ

このように，拡大システムのフィルタ分布が

$$\tilde{\boldsymbol{x}}_t | \boldsymbol{y}_{1:t} \sim N\left(\tilde{\boldsymbol{x}}_{t|t}, \tilde{V}_{t|t} \right) \tag{4.66}$$

すなわち，$\boldsymbol{y}_{1:t}$ が与えられたもとでの $\boldsymbol{x}_t$ と $\boldsymbol{x}_s$ の同時分布がガウス分布

$$\left. \begin{pmatrix} \boldsymbol{x}_t \\ \boldsymbol{x}_s \end{pmatrix} \right| \boldsymbol{y}_{1:t} \sim N\left(\begin{pmatrix} \boldsymbol{x}_{t|t} \\ \boldsymbol{x}_{s|t} \end{pmatrix}, \begin{pmatrix} V_{t,t|t} & V_{t,s|t} \\ V_{s,t|t} & V_{s,s|t} \end{pmatrix} \right) \tag{4.67}$$

となることがわかった．ここで，$\boldsymbol{x}_{t|t}, \boldsymbol{x}_{s|t}$ は $2k$ 次元ベクトル $\tilde{\boldsymbol{x}}_{t|t}$ を k 次元で分割したベクトル，$V_{t,t|t}, V_{t,s|t}, V_{s,t|t}, V_{s,s|t}$ は $2k \times 2k$ 次元行列 $\tilde{V}_{t|t}$ を $k \times k$ 次元で分割した行列である．しかし，そもそもほしかったのは同時分布ではなく周辺分布 $p(\boldsymbol{x}_s | \boldsymbol{y}_{1:t})$ である．これを得るのが後半の課題である．

実は，この課題は意外なほど容易に解決できる．まず解決策を示すと，同時分布から $\boldsymbol{x}_s$ に関連するブロックを抜き出して，

$$\boldsymbol{x}_s | \boldsymbol{y}_{1:t} \sim N\left(\boldsymbol{x}_{s|t}, V_{s,s|t} \right) \tag{4.68}$$

とすればよいのである．この解決策の正当性は，ガウス分布の周辺分布に関する定理 2 (付録 A. 4) により，ガウス分布の周辺分布は，同時分布で示されている平均ベクトル，分散共分散行列により与えられることによる．

c. アルゴリズムの設計

以下では，4.4.1 項 a で示された拡大システムのカルマンフィルタから得られたプロトタイプ 1 のアルゴリズムを吟味し，具体的な固定点平滑化のアルゴリズムの導出過程を示す．やや詳細に過ぎる記述となるため，本節の以下の記述は省略し，結果として得られるアルゴリズムを記した 4.4.1 項 d へ飛んでも差し支えない．

では，同時分布の平均ベクトル，分散共分散行列の初期条件と，一期先予測・フィルタの更新式をブロックごとに見ていこう．

[初期条件] 平均ベクトル，分散共分散行列はそれぞれ，

$$\tilde{\boldsymbol{x}}_{0|0} = \begin{pmatrix} \boldsymbol{x}_{0|0} \\ \boldsymbol{x}_{s|0} \end{pmatrix} \tag{4.69}$$

$$\tilde{V}_{0|0} = \begin{pmatrix} V_{0,0|0} & V_{0,s|0} \\ V_{s,0|0} & V_{s,s|0} \end{pmatrix} \tag{4.70}$$

となる．つまり，平均ベクトルの初期値として $\boldsymbol{x}_{0|0}, \boldsymbol{x}_{s|0}$，分散共分散行列の初期値として $V_{0,0|0}, V_{s,0|0}, V_{s,s|0}$ を与える．分散共分散行列の残りのブロック $V_{0,s|0}$ は $V_{s,0|0}$ と転置の関係にあるので指定する必要はない．

[一期先予測] 平均ベクトルは

$$\begin{pmatrix} \boldsymbol{x}_{t|t-1} \\ \boldsymbol{x}_{s|t-1} \end{pmatrix} = \begin{pmatrix} F_t \boldsymbol{x}_{t-1|t-1} \\ \boldsymbol{x}_{s|t-1} \end{pmatrix} \tag{4.71}$$

となる．第 1 ブロックは通常のカルマンフィルタの一期先予測での平均の更新式である．第 2 ブロックは自明な恒等式であり，以降は使わない．分散共分散行列をブロックごとに書くと，

$$\begin{pmatrix} V_{t,t|t-1} & V_{t,s|t-1} \\ V_{s,t|t-1} & V_{s,s|t-1} \end{pmatrix} = \begin{pmatrix} F_t V_{t-1,t-1|t-1} F_t' + G_t Q_t G_t' & F_t V_{t-1,s|t-1} \\ V_{s,t-1|t-1} F_t' & V_{s,s|t-1} \end{pmatrix} \tag{4.72}$$

となる．第 (1,1)-ブロックは通常のカルマンフィルタの一期先予測で得られる分散共分散行列の更新式と同一である．第 (1,2)-ブロック，第 (2,1)-ブロックは転置の関係にある．第 (2,2)-ブロックは自明な恒等式である (以降では使わない)．以上をまとめると，有用な関係式は以下の 3 組である：

$$\boldsymbol{x}_{t|t-1} = F_t \boldsymbol{x}_{t-1|t-1} \tag{4.73}$$

$$V_{t,t|t-1} = F_t V_{t-1,t-1|t-1} F_t' + G_t Q_t G_t' \tag{4.74}$$

$$V_{s,t|t-1} = V_{s,t-1|t-1} F_t' \tag{4.75}$$

(4.73), (4.74) 式は通常のカルマンフィルタの一期先予測で得られる平均，分散共分散行列の更新式と同一である．

[フィルタ]　(4.65) 式をブロックごとに書くと，

$$\tilde{K}_t = \begin{pmatrix} V_{t,t|t-1} H_t' \\ V_{s,t|t-1} H_t' \end{pmatrix} \left(H_t V_{t,t|t-1} H_t' + R_t \right)^{-1} \tag{4.76}$$

$$= \begin{pmatrix} K_t \\ \Delta_t \end{pmatrix} \tag{4.77}$$

となる．ここで，

$$K_t \stackrel{\text{def}}{=} V_{t,t|t-1} H_t' \left(H_t V_{t,t|t-1} H_t' + R_t \right)^{-1} \tag{4.78}$$

$$\Delta_t \stackrel{\text{def}}{=} V_{s,t|t-1} H_t' \left(H_t V_{t,t|t-1} H_t' + R_t \right)^{-1} \tag{4.79}$$

とおいている．(4.78) 式は通常のカルマンフィルタで用いるカルマンゲイン (4.37) と同一である．(4.79) 式で定義した Δ_t を固定点平滑ゲイン と呼ぶ．

(4.63) 式をブロックごとに書くと，

$$\begin{pmatrix} \boldsymbol{x}_{t|t} \\ \boldsymbol{x}_{s|t} \end{pmatrix} = \begin{pmatrix} \boldsymbol{x}_{t|t-1} \\ \boldsymbol{x}_{s|t-1} \end{pmatrix} + \begin{pmatrix} K_t \\ \Delta_t \end{pmatrix} \left(\boldsymbol{y}_t - H_t \boldsymbol{x}_{t|t-1} \right) \tag{4.80}$$

となる．第 1 ブロックは通常のカルマンフィルタで計算されるフィルタの操作である．第 2 ブロックが平滑化の操作で，$\boldsymbol{y}_{1:t}$ に基づいた時刻 s における状態の平滑化分布の平均ベクトルが得られる．

(4.64) 式をブロックごとに書くと，平滑化分布の分散共分散行列が得られる．

$$\begin{pmatrix} V_{t,t|t} & V_{t,s|t} \\ V_{s,t|t} & V_{s,s|t} \end{pmatrix} = \begin{pmatrix} V_{t,t|t-1} & V_{t,s|t-1} \\ V_{s,t|t-1} & V_{s,s|t-1} \end{pmatrix} - \begin{pmatrix} K_t \\ \Delta_t \end{pmatrix} \begin{pmatrix} H_t & O_{l\times k} \end{pmatrix} \begin{pmatrix} V_{t,t|t-1} & V_{t,s|t-1} \\ V_{s,t|t-1} & V_{s,s|t-1} \end{pmatrix} \quad (4.81)$$

$$= \begin{pmatrix} V_{t,t|t-1} & V_{t,s|t-1} \\ V_{s,t|t-1} & V_{s,s|t-1} \end{pmatrix} - \begin{pmatrix} K_t H_t V_{t,t|t-1} & K_t H_t V_{t,s|t-1} \\ \Delta_t H_t V_{t,t|t-1} & \Delta_t H_t V_{t,s|t-1} \end{pmatrix} \quad (4.82)$$

ブロックごとに取り出すと,

$$V_{t,t|t} = V_{t,t|t-1} - K_t H_t V_{t,t|t-1} \quad (4.83)$$

$$V_{t,s|t} = V_{t,s|t-1} - K_t H_t V_{t,s|t-1} \quad (4.84)$$

$$V_{s,t|t} = V_{s,t|t-1} - \Delta_t H_t V_{t,t|t-1} \quad (4.85)$$

$$V_{s,s|t} = V_{s,s|t-1} - \Delta_t H_t V_{t,s|t-1} \quad (4.86)$$

(4.83) 式は, 通常のカルマンフィルタで得られるフィルタ分散の関係式と同一である. (4.84), (4.85) 式は,

$$\Delta_t H_t V_{t,t|t-1} = V_{s,t|t-1} H_t' \left(H_t V_{t,t|t-1} H_t' + R_t \right)^{-1} H_t V_{t,t|t-1} = V_{s,t|t-1} H_t' K_t'$$

であることを考えれば転置の関係にあることがわかる. (4.86) 式が平滑化分散共分散行列を与える.

固定点平滑化のアルゴリズム — プロトタイプ **2**

[初期条件]　$\boldsymbol{x}_{0|0}, \boldsymbol{x}_{s|0}, V_{0,0|0}, V_{s,0|0}, V_{s,s|0}$ を与える.

$t = 1, \cdots, T$ に対して, 次を行う.

[一期先予測]

$$\boldsymbol{x}_{t|t-1} = F_t \boldsymbol{x}_{t-1|t-1} \quad (4.87)$$

$$V_{t,t|t-1} = F_t V_{t-1,t-1|t-1} F_t' + G_t Q_t G_t' \quad (4.88)$$

$$V_{s,t|t-1} = V_{s,t-1|t-1} F_t' \quad (4.89)$$

[フィルタ]

$$K_t = V_{t,t|t-1}H_t'\left(H_tV_{t,t|t-1}H_t' + R_t\right)^{-1} \tag{4.90}$$

$$\Delta_t = V_{s,t|t-1}H_t'\left(H_tV_{t,t|t-1}H_t' + R_t\right)^{-1} \tag{4.91}$$

$$\boldsymbol{x}_{t|t} = \boldsymbol{x}_{t|t-1} + K_t\left(\boldsymbol{y}_t - H_t\boldsymbol{x}_{t|t-1}\right) \tag{4.92}$$

$$\boldsymbol{x}_{s|t} = \boldsymbol{x}_{s|t-1} + \Delta_t\left(\boldsymbol{y}_t - H_t\boldsymbol{x}_{t|t-1}\right) \tag{4.93}$$

$$V_{t,t|t} = V_{t,t|t-1} - K_tH_tV_{t,t|t-1} \tag{4.94}$$

$$V_{s,t|t} = V_{s,t|t-1} - \Delta_tH_tV_{t,t|t-1} \tag{4.95}$$

$$V_{s,s|t} = V_{s,s|t-1} - \Delta_tH_tV'_{s,t|t-1} \tag{4.96}$$

しかし，以下で述べるように，このアルゴリズムは適当ではない．具体的には，$t = s-1$ のときの (4.93) 式，$t = s$ のときの (4.87) 式から，$\boldsymbol{x}_{s|s-1}$ が次のように異なる形で得られる：

$$\boldsymbol{x}_{s|s-1} = \boldsymbol{x}_{s|s-2} + \Delta_{s-1}\left(\boldsymbol{y}_{s-1} - H_{s-1}\boldsymbol{x}_{s-1|s-2}\right) \tag{4.97}$$

$$\boldsymbol{x}_{s|s-1} = F_s\boldsymbol{x}_{s-1|s-1} \tag{4.98}$$

また，$t = s-1$ での (4.96) 式，$t = s$ での (4.88), (4.89) 式のいずれからも $V_{s,s|s-1}$ が

$$V_{s,s|s-1} = V_{s,s|s-2} - \Delta_{s-1}H_{s-1}V'_{s,s-1|s-2} \tag{4.99}$$

$$V_{s,s|s-1} = F_sV_{s-1,s-1|s-1}F_s' + G_sQ_sG_s' \tag{4.100}$$

$$V_{s,s|s-1} = V_{s,s-1|s-1}F_s' \tag{4.101}$$

と与えられる．この $\boldsymbol{x}_{s|s-1}, V_{s,s|s-1}$ はそれぞれ同一の値であるべきであるが，右辺の表式はそれぞれ異なり，一般に異なる値となる．そこで，これらがそれぞれ同一の値になるように，アルゴリズムを設計する必要がある．

そこで，平滑化は $t > s$ で意味をなすことを思い出そう．タイムステップ s の状態を未来のデータを使って推定するわけである．すなわち，平滑化に関係する (4.89), (4.91), (4.93), (4.95), (4.96) 式は，$t \leq s$ の間は行わず，$t \geq s+1$ になってから実行するようにするのである．$t \leq s$ の値を使わないことで，(4.97), (4.99), (4.101) 式は現れなくなるので，上述の矛盾を回避できる．$t = s+1$ で

初めて実施する平滑化計算で必要とされる項は，残りの (4.88), (4.92), (4.94) 式から求められている．初期条件 $\boldsymbol{x}_{s|0}, V_{s,0|0}, V_{s,s|0}$ は与える必要はなくなる．意味的には，上記の整合性が保たれるような値を陰的に設定したと解釈できる．

d. アルゴリズム

4.4.1 項 c の吟味を経て，固定点平滑化のアルゴリズムを得ることができる．

固定点平滑化のアルゴリズム [完成版]

[初期条件]　$\boldsymbol{x}_{0|0}, V_{0,0|0}$ を与える．

$t = 1, \cdots, s$ に対して，次を行う．

[一期先予測]

$$\boldsymbol{x}_{t|t-1} = F_t \boldsymbol{x}_{t-1|t-1} \tag{4.102}$$

$$V_{t,t|t-1} = F_t V_{t-1,t-1|t-1} F_t' + G_t Q_t G_t' \tag{4.103}$$

[フィルタ]

$$\boldsymbol{x}_{t|t} = \boldsymbol{x}_{t|t-1} + K_t \left(\boldsymbol{y}_t - H_t \boldsymbol{x}_{t|t-1} \right) \tag{4.104}$$

$$V_{t,t|t} = V_{t,t|t-1} - K_t H_t V_{t,t|t-1} \tag{4.105}$$

$$K_t = V_{t,t|t-1} H_t' \left(H_t V_{t,t|t-1} H_t' + R_t \right)^{-1} \tag{4.106}$$

$t = s+1, \cdots, T$ に対して，次を行う．

[一期先予測]

$$\boldsymbol{x}_{t|t-1} = F_t \boldsymbol{x}_{t-1|t-1} \tag{4.107}$$

$$V_{t,t|t-1} = F_t V_{t-1,t-1|t-1} F_t' + G_t Q_t G_t' \tag{4.108}$$

$$V_{s,t|t-1} = V_{s,t-1|t-1} F_t' \tag{4.109}$$

[フィルタ]

$$K_t = V_{t,t|t-1} H_t' \left(H_t V_{t,t|t-1} H_t' + R_t \right)^{-1} \tag{4.110}$$

$$\Delta_t = V_{s,t|t-1} H_t' \left(H_t V_{t,t|t-1} H_t' + R_t \right)^{-1} \tag{4.111}$$

$$\boldsymbol{x}_{t|t} = \boldsymbol{x}_{t|t-1} + K_t \left(\boldsymbol{y}_t - H_t \boldsymbol{x}_{t|t-1} \right) \tag{4.112}$$

$$\boldsymbol{x}_{s|t} = \boldsymbol{x}_{s|t-1} + \Delta_t \left(\boldsymbol{y}_t - H_t \boldsymbol{x}_{t|t-1} \right) \tag{4.113}$$

$$V_{t,t|t} = V_{t,t|t-1} - K_t H_t V_{t,t|t-1} \tag{4.114}$$

$$V_{s,t|t} = V_{s,t|t-1} - \Delta_t H_t V_{t,t|t-1} \tag{4.115}$$

$$V_{s,s|t} = V_{s,s|t-1} - \Delta_t H_t V'_{s,t|t-1} \tag{4.116}$$

$t = s$ まではカルマンフィルタの計算のみを行い，$t = s + 1$ から平滑化の計算が加わることになる．このアルゴリズムで得られた $\boldsymbol{x}_{s|t}, V_{s,s|t}$ が，固定点 s における平均ベクトルと分散共分散行列となる．Δ_t を固定点平滑ゲイン という．

4.4.2 固定ラグ平滑化

(4.5),(4.6) 式で示したように，同時分布 $p(\boldsymbol{x}_t, \boldsymbol{x}_{t-1}, \boldsymbol{x}_{t-2}, \cdots, \boldsymbol{x}_{t-L}|\boldsymbol{y}_{1:t})$ を求め，周辺化を行うことで，周辺分布 $p(\boldsymbol{x}_{t-1}|\boldsymbol{y}_{1:t}), p(\boldsymbol{x}_{t-2}|\boldsymbol{y}_{1:t}), \cdots, p(\boldsymbol{x}_{t-L}|\boldsymbol{y}_{1:t})$ を求める．

固定点平滑化と同様に，拡大システム

$$\tilde{\boldsymbol{x}}_t = \begin{pmatrix} \boldsymbol{x}_t \\ \boldsymbol{x}_{t-1} \\ \vdots \\ \boldsymbol{x}_{t-L} \end{pmatrix} \tag{4.117}$$

$$\tilde{F}_t = \begin{pmatrix} F_t & O_{k\times k} & \cdots & O_{k\times k} \\ I_k & O_{k\times k} & & \\ & \ddots & & \\ O_{k\times k} & & I_k & O_{k\times k} \end{pmatrix} \tag{4.118}$$

$$\tilde{G}_t = \begin{pmatrix} G_t \\ O_{k\times m} \\ \vdots \\ O_{k\times m} \end{pmatrix} \tag{4.119}$$

$$\tilde{H}_t = \begin{pmatrix} H_t & O_{l\times k} & \cdots & O_{l\times k} \end{pmatrix} \tag{4.120}$$

を定義し，状態空間モデル

$$\tilde{\boldsymbol{x}}_t = \tilde{F}_t \tilde{\boldsymbol{x}}_{t-1} + \tilde{G}_t \boldsymbol{v}_t \tag{4.121}$$

$$\boldsymbol{y}_t = \tilde{H}_t \tilde{\boldsymbol{x}}_t + \boldsymbol{w}_t \tag{4.122}$$

を考えれば，カルマンフィルタで得られた結果がそのまま利用できる．すなわち，

[初期条件]　$\tilde{\boldsymbol{x}}_{0|0}, \tilde{V}_{0|0}$ を与える．

[一期先予測]

$$\tilde{\boldsymbol{x}}_{t|t-1} = \tilde{F}_t \tilde{\boldsymbol{x}}_{t-1|t-1} \tag{4.123}$$

$$\tilde{V}_{t|t-1} = \tilde{F}_t \tilde{V}_{t-1|t-1} \tilde{F}_t' + \tilde{G}_t Q_t \tilde{G}_t' \tag{4.124}$$

[フィルタ]

$$\tilde{\boldsymbol{x}}_{t|t} = \tilde{\boldsymbol{x}}_{t|t-1} + \tilde{K}_t \left(\boldsymbol{y}_t - \tilde{H}_t \tilde{\boldsymbol{x}}_{t|t-1} \right) \tag{4.125}$$

$$\tilde{V}_{t|t} = \tilde{V}_{t|t-1} - \tilde{K}_t \tilde{H}_t \tilde{V}_{t|t-1} \tag{4.126}$$

$$\tilde{K}_t = \tilde{V}_{t|t-1} \tilde{H}_t' \left(\tilde{H}_t \tilde{V}_{t|t-1} \tilde{H}_t' + R_t \right)^{-1} \tag{4.127}$$

拡大システムで表される $\boldsymbol{x}_t, \boldsymbol{x}_{t-1}, \cdots, \boldsymbol{x}_{t-L}$ の同時分布がガウス分布であるから，求めたい周辺分布もガウス分布であり，平均ベクトルと分散共分散行列は，同時分布の平均ベクトル，分散共分散行列から該当するものを抜き出せばよい．

a. アルゴリズムの設計

以下では，拡大システムのカルマンフィルタのアルゴリズムを吟味し，具体的な固定ラグ平滑化のアルゴリズムの導出過程を示す．本節の以下の記述は省略し，結果として得られるアルゴリズムを記した 4.4.2 項 b へ飛んでも差し支えない．

[一期先予測]　ブロックで書くと，

$$\begin{pmatrix} \boldsymbol{x}_{t|t-1} \\ \boldsymbol{x}_{t-1|t-1} \\ \vdots \\ \boldsymbol{x}_{t-L|t-1} \end{pmatrix} = \begin{pmatrix} F_t \boldsymbol{x}_{t-1|t-1} \\ \boldsymbol{x}_{t-1|t-1} \\ \vdots \\ \boldsymbol{x}_{t-L|t-1} \end{pmatrix} \tag{4.128}$$

$$
\begin{pmatrix}
V_{t,t|t-1} & V_{t,t-1|t-1} & \cdots & V_{t,t-L|t-1} \\
V_{t-1,t|t-1} & V_{t-1,t-1|t-1} & \cdots & V_{t-1,t-L|t-1} \\
\vdots & \vdots & \ddots & \vdots \\
V_{t-L,t|t-1} & V_{t-L,t-1|t-1} & \cdots & V_{t-L,t-L|t-1}
\end{pmatrix}
$$

$$
= \begin{pmatrix}
F_t V_{t-1,t-1|t-1} F_t' + G_t Q_t G_t' & F_t V_{t-1,t-1|t-1} & \cdots & F_t V_{t-1,t-L|t-1} \\
V_{t-1,t-1|t-1} F_t' & V_{t-1,t-1|t-1} & \cdots & V_{t-1,t-L|t-1} \\
\vdots & \vdots & \ddots & \vdots \\
V_{t-L,t-1|t-1} F_t' & V_{t-L,t-1|t-1} & \cdots & V_{t-L,t-L|t-1}
\end{pmatrix}
\tag{4.129}
$$

となる．平均ベクトルの第 1 ブロック以外の関係式，分散共分散行列の第 (1,1)-ブロック以外の関係式は自明な恒等式であり，以降では用いない．また，1 行目のブロックと 1 列目のブロックは対称の関係にあるため，1 列目のブロックを考えておけば十分である．意味のある関係式を取り出すと，

$$
\boldsymbol{x}_{t|t-1} = F_t \boldsymbol{x}_{t-1|t-1} \tag{4.130}
$$

$$
V_{t,t|t-1} = F_t V_{t-1,t-1|t-1} F_t' + G_t Q_t G_t' \tag{4.131}
$$

$$
V_{t-j,t|t-1} = V_{t-j,t-1|t-1} F_t' \qquad (j = 1, \cdots, L) \tag{4.132}
$$

の $1+1+L$ 組となる．(4.130), (4.131) 式は通常のカルマンフィルタと同一の平均ベクトル，分散共分散行列の一期先予測の計算である ((4.43), (4.44) 式参照).

[フィルタ] (4.127) 式をブロックで書くと，

$$
\tilde{K}_t = \tilde{V}_{t|t-1} \tilde{H}_t' \left(\tilde{H}_t \tilde{V}_{t|t-1} \tilde{H}_t' + R_t \right)^{-1}
$$

$$
= \begin{pmatrix}
V_{t,t|t-1} H_t' \\
V_{t-1,t|t-1} H_t' \\
\vdots \\
V_{t-L,t|t-1} H_t'
\end{pmatrix}
\left(H_t V_{t,t|t-1} H_t' + R_t \right)^{-1}
= \begin{pmatrix}
K_t(0) \\
K_t(1) \\
\vdots \\
K_t(L)
\end{pmatrix}
\tag{4.133}
$$

となる．ここで，

$$
K_t(j) = V_{t-j,t|t-1} H_t' \left(H_t V_{t,t|t-1} H_t' + R_t \right)^{-1} \qquad (j = 0, \cdots, L) \tag{4.134}
$$

とおき，これを固定ラグ平滑ゲインと呼ぶ．$j=0$ のときは，通常のカルマンゲインと一致する．

(4.125) 式をブロックごとに書くと，

$$\begin{pmatrix} \boldsymbol{x}_{t|t} \\ \boldsymbol{x}_{t-1|t} \\ \vdots \\ \boldsymbol{x}_{t-L|t} \end{pmatrix} = \begin{pmatrix} \boldsymbol{x}_{t|t-1} \\ \boldsymbol{x}_{t-1|t-1} \\ \vdots \\ \boldsymbol{x}_{t-L|t-1} \end{pmatrix} + \begin{pmatrix} K_t(0) \\ K_t(1) \\ \vdots \\ K_t(L) \end{pmatrix} \left(\boldsymbol{y}_t - H_t \boldsymbol{x}_{t|t-1}\right) \tag{4.135}$$

まとめて，

$$\boldsymbol{x}_{t-j|t} = \boldsymbol{x}_{t-j|t-1} + K_t(j)\left(\boldsymbol{y}_t - H_t \boldsymbol{x}_{t|t-1}\right) \qquad (j=0,\cdots,L) \tag{4.136}$$

と書ける．なお，$j=0$ のときは，通常のカルマンフィルタのフィルタ平均の式 (4.46) と一致する．

(4.126) 式をブロックごとに書くと，

$$\begin{aligned}
&\begin{pmatrix} V_{t,t|t} & V_{t,t-1|t} & \cdots & V_{t,t-L|t} \\ V_{t-1,t|t} & V_{t-1,t-1|t} & \cdots & V_{t-1,t-L|t} \\ \vdots & \vdots & \ddots & \vdots \\ V_{t-L,t|t} & V_{t-L,t-1|t} & \cdots & V_{t-L,t-L|t} \end{pmatrix} \\
&= \begin{pmatrix} V_{t,t|t-1} & V_{t,t-1|t-1} & \cdots & V_{t,t-L|t-1} \\ V_{t-1,t|t-1} & V_{t-1,t-1|t-1} & \cdots & V_{t-1,t-L|t-1} \\ \vdots & \vdots & \ddots & \vdots \\ V_{t-L,t|t-1} & V_{t-L,t-1|t-1} & \cdots & V_{t-L,t-L|t-1} \end{pmatrix} \\
&- \begin{pmatrix} K_t(0) H_t V_{t,t|t-1} & K_t(0) H_t V_{t,t-1|t-1} & \cdots & K_t(0) H_t V_{t,t-L|t-1} \\ K_t(1) H_t V_{t,t|t-1} & K_t(1) H_t V_{t,t-1|t-1} & \cdots & K_t(1) H_t V_{t,t-L|t-1} \\ \vdots & \vdots & \ddots & \vdots \\ K_t(L) H_t V_{t,t|t-1} & K_t(L) H_t V_{t,t-1|t-1} & \cdots & K_t(L) H_t V_{t,t-L|t-1} \end{pmatrix}
\end{aligned} \tag{4.137}$$

となり，まとめて書くと

$$V_{t-j,t-s|t} = V_{t-j,t-s|t-1} - K_t(j) H_t V_{t,t-s|t-1} \quad (j, s = 0, \cdots, L) \tag{4.138}$$

となる．また，

$$\begin{aligned} K_t(j) H_t V_{t,t-s|t-1} &= V_{t-j,t|t-1} H_t' \left(H_t V_{t,t|t-1} H_t' + R_t \right)^{-1} H_t V_{t,t-s|t-1} \\ &= V_{t-j,t|t-1} H_t' K_t'(s) \end{aligned} \tag{4.139}$$

を考えれば，(4.137) 式で与えられる行列が対称行列であることがわかる．以上から，固定ラグ平滑化のアルゴリズムを得る．このアルゴリズムは，固定点平滑化で危惧したような矛盾は現れない．

b. アルゴリズム

固定ラグ平滑化のアルゴリズムは，次のように与えられる．

固定ラグ平滑化のアルゴリズム

[初期条件] $\boldsymbol{x}_{0|0}, \boldsymbol{x}_{-1|0}, \cdots, \boldsymbol{x}_{-L|0}, V_{0|0}, V_{-1|0}, \cdots, V_{-L|0}$ を与える．

$t = 1, \cdots, T$ に対して，次を行う．

[一期先予測]

$$\boldsymbol{x}_{t|t-1} = F_t \boldsymbol{x}_{t-1|t-1} \tag{4.140}$$

$$V_{t,t|t-1} = F_t V_{t-1,t-1|t-1} F_t' + G_t Q_t G_t' \tag{4.141}$$

$$V_{t-j,t|t-1} = V_{t-j,t-1|t-1} F_t' \quad (j = 1, \cdots, L) \tag{4.142}$$

[フィルタ]

$$K_t(j) = V_{t-j,t|t-1} H_t' \left(H_t V_{t,t|t-1} H_t' + R_t \right)^{-1} \quad (j = 0, \cdots, L) \tag{4.143}$$

$$\boldsymbol{x}_{t-j|t} = \boldsymbol{x}_{t-j|t-1} + K_t(j) \left(\boldsymbol{y}_t - H_t \boldsymbol{x}_{t|t-1} \right) \quad (j = 0, \cdots, L) \tag{4.144}$$

$$V_{t-j,t-s|t} = V_{t-j,t-s|t-1} - K_t(j) H_t V_{t,t-s|t-1} \quad (j, s = 0, \cdots, L; j \geq s) \tag{4.145}$$

上のフィルタの操作のうち，$j \geq 1$, $s \geq 1$ の場合が固定ラグ平滑化の操作にあたる．初期条件として，システムモデルで定義されていない時間ステップ $t = -1, \cdots, -L$ での状態の平均ベクトルと分散共分散行列を便宜的に与える必要がある．これらは任意の値を与えてよく，以降の時間ステップでの推定値には影響しない．$K_t(j)$ を固定ラグ平滑ゲインという．

4.4.3 固定区間平滑化

固定区間平滑化のアルゴリズムは，これまでの固定点平滑化，固定ラグ平滑化のようにカルマンフィルタの拡張では得られない．$p(\boldsymbol{x}_{t+1}|\boldsymbol{x}_t)$ を $\boldsymbol{v}_{t+1}$ について展開すると，平滑化分布の式 (4.7) は

$$p(\boldsymbol{x}_t|\boldsymbol{y}_{1:T}) = \int \frac{p(\boldsymbol{x}_t|\boldsymbol{y}_{1:t})}{p(\boldsymbol{x}_{t+1}|\boldsymbol{y}_{1:t})}\left[\int p(\boldsymbol{x}_{t+1}|\boldsymbol{v}_{t+1},\boldsymbol{x}_t)\,p(\boldsymbol{v}_{t+1})\,d\boldsymbol{v}_{t+1}\right] \times p(\boldsymbol{x}_{t+1}|\boldsymbol{y}_{1:T})\,d\boldsymbol{x}_{t+1} \tag{4.146}$$

となる．この式に，以下の分布を代入して計算する．

$$\boldsymbol{x}_t|\boldsymbol{y}_{1:t} \sim N\left(\boldsymbol{x}_{t|t}, V_{t|t}\right) \tag{4.147}$$

$$\boldsymbol{x}_{t+1}|\boldsymbol{y}_{1:T} \sim N\left(\boldsymbol{x}_{t+1|T}, V_{t+1|T}\right) \tag{4.148}$$

$$\boldsymbol{x}_{t+1}|\boldsymbol{x}_t,\boldsymbol{v}_{t+1} \sim N\left(F_{t+1}\boldsymbol{x}_t + G_{t+1}\boldsymbol{v}_{t+1}, \varepsilon^2 I_k\right) \tag{4.149}$$

$$\boldsymbol{v}_{t+1} \sim N(\boldsymbol{0}, Q_{t+1}) \tag{4.150}$$

(4.147),(4.148) 式はそれぞれ，$\boldsymbol{x}_t$ のフィルタ分布，$\boldsymbol{x}_{t+1}$ の平滑化分布が正規分布であることを仮定したもの，(4.149) 式はシステムモデル (4.8) から得られる $\boldsymbol{x}_{t+1}$ の条件付き分布，(4.150) 式はシステムノイズに関する仮定である．

(4.146) 式の計算の順番は，以下の通りである．

1) 中括弧内を求める

2) 被積分関数のうち，初めから中括弧までの積を求める

3) 全体の積分を実施する

以下では，この計算過程を詳述するが，詳細に興味のない読者は，得られる結果である (4.163) 式に飛んでも差し支えない．

1) まず，

$$p(\boldsymbol{x}_{t+1}|\boldsymbol{x}_t) = \int p(\boldsymbol{x}_{t+1}|\boldsymbol{x}_t,\boldsymbol{v}_{t+1})\,p(\boldsymbol{v}_{t+1})\,d\boldsymbol{v}_{t+1} \tag{4.151}$$

を求める．これは，(4.15)〜(4.18) 式を用いた手順と同様にして，

$$\boldsymbol{x}_{t+1}|\boldsymbol{x}_t \sim N\left(F_{t+1}\boldsymbol{x}_t, G_{t+1}Q_{t+1}G'_{t+1} + \varepsilon^2 I_k\right) \tag{4.152}$$

となる.

2) つづいて,

$$p\left(\boldsymbol{x}_t|\boldsymbol{x}_{t+1}, \boldsymbol{y}_{1:t}\right) = \frac{p\left(\boldsymbol{x}_{t+1}|\boldsymbol{x}_t\right) p\left(\boldsymbol{x}_t|\boldsymbol{y}_{1:t}\right)}{p\left(\boldsymbol{x}_{t+1}|\boldsymbol{y}_{1:t}\right)} \tag{4.153}$$

を求める. マルコフ性 (3.11) より, $p(\boldsymbol{x}_{t+1}|\boldsymbol{x}_t) = p(\boldsymbol{x}_{t+1}|\boldsymbol{x}_t, \boldsymbol{y}_{1:t})$ が成り立つので (4.152) 式および (4.147) 式から, $\boldsymbol{\theta} = \boldsymbol{x}_t$, $\bar{\boldsymbol{\theta}} = \boldsymbol{x}_{t|t}$, $V = V_{t|t}$, $\boldsymbol{y} = \boldsymbol{x}_{t+1}$, $H = F_{t+1}$, $R = G_{t+1}Q_{t+1}G'_{t+1} + \varepsilon^2 I_k$ のもとで補題 3 が適用できて,

$$\boldsymbol{x}_t|\boldsymbol{x}_{t+1}, \boldsymbol{y}_{1:t} \sim N\left(\boldsymbol{\zeta}, U\right) \tag{4.154}$$

となる. ここで,

$$\begin{aligned}
&\boldsymbol{\zeta} \\
&= \boldsymbol{x}_{t|t} + V_{t|t}F'_{t+1}\left(F_{t+1}V_{t|t}F'_{t+1} + G_{t+1}Q_{t+1}G'_{t+1} + \varepsilon^2 I_k\right)^{-1}\left(\boldsymbol{x}_{t+1} - F_{t+1}\boldsymbol{x}_{t|t}\right) \\
&= \boldsymbol{x}_{t|t} + V_{t|t}F'_{t+1}\left(V_{t+1|t} + \varepsilon^2 I_k\right)^{-1}\left(\boldsymbol{x}_{t+1} - \boldsymbol{x}_{t+1|t}\right) \qquad (4.155) \\
&\to \boldsymbol{x}_{t|t} + V_{t|t}F'_{t+1}V_{t+1|t}^{-1}\left(\boldsymbol{x}_{t+1} - \boldsymbol{x}_{t+1|t}\right) \quad (\varepsilon \to +0) \qquad (4.156)
\end{aligned}$$

$$\begin{aligned}
U &= V_{t|t} - V_{t|t}F'_{t+1}\left(F_{t+1}V_{t|t}F'_{t+1} + G_{t+1}Q_{t+1}G'_{t+1} + \varepsilon^2 I_k\right)^{-1} F_{t+1}V_{t|t} \\
&= V_{t|t} - V_{t|t}F'_{t+1}\left(V_{t+1|t} + \varepsilon^2 I_k\right)^{-1} F_{t+1}V_{t|t} \qquad (4.157) \\
&\to V_{t|t} - V_{t|t}F'_{t+1}V_{t+1|t}^{-1}F_{t+1}V_{t|t} \quad (\varepsilon \to +0) \qquad (4.158)
\end{aligned}$$

とおいた. 各 2 番目の等号では, 一期先予測分布の平均ベクトル (4.43) および分散共分散行列 (4.44) を用いた.

3) 最後に, (4.148), (4.154) 式より,

$$p\left(\boldsymbol{x}_t|\boldsymbol{y}_{1:T}\right) = \int p\left(\boldsymbol{x}_t|\boldsymbol{x}_{t+1}, \boldsymbol{y}_{1:t}\right) p\left(\boldsymbol{x}_{t+1}|\boldsymbol{y}_{1:T}\right) d\boldsymbol{x}_{t+1} \tag{4.159}$$

を求める. まず, (3.19) 式より, $p(\boldsymbol{x}_t|\boldsymbol{x}_{t+1}, \boldsymbol{y}_{1:t}) = p(\boldsymbol{x}_t|\boldsymbol{x}_{t+1}, \boldsymbol{y}_{1:T})$ が成り立つ. (4.154) 式の平均ベクトルを陽に書くと,

$$\boldsymbol{x}_t|\boldsymbol{x}_{t+1}, \boldsymbol{y}_{1:T} \sim N\left(\boldsymbol{x}_{t|t} + V_{t|t}F'_{t+1}V_{t+1|t}^{-1}\left(\boldsymbol{x}_{t+1} - \boldsymbol{x}_{t+1|t}\right), U\right) \tag{4.160}$$

であるが，補題 2 の適用を見据えて，平均ベクトルが $\boldsymbol{x}_{t+1}$ の線形で表されるように変形すると，

$$\boldsymbol{x}_t - \boldsymbol{x}_{t|t} + V_{t|t}F'_{t+1}V_{t+1|t}^{-1}\boldsymbol{x}_{t+1|t}\Big|\boldsymbol{x}_{t+1}, \boldsymbol{y}_{1:T} \sim N\left(V_{t|t}F'_{t+1}V_{t+1|t}^{-1}\boldsymbol{x}_{t+1}, U\right) \tag{4.161}$$

となる．(4.148), (4.161) 式を用いると，補題 2 が適用可能となり，$\boldsymbol{\theta} = \boldsymbol{x}_{t+1}, \bar{\boldsymbol{\theta}} = \boldsymbol{x}_{t+1|T}$, $V = V_{t+1|T}$, $\boldsymbol{x} = \boldsymbol{x}_t - \boldsymbol{x}_{t|t} + V_{t|t}F'_{t+1}V_{t+1}^{-1}\boldsymbol{x}_{t+1|t}$, $F = V_{t|t}F'_{t+1}V_{t+1|t}^{-1}$, $R = U$ に対して，

$$\begin{aligned}&\boldsymbol{x}_t - \boldsymbol{x}_{t|t} + V_{t|t}F'_{t+1}V_{t+1|t}^{-1}\boldsymbol{x}_{t+1|t}|\boldsymbol{y}_{1:T}\\ &\sim N\left(V_{t|t}F'_{t+1}V_{t+1|t}^{-1}\boldsymbol{x}_{t+1|T}, V_{t|t}F'_{t+1}V_{t+1|t}^{-1}V_{t+1|T}\left(V_{t|t}F'_{t+1}V_{t+1|t}^{-1}\right)' + U\right)\end{aligned} \tag{4.162}$$

すなわち，

$$\boldsymbol{x}_t|\boldsymbol{y}_{1:T} \sim N\left(\boldsymbol{x}_{t|T}, V_{t|T}\right) \tag{4.163}$$

となり，固定区間平滑化分布もガウス分布となることがわかる．ここで，

$$\begin{aligned}\boldsymbol{x}_{t|T} &= \boldsymbol{x}_{t|t} + V_{t|t}F'_{t+1}V_{t+1|t}^{-1}\left(\boldsymbol{x}_{t+1|T} - \boldsymbol{x}_{t+1|t}\right)\\ &= \boldsymbol{x}_{t|t} + A_t\left(\boldsymbol{x}_{t+1|T} - \boldsymbol{x}_{t+1|t}\right) \qquad (4.164)\\ V_{t|T} &= V_{t|t}F'_{t+1}V_{t+1|t}^{-1}V_{t+1|T}V_{t+1|t}^{-1}F_{t+1}V_{t|t} + U\\ &= V_{t|t} + V_{t|t}F'_{t+1}V_{t+1|t}^{-1}\left(V_{t+1|T} - V_{t+1|t}\right)V_{t+1|t}^{-1}F_{t+1}V_{t|t}\\ &= V_{t|t} + A_t\left(V_{t+1|T} - V_{t+1|t}\right)A'_t \qquad (4.165)\end{aligned}$$

である．ここで $k \times k$ 行列

$$A_t = V_{t|t}F'_{t+1}V_{t+1|t}^{-1} \tag{4.166}$$

を定義し，これを固定区間平滑ゲインと呼ぶ．

(4.164),(4.165) 式より，$\boldsymbol{x}_{T|T}, V_{T|T}$ を与えれば，$t = T-1, \cdots, 1, 0$ と時点をさかのぼる順で平滑化推定値が得られる．

固定区間平滑化のアルゴリズム

[初期条件]　$\boldsymbol{x}_{T|T}, V_{T|T}$ を与える．

[平滑化]　$t = T-1, \cdots, 0$ に対して，

$$\boldsymbol{x}_{t|T} = \boldsymbol{x}_{t|t} + A_t\left(\boldsymbol{x}_{t+1|T} - \boldsymbol{x}_{t+1|t}\right) \tag{4.167}$$

$$V_{t|T} = V_{t|t} + A_t\left(V_{t+1|T} - V_{t+1|t}\right)A_t' \tag{4.168}$$

$$A_t = V_{t|t}F_{t+1}'V_{t+1|t}^{-1} \tag{4.169}$$

を計算する．

初期条件で必要な $\boldsymbol{x}_{T|T}, V_{T|T}$ は，カルマンフィルタの $t = T$ での推定値として得られている．右辺に登場する予測推定値 $\boldsymbol{x}_{t+1|t}, V_{t+1|t}$，フィルタ推定値 $\boldsymbol{x}_{t|t}, V_{t|t}$ は，カルマンフィルタの計算過程で得られたものである．

ここで示した固定区間平滑化のアルゴリズムは，提案者の名 Rouch, Tung, Striebel をとって **RTS 平滑化**[47] とも呼ばれる．

4.4.4 適　用　例

4.3.4 項で紹介した 1 階トレンドモデルとデータに対して，平滑化の適用例を示す．

図 4.7 には，固定点 $s = 0$ での固定点平滑化推定値 $\boldsymbol{x}_{0|t}, V_{0|t}$ を示している．$t = 0$ では初めに与えた $\boldsymbol{x}_{0|0} = 0.909, V_{0|0} = 32.2$ である．$t > 0$ での平滑化を繰り返すことにより，平均は一定値 -0.157 に収束し，分散は減少しながら一定値 0.0651 に落ち着く．

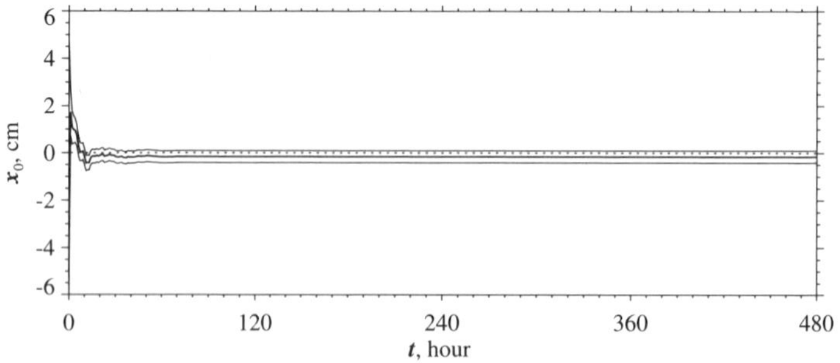

図 4.7　$\boldsymbol{x}_0$ の (固定点を $s = 0$ としたときの) 固定点平滑化推定値 $\boldsymbol{x}_{0|t}$ とその標準偏差 $\pm\sqrt{V_{0|t}}$

図 4.8(a) には，固定ラグ平滑化推定値 (ラグ $L=10$) を示した．カルマンフィルタによるフィルタ推定値図 4.3(d) よりも 24 ステップ周期の変動振幅が小さくなり，滑らかな推定値が得られていることがわかる．ラグが 10 に及ばない最後の 10 ステップ ($t=471,\cdots,480$) では，それぞれラグを $9,\cdots,0$ として得られた推定値を示している．最終時点 $t=T=480$ での推定値は，フィルタ推定値である．

図 4.8(b) には，固定区間平滑化推定値が示してある．24 ステップの周期変動がほぼ見られなくなり，$t=360$ 以降の減少トレンドがよくとらえられている．$t=0$ の推定値は，$t=T=480$ での固定点平滑化推定値 (図 4.7) と一致する．$t=T=480$ での推定値は，フィルタ推定値と同じである．また，固定区間平滑化推定値では，24 ステップごとに現れる極小のタイミングが縦の破線で表されるデータのスパイクのタイミングと一致するようになった．一方で，フィルタ推定

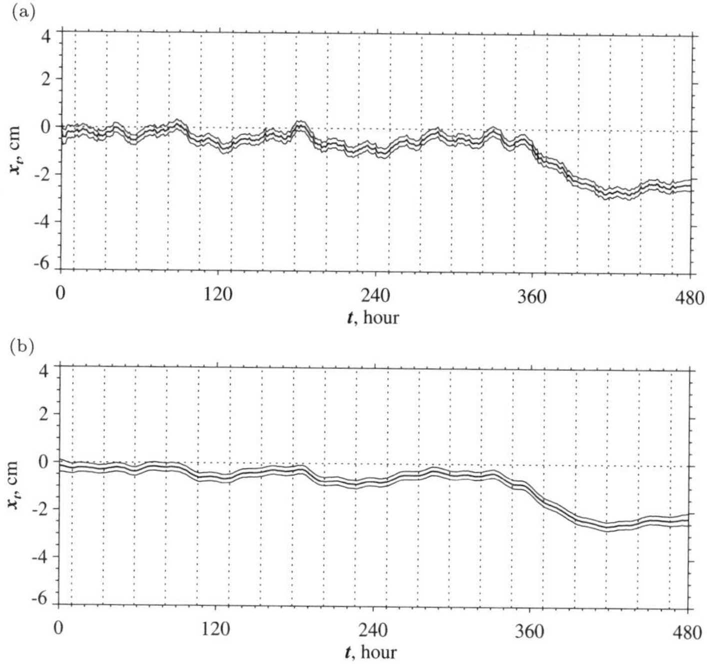

図 **4.8**　(a) ラグを $L=10$ としたときの固定ラグ平滑化推定値 $\boldsymbol{x}_{t|t+10}$ とその標準偏差 $\pm\sqrt{V_{t|t+10}}$，(b) 固定区間平滑化推定値 $\boldsymbol{x}_{t|480}$ とその標準偏差 $\pm\sqrt{V_{t|480}}$

値 (図 4.3(d)) でのピークのタイムステップは，データより遅れていたことに注意されたい．これは，フィルタ推定値では現時点までのデータを用いて推定する都合上，どうしてもデータに対して位相が遅れた推定値となってしまうためである．一方で，固定区間平滑化推定値では過去と現在だけでなく，未来のデータを用いるために，位相の遅れが修正される．

図 4.8(a) で示した固定ラグ平滑化のプロファイルは，フィルタ推定値と固定区間平滑化推定値の間にあることも見て取れる．すなわち，データへの追従の度合いが強いフィルタ推定値と，より緩やかな変化のプロファイルを描く固定区間平滑化推定値との中間の変化を示している．これは，フィルタ推定値がラグ 0 の平滑化，固定区間平滑化がラグ T の平滑化と同値であることを考えれば妥当である．

4.4.5 ま と め

線形・ガウス状態空間モデルに対して，固定点平滑化，固定ラグ平滑化，固定区間平滑化のアルゴリズムを導出した．固定点平滑化，固定ラグ平滑化の導出には，拡大システムにカルマンフィルタのアルゴリズムを用いた．固定点平滑化のアルゴリズムの設計においては，カルマンフィルタのアルゴリズムを単純に拡張するだけでは矛盾をはらむので，注意が必要である．次章以降で述べるアンサンブルカルマンスムーザ (EnKS)，粒子スムーザ (PS) は固定ラグ平滑化の拡張形である．固定点平滑化は，初期値はカルマンフィルタの最終タイムステップのフィルタ推定値とし，一期先予測推定値，フィルタ推定値を用いたアルゴリズムである．なお，4.4.3 項の確率分布の導出は，Kitagawa and Gersch[27)] を参考にした．4.4.1, 4.4.2 項は，片山[64)] によった．固定点平滑化・固定ラグ平滑化のアルゴリズムの解説はあまり見かけないので，丁寧に述べた．

4.5 線形最小分散推定，直交射影，線形最小分散フィルタ

本章を終わるにあたり，従来の文献に広く見られる，線形最小分散推定，直交射影に基づいたカルマンフィルタの導出について触れておきたい．ここでは詳細は割愛し事実を中心に述べるが，証明などは片山[64)] を参照されたい．

本章では，線形・ガウス状態空間モデルに対して，初期状態をガウス分布に従う

としたとき，フィルタ分布すなわち $\boldsymbol{x}_t$ の $\boldsymbol{y}_{1:t}$ に関する条件付き分布がガウス分布となることを示し，その平均ベクトル $\boldsymbol{x}_{t|t}$ と分散共分散行列 $V_{t|t}$ を求めた．ところで，一般に，ガウス分布に限らず任意の条件付き分布に対して，$\|\boldsymbol{x}_t - \hat{\boldsymbol{x}}\|^2$ の期待値を最小にする $\hat{\boldsymbol{x}}_{\mathrm{MMSE}}$ は，$\boldsymbol{x}_t$ の最小分散推定値 (minimum mean square estimate; MMSE) と呼ばれ，条件付き分布の平均ベクトルに一致することが知られている．本章でフィルタ分布の平均ベクトル $\boldsymbol{x}_{t|t}$ を求めたが，これはフィルタ分布に対する $\boldsymbol{x}_t$ の最小分散推定値も $\hat{\boldsymbol{x}}_{\mathrm{MMSE}} = \boldsymbol{x}_{t|t}$ であることを示したものである．

一方，$\boldsymbol{y}_t$ の 1 次式 $\hat{\boldsymbol{x}} = A\boldsymbol{y}_t + \boldsymbol{b}$ の範囲内で $\|\boldsymbol{x}_t - \hat{\boldsymbol{x}}\|^2$ の期待値を最小にする $\hat{\boldsymbol{x}}_{\mathrm{LMMSE}}$ は，$\boldsymbol{x}_t$ の線形最小分散推定値 (linear minimum mean square estimate; LMMSE) と呼ばれる．$\hat{\boldsymbol{x}}_{\mathrm{LMMSE}}$ はまた，$\boldsymbol{y}_t$ の 1 次式で張られる空間の上への $\boldsymbol{x}_t$ の直交射影となることが知られている．条件が異なるために当然ではあるが，$\hat{\boldsymbol{x}}_{\mathrm{MMSE}}$ と $\hat{\boldsymbol{x}}_{\mathrm{LMMSE}}$ は一般には一致しない．しかし，$\boldsymbol{x}_t$ の分布がガウス分布である場合には一致することが示される．このときは，平均ベクトルが直交射影として得られるため，本章で紹介した確率分布の計算は不要となる．ただし，フィルタ分布がガウス分布であることは別の方法で示す必要がある．

興味深いのは，フィルタを線形フィルタのクラスに限って線形最小分散推定値，もしくは直交射影を用いると，システムノイズ，観測ノイズ，初期状態のガウス性の仮定を外した場合でも，カルマンフィルタと同じ形をした線形最小分散フィルタのアルゴリズムが得られることである．すなわち，線形フィルタで得られるフィルタ分布の平均ベクトルと分散共分散行列は，カルマンフィルタで得られるそれらと同一になるのである．ただし，ガウス性を仮定しなかったために，フィルタ分布はガウス分布になるとは限らない．

5

アンサンブルカルマンフィルタ

アンサンブルカルマンフィルタ (**ensemble Kalman filter**；以下必要に応じて EnKF)[11,12] は，逐次型のデータ同化分野において現在幅広く研究され，また用いられている手法である．カルマンフィルタは，状態空間モデルにおけるシステムモデル，観測モデルともに線形で，なおかつシステムノイズと観測ノイズがガウス分布である場合にのみ適用可能であり，非線形システムを扱うには何らかの工夫が必要である．例えば，拡張カルマンフィルタ[64] では，各状態変数周りで線形化を行って計算することになるが，システムが巨大になると，線形化が難しくなるといった問題や，推定が不安定になる[11] などの問題がある．アンサンブルカルマンフィルタは，モンテカルロ近似を用いて，システムモデルの線形化を行うことなく分散共分散行列の推定を行うことで，この問題を回避する．本章では，アンサンブルカルマンフィルタのアルゴリズムについて，手続きを示した上で導出を行う．

5.1　拡張カルマンフィルタ

本章では，システムモデルについては非線形，観測モデルについては線形の状態空間モデルを想定する：

$$\boldsymbol{x}_t = \boldsymbol{f}_t(\boldsymbol{x}_{t-1}, \boldsymbol{v}_t) \tag{5.1}$$

$$\boldsymbol{y}_t = H_t \boldsymbol{x}_t + \boldsymbol{w}_t \tag{5.2}$$

ただし，$\boldsymbol{x}_t$ は状態ベクトル，$\boldsymbol{y}_t$ は観測データを表し，観測ノイズ $\boldsymbol{w}_t$ は $N(\boldsymbol{0}, R_t)$ に従うものとする．これらは，3 章で出てきた (3.1), (3.4) 式と同じ式である．システムノイズ $\boldsymbol{v}_t \sim q_t(\boldsymbol{v}_t)$ は任意の分布でよい．

(5.1) 式のような非線形システムモデルがあった場合，カルマンフィルタの式を適用するために，状態 $\boldsymbol{x}_{t-1}$ と $\boldsymbol{v}_t$ の平均値 $\boldsymbol{x}_{t-1|t-1}$，$\hat{\boldsymbol{v}}_t$ の周りで線形化し，線形システムモデル (4.8) の形にすることが考えられる．すなわち

$$\hat{F}_t = \left.\frac{\partial \boldsymbol{f}_t}{\partial \boldsymbol{x}'_{t-1}}\right|_{(\boldsymbol{x}_{t-1},\boldsymbol{v}_t)=(\boldsymbol{x}_{t-1|t-1},\hat{\boldsymbol{v}}_t)} \tag{5.3}$$

$$\hat{G}_t = \left.\frac{\partial \boldsymbol{f}_t}{\partial \boldsymbol{v}'_t}\right|_{(\boldsymbol{x}_{t-1},\boldsymbol{v}_t)=(\boldsymbol{x}_{t-1|t-1},\hat{\boldsymbol{v}}_t)} \tag{5.4}$$

というヤコビ行列を考え，4.3.3 項の (4.43),(4.44) 式のかわりに

$$\boldsymbol{x}_{t|t-1} = \boldsymbol{f}_t(\boldsymbol{x}_{t-1|t-1}, \hat{\boldsymbol{v}}_t) \tag{5.5}$$

$$V_{t|t-1} = \hat{F}_t V_{t-1|t-1} \hat{F}'_t + \hat{G}_t Q_t \hat{G}'_t \tag{5.6}$$

を用いて一期先予測の計算を行う．フィルタでは，カルマンフィルタの更新式 (4.45)～(4.47) 式を用いればよい (非線形観測モデルの場合には，システムモデルと同様に線形化して，カルマンフィルタの更新式を適用する)．これを拡張カルマンフィルタ[64]と呼ぶ．拡張カルマンフィルタでは各時点で微分による線形化を行うため，解析的に微分ができない場合には数値微分を行う必要がある．$\boldsymbol{x}_{t-1}$ の次元が大きい場合，数値微分の計算は困難であり，さらに，(5.6) 式で求められる $V_{t|t-1}$ が不安定になる場合がある．EnKF では数値微分を使用しないため，この問題が回避できる．

5.2 アンサンブル近似

4 章で見たように，線形・ガウス状態空間モデルでは，状態変数はガウス分布に従う．しかし，線形性とシステム・観測ノイズのガウス性の仮定が崩れた場合には，状態変数の確率分布がガウス分布にはならない．ガウス分布では，平均と分散共分散行列が与えられれば，分布の形が一意に決まるので，カルマンフィルタのアルゴリズムを適用すればよい．しかし，一般には成り立たないので，一般の分布にも適用可能なフィルタの公式が必要である．

EnKF においては，アンサンブル近似を用いて分布の近似を行う．アンサンブル近似では，ある確率変数 $\boldsymbol{x}$ の確率分布を，N 個のサンプルの集合 $\{\boldsymbol{x}^{(i)}\}_{i=1}^{N}$ を

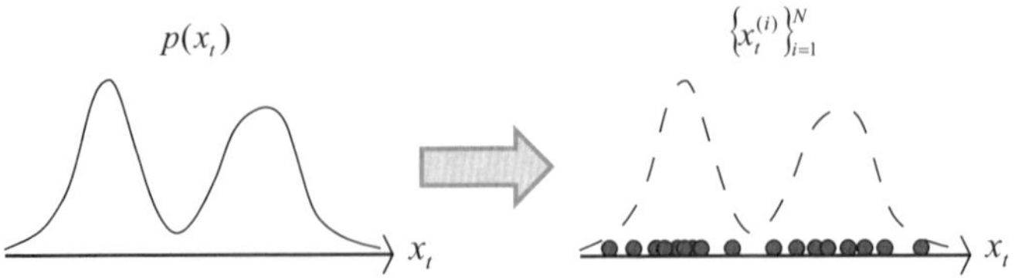

図 **5.1**　分布のアンサンブル近似のイメージ
1 次元の場合を表している．連続関数である確率密度関数を，
N 個のデルタ関数の和で近似している．

用いて以下のように近似する (図 5.1)：

$$p(\boldsymbol{x}) \doteq \frac{1}{N}\sum_{i=1}^{N}\delta\left(\boldsymbol{x}-\boldsymbol{x}^{(i)}\right) \tag{5.7}$$

$\doteq$ はアンサンブル近似 (あるいはモンテカルロ近似) を表す．ある関数 $\boldsymbol{f}(\boldsymbol{x})$ について，(1.14) 式で見たように，デルタ関数との畳み込みの計算が

$$\int \boldsymbol{f}(\boldsymbol{x})\delta\left(\boldsymbol{x}-\boldsymbol{x}^{(i)}\right)d\boldsymbol{x} = \boldsymbol{f}\left(\boldsymbol{x}^{(i)}\right) \tag{5.8}$$

であることから，$\boldsymbol{x}$ が $p(\boldsymbol{x})$ に従うときの $\boldsymbol{f}(\boldsymbol{x})$ の期待値 $E[\boldsymbol{f}(\boldsymbol{x})]$ が

$$\begin{aligned}
E[\boldsymbol{f}(\boldsymbol{x})] &= \int \boldsymbol{f}(\boldsymbol{x})p(\boldsymbol{x})d\boldsymbol{x} \\
&\doteq \int \boldsymbol{f}(\boldsymbol{x})\left(\frac{1}{N}\sum_{i=1}^{N}\delta\left(\boldsymbol{x}-\boldsymbol{x}^{(i)}\right)\right)d\boldsymbol{x} \\
&= \frac{1}{N}\sum_{i=1}^{N}\int \boldsymbol{f}(\boldsymbol{x})\delta\left(\boldsymbol{x}-\boldsymbol{x}^{(i)}\right)d\boldsymbol{x} \\
&= \frac{1}{N}\sum_{i=1}^{N}\boldsymbol{f}\left(\boldsymbol{x}^{(i)}\right)
\end{aligned}$$

と近似できることが確かめられる．このサンプル集合 $\{\boldsymbol{x}^{(i)}\}_{i=1}^{N}$ のことをアンサンブルと呼ぶ．また，各 $\boldsymbol{x}^{(i)}$ をアンサンブルメンバーまたは粒子と呼ぶ．また，N をアンサンブルメンバー数 (あるいは単にメンバー数)，または粒子数と呼ぶ．

5.3　アンサンブルカルマンフィルタの手続き

EnKF では，(5.1),(5.2) 式で与えられる状態空間モデルのもと，カルマンフィルタと同様に一期先予測とフィルタの 2 つの手順を繰り返す．その際に，カルマ

ンフィルタでは平均値と分散共分散行列を逐次的に計算したが，EnKF では予測分布とフィルタ分布のアンサンブルを逐次的に計算していくことになる．以下ではこの更新則を示す．

時刻 $t-1$ でのフィルタ分布 $p(\boldsymbol{x}_{t-1}|\boldsymbol{y}_{1:t-1})$ を近似する N 個のメンバーからなるアンサンブル $\{\boldsymbol{x}_{t-1|t-1}^{(i)}\}_{i=1}^{N}$ が準備されているものとする．すなわち

$$p(\boldsymbol{x}_{t-1}|\boldsymbol{y}_{1:t-1}) \doteq \frac{1}{N}\sum_{i=1}^{N}\delta\left(\boldsymbol{x}_{t-1}-\boldsymbol{x}_{t-1|t-1}^{(i)}\right) \tag{5.9}$$

となっているとする．このアンサンブルと時刻 t での観測 $\boldsymbol{y}_t$ から

$$p(\boldsymbol{x}_t|\boldsymbol{y}_{1:t}) \doteq \frac{1}{N}\sum_{i=1}^{N}\delta\left(\boldsymbol{x}_t-\boldsymbol{x}_{t|t}^{(i)}\right) \tag{5.10}$$

となる $\{\boldsymbol{x}_{t|t}^{(i)}\}_{i=1}^{N}$ を求める以下の一連の手続きが，EnKF である．

5.3.1 一 期 先 予 測

一期先予測においては，各アンサンブルメンバー $\boldsymbol{x}_{t-1|t-1}^{(i)}$ を，システムモデルに基づいて更新し，予測分布のアンサンブル $\{\boldsymbol{x}_{t|t-1}^{(i)}\}_{i=1}^{N}$ を得る：

$$\boldsymbol{x}_{t|t-1}^{(i)} = \boldsymbol{f}_t\left(\boldsymbol{x}_{t-1|t-1}^{(i)}, \boldsymbol{v}_t^{(i)}\right), \quad \boldsymbol{v}_t^{(i)} \sim q_t(\boldsymbol{v}_t) \tag{5.11}$$

手続きとしては，次の 2 ステップからなる：

- 乱数を用いて，$\boldsymbol{v}_t^{(i)} \sim q_t(\boldsymbol{v}_t)$ に従うシステムノイズのアンサンブル $\{\boldsymbol{v}_t^{(i)}\}_{i=1}^{N}$ を生成する (乱数の生成法については，付録 A.5 参照)．
- 各 i に対して，$\boldsymbol{x}_{t|t-1}^{(i)} = \boldsymbol{f}_t(\boldsymbol{x}_{t-1|t-1}^{(i)}, \boldsymbol{v}_t^{(i)})$ を計算する．

この一期先予測の手順は，6 章で述べる粒子フィルタと全く同じ手続きである．アンサンブルカルマンフィルタでは，状態変数ベクトルの一期先予測を求めるところで，シミュレーションモデルを $\boldsymbol{f}_t$ に使用する．ここで重要なのは，$\boldsymbol{f}_t(\boldsymbol{x}_{t-1}, \boldsymbol{v}_t)$ にアンサンブルメンバー $\boldsymbol{x}_{t-1|t-1}^{(i)}$ をそのまま代入している点である．これにより，$\boldsymbol{f}_t$ の線形化が不要となる．また，アンサンブルから一期先予測の分散共分散行列を得ることができるので，(拡張) カルマンフィルタのように陽にフィルタ分散共分散行列から一期先予測の分散共分散行列を計算する必要がなくなる．その結果，計算量の削減や安定性の向上が可能となる．

5.3.2 フィルタ

EnKF におけるフィルタの操作，すなわち一期先予測分布のアンサンブルからフィルタ分布のアンサンブルを得る手続きは以下の通りである．

まず，観測ノイズのアンサンブル $\{\boldsymbol{w}_t^{(i)}\}_{i=1}^N$ を $N(\boldsymbol{0}, R_t)$ から付録 A.5 に従って生成し，状態変数ベクトルならびに観測ノイズのサンプル分散共分散行列 $\hat{V}_t, \hat{R}_t$ を計算する：

$$\check{\boldsymbol{x}}_{t|t-1}^{(i)} = \boldsymbol{x}_{t|t-1}^{(i)} - \frac{1}{N}\sum_{j=1}^{N}\boldsymbol{x}_{t|t-1}^{(j)} \tag{5.12}$$

$$\hat{V}_{t|t-1} = \frac{1}{N-1}\sum_{j=1}^{N}\check{\boldsymbol{x}}_{t|t-1}^{(j)}\check{\boldsymbol{x}}_{t|t-1}^{(j)\prime} \tag{5.13}$$

$$\check{\boldsymbol{w}}_t^{(i)} = \boldsymbol{w}_t^{(i)} - \frac{1}{N}\sum_{j=1}^{N}\boldsymbol{w}_t^{(j)} \tag{5.14}$$

$$\hat{R}_t = \frac{1}{N-1}\sum_{j=1}^{N}\check{\boldsymbol{w}}_t^{(j)}\check{\boldsymbol{w}}_t^{(j)\prime} \tag{5.15}$$

次に，カルマンフィルタのカルマンゲインの式 (4.37) に準じて，サンプル分散共分散行列から次の量を求める：

$$\hat{K}_t = \hat{V}_{t|t-1}H_t'(H_t\hat{V}_{t|t-1}H_t' + \hat{R}_t)^{-1} \tag{5.16}$$

ただし，観測の次元 l がメンバー数 N より大きい場合などに対応するため，逆行列はムーア–ペンローズ型一般化逆行列[73)]を用いる．最後にカルマンフィルタの更新則によって，フィルタ分布のアンサンブルメンバーを得る：

$$\boldsymbol{x}_{t|t}^{(i)} = \boldsymbol{x}_{t|t-1}^{(i)} + \hat{K}_t\Big(\boldsymbol{y}_t + \check{\boldsymbol{w}}_t^{(i)} - H_t\boldsymbol{x}_{t|t-1}^{(i)}\Big) \tag{5.17}$$

(5.17) 式で，$\check{\boldsymbol{w}}_t^{(i)}$ を加えていることに注意が必要である．ここで，$\boldsymbol{y}_t + \check{\boldsymbol{w}}_t^{(i)}$ を擾乱付き観測と呼ぶ．すなわち，EnKF におけるフィルタでは，状態変数の各アンサンブルメンバーに観測ノイズのアンサンブルメンバーを加える手続きが含まれている．この点は，カルマンフィルタの平均値を求める手順とは異なっている．EnKF の手続きにおいて求めるものは，条件付き分布の平均ではなく，分布のアンサンブル近似である．後述するように，$\check{\boldsymbol{w}}_t^{(i)}$ の項を加えることで，線形・ガウス状態空間モデルであった場合に得られるアンサンブルのサンプル分散共分散行列が，カルマンフィルタによる推定と近似的に一致するように構成されている．なお，発生させた観測ノイズのサンプル $\boldsymbol{w}_t^{(i)}$ は，(5.16) 式内の $\hat{K}_t$ と (5.17) 式の括弧内の $\check{\boldsymbol{w}}_t^{(i)}$ を通じて，フィルタ分布のアンサンブルメンバーの構成に影響を与える．

また，発生させたサンプル $\{\boldsymbol{w}_t^{(i)}\}_{i=1}^N$ より計算される $\hat{R}_t$ は，あらかじめ与えられている R_t で代替することが可能である．

5.3.3 手続きのまとめ

以上の EnKF の手続きをまとめると次のようになる：

1) 初期状態のアンサンブル $\{\boldsymbol{x}_{0|0}^{(i)}\}_{i=1}^N$ を生成する．また，$t \leftarrow 1$ とする．
2) 以下を行う．
   (a) 一期先予測
      i. システムノイズのアンサンブル $\{\boldsymbol{v}_t^{(i)}\}_{i=1}^N$ を発生させる．
      ii. 各 i に対して，$\boldsymbol{x}_{t|t-1}^{(i)} = \boldsymbol{f}_t(\boldsymbol{x}_{t-1|t-1}^{(i)}, \boldsymbol{v}_t^{(i)})$ を計算する．
   (b) フィルタ
      i. 観測ノイズのアンサンブル $\{\boldsymbol{w}_t^{(i)}\}_{i=1}^N$ を発生させる．
      ii. 分散共分散行列 $\hat{V}_{t|t-1}, \hat{R}_t$ ならびに $\hat{K}_t$ を，(5.13),(5.15) および (5.16) 式から計算する．
      iii. 各 i に対して，$\boldsymbol{x}_{t|t}^{(i)} = \boldsymbol{x}_{t|t-1}^{(i)} + \hat{K}_t(\boldsymbol{y}_t + \check{\boldsymbol{w}}_t^{(i)} - H_t\boldsymbol{x}_{t|t-1}^{(i)})$ を計算し，フィルタアンサンブル $\{\boldsymbol{x}_{t|t}^{(i)}\}_{i=1}^N$ を得る．
3) $t = T$ ならば停止．それ以外は，$t \leftarrow t+1$ として，2) に戻る．

1) のステップについては，問題によりさまざまな構成法が考えられる．8 章にその一例が与えられている．

5.4 アンサンブルカルマンフィルタの特性

前節において EnKF の手続きについて示したが，EnKF には本節で以下に示すような 2 つの好ましい性質がある．それは，一期先予測の手続きを行うことで求められるアンサンブルが，予測分布のよい近似となっていることと，EnKF のフィルタにおいて得られるアンサンブルのサンプル平均ならびに分散共分散行列が，カルマンフィルタによる平均と分散共分散行列に近似的に一致することである．

5.4.1 一期先予測

5.3.1 項で示した一期先予測の手続きにより，求めるアンサンブルが得られていることは以下で示される．(3.11) 式に示したマルコフ性

$$p(\boldsymbol{x}_t|\boldsymbol{y}_{1:t-1}, \boldsymbol{x}_{t-1}) = p(\boldsymbol{x}_t|\boldsymbol{x}_{t-1}) \tag{5.18}$$

が成り立つので，一期先予測の分布は

$$\begin{aligned}
&p(\boldsymbol{x}_t|\boldsymbol{y}_{1:t-1}) \\
&= \int p(\boldsymbol{x}_t|\boldsymbol{x}_{t-1}, \boldsymbol{y}_{1:t-1}) p(\boldsymbol{x}_{t-1}|\boldsymbol{y}_{1:t-1}) d\boldsymbol{x}_{t-1} \\
&= \int p(\boldsymbol{x}_t|\boldsymbol{x}_{t-1}) p(\boldsymbol{x}_{t-1}|\boldsymbol{y}_{1:t-1}) d\boldsymbol{x}_{t-1} \\
&= \int \left\{ \int p(\boldsymbol{x}_t, \boldsymbol{v}_t|\boldsymbol{x}_{t-1}) d\boldsymbol{v}_t \right\} p(\boldsymbol{x}_{t-1}|\boldsymbol{y}_{1:t-1}) d\boldsymbol{x}_{t-1} \\
&= \int \left\{ \int p(\boldsymbol{x}_t|\boldsymbol{x}_{t-1}, \boldsymbol{v}_t) p(\boldsymbol{v}_t|\boldsymbol{x}_{t-1}) d\boldsymbol{v}_t \right\} p(\boldsymbol{x}_{t-1}|\boldsymbol{y}_{1:t-1}) d\boldsymbol{x}_{t-1} \\
&= \int\int p(\boldsymbol{x}_t|\boldsymbol{x}_{t-1}, \boldsymbol{v}_t) p(\boldsymbol{v}_t|\boldsymbol{x}_{t-1}) p(\boldsymbol{x}_{t-1}|\boldsymbol{y}_{1:t-1}) d\boldsymbol{x}_{t-1} d\boldsymbol{v}_t
\end{aligned} \tag{5.19}$$

となる．$\boldsymbol{v}_t$ と $\boldsymbol{y}_{1:t-1}$，および $\boldsymbol{v}_t$ と $\boldsymbol{x}_{t-1}$ がそれぞれ独立なので

$$\begin{aligned}
&p(\boldsymbol{v}_t|\boldsymbol{x}_{t-1}) p(\boldsymbol{x}_{t-1}|\boldsymbol{y}_{1:t-1}) \\
&= p(\boldsymbol{v}_t) p(\boldsymbol{x}_{t-1}|\boldsymbol{y}_{1:t-1}) \\
&= p(\boldsymbol{x}_{t-1}, \boldsymbol{v}_t|\boldsymbol{y}_{1:t-1}) \\
&\doteq \frac{1}{N} \sum_{i=1}^{N} \delta\left(\begin{pmatrix} \boldsymbol{x}_{t-1} \\ \boldsymbol{v}_t \end{pmatrix} - \begin{pmatrix} \boldsymbol{x}_{t-1|t-1}^{(i)} \\ \boldsymbol{v}_t^{(i)} \end{pmatrix} \right)
\end{aligned} \tag{5.20}$$

と表現される．ただし，$\boldsymbol{x}_{t-1}$ と $\boldsymbol{v}_t$ が独立であるので，

$$\delta\left(\begin{pmatrix} \boldsymbol{x}_{t-1} \\ \boldsymbol{v}_t \end{pmatrix} - \begin{pmatrix} \boldsymbol{x}_{t-1|t-1} \\ \boldsymbol{v}_t \end{pmatrix}^{(i)} \right) = \delta\left(\begin{pmatrix} \boldsymbol{x}_{t-1} \\ \boldsymbol{v}_t \end{pmatrix} - \begin{pmatrix} \boldsymbol{x}_{t-1|t-1}^{(i)} \\ \boldsymbol{v}_t^{(i)} \end{pmatrix} \right)$$

である．(5.19) 式と (5.20) 式を組み合わせると，

$$
\begin{aligned}
&p(\boldsymbol{x}_t|\boldsymbol{y}_{1:t-1}) \\
&\doteq \frac{1}{N}\sum_{i=1}^{N}\left\{\int\int p(\boldsymbol{x}_t|\boldsymbol{x}_{t-1},\boldsymbol{v}_t)\delta\left(\begin{pmatrix}\boldsymbol{x}_{t-1}\\ \boldsymbol{v}_t\end{pmatrix}-\begin{pmatrix}\boldsymbol{x}_{t-1|t-1}^{(i)}\\ \boldsymbol{v}_t^{(i)}\end{pmatrix}\right)d\boldsymbol{v}_t d\boldsymbol{x}_{t-1}\right\} \\
&= \frac{1}{N}\sum_{i=1}^{N} p\left(\boldsymbol{x}_t|\boldsymbol{x}_{t-1}=\boldsymbol{x}_{t-1|t-1}^{(i)},\boldsymbol{v}_t=\boldsymbol{v}_t^{(i)}\right)
\end{aligned}
\tag{5.21}
$$

となる．2 章での (2.32) 式での考え方と同様，$\boldsymbol{x}_{t-1}$ と $\boldsymbol{v}_t$ を与えたときの $\boldsymbol{x}_t$ は 1 点に決まることから

$$
p\left(\boldsymbol{x}_t|\boldsymbol{x}_{t-1}=\boldsymbol{x}_{t-1|t-1}^{(i)},\boldsymbol{v}_t=\boldsymbol{v}_t^{(i)}\right)=\delta\left(\boldsymbol{x}_t-\boldsymbol{f}_t\left(\boldsymbol{x}_{t-1|t-1}^{(i)},\boldsymbol{v}_t^{(i)}\right)\right) \tag{5.22}
$$

と表現できることを用いると，(5.21) 式の $p(\boldsymbol{x}_t|\boldsymbol{y}_{1:t-1})$ は

$$
\begin{aligned}
&p(\boldsymbol{x}_t|\boldsymbol{y}_{1:t-1}) \\
&\doteq \frac{1}{N}\sum_{i=1}^{N}\delta\left(\boldsymbol{x}_t-\boldsymbol{f}_t\left(\boldsymbol{x}_{t-1|t-1}^{(i)},\boldsymbol{v}_t^{(i)}\right)\right) \\
&= \frac{1}{N}\sum_{i=1}^{N}\delta\left(\boldsymbol{x}_t-\boldsymbol{x}_{t|t-1}^{(i)}\right)
\end{aligned}
\tag{5.23}
$$

と表される．以上により，5.3.1 項にて与えた手続きによって得られるアンサンブル $\{\boldsymbol{x}_{t|t-1}^{(i)}\}_{i=1}^{N}$ が，$p(\boldsymbol{x}_t|\boldsymbol{y}_{1:t-1})$ のアンサンブル近似となっていることが確認できた．

5.4.2 フィルタ

以下では，サンプル数の増加に伴って，$\boldsymbol{x}_{t|t-1}^{(i)}$ のサンプル平均と分散共分散行列が，予測分布 $p(\boldsymbol{x}_t|\boldsymbol{y}_{1:t-1})$ の平均と分散共分散行列に，$\boldsymbol{w}_t^{(i)}$ のサンプル分散共分散行列が，$\boldsymbol{w}_t$ の分散共分散行列にそれぞれ収束すると仮定する．すなわち，$N\to\infty$ に従って

$$
\hat{\boldsymbol{x}}_{t|t-1} \longrightarrow \boldsymbol{x}_{t|t-1} \tag{5.24}
$$

$$
\hat{V}_{t|t-1} \longrightarrow V_{t|t-1} \tag{5.25}
$$

$$
\hat{R}_t \longrightarrow R_t \tag{5.26}
$$

となると仮定する．$\check{\boldsymbol{w}}_t^{(i)}$ のサンプル平均は，(5.14) 式より $\mathbf{0}$ となることに注意されたい．ただし $\hat{\boldsymbol{x}}_{t|t-1},\boldsymbol{x}_{t|t-1},V_{t|t-1}$ は，それぞれ以下である．

$$\hat{\boldsymbol{x}}_{t|t-1} = \frac{1}{N}\sum_{i=1}^{N} \boldsymbol{x}_{t|t-1}^{(i)} \tag{5.27}$$

$$\boldsymbol{x}_{t|t-1} = E[\boldsymbol{x}_t|\boldsymbol{y}_{1:t-1}] \tag{5.28}$$

$$V_{t|t-1} = E[(\boldsymbol{x}_t - \boldsymbol{x}_{t|t-1})(\boldsymbol{x}_t - \boldsymbol{x}_{t|t-1})'] \tag{5.29}$$

今，$V_{t|t-1}$ と R_t で与えられるカルマンゲインを，4 章の (4.37) 式より計算する．これを K_t とする．すると，$N \to \infty$ で (5.16) 式の $\hat{K}_t$ が

$$\begin{aligned}\hat{K}_t &= \hat{V}_{t|t-1}H_t'\left(H_t\hat{V}_{t|t-1}H_t' + \hat{R}_t\right)^{-1}\\ &\longrightarrow V_{t|t-1}H_t'\left(H_tV_{t|t-1}H_t' + R_t\right)^{-1}\\ &= K_t\end{aligned} \tag{5.30}$$

となる．フィルタ分布のアンサンブルのサンプル平均 $\hat{\boldsymbol{x}}_{t|t}$ は

$$\begin{aligned}\hat{\boldsymbol{x}}_{t|t} &= \hat{\boldsymbol{x}}_{t|t-1} + \hat{K}_t\left(\boldsymbol{y}_t + \frac{1}{N}\left(\sum_{i=1}^{N}\breve{\boldsymbol{w}}_t^{(i)}\right) - H_t\hat{\boldsymbol{x}}_{t|t-1}\right)\\ &\longrightarrow \boldsymbol{x}_{t|t-1} + K_t(\boldsymbol{y}_t - H_t\boldsymbol{x}_{t|t-1})\\ &= \boldsymbol{x}_{t|t}\end{aligned} \tag{5.31}$$

となり，漸近的にカルマンフィルタによって得られるフィルタ分布の平均に一致する．

次に，フィルタ分布のアンサンブルのサンプル分散共分散行列 $\hat{V}_{t|t}$ も近似的に一致することを確認する．$\hat{V}_{t|t}$ は，

$$\begin{aligned}\hat{V}_{t|t} &= \frac{1}{N-1}\sum_{i=1}^{N}\left(\boldsymbol{x}_{t|t}^{(i)} - \hat{\boldsymbol{x}}_{t|t}\right)\left(\boldsymbol{x}_{t|t}^{(i)} - \hat{\boldsymbol{x}}_{t|t}\right)'\\ &= \frac{1}{N-1}\sum_{i=1}^{N}\left(\boldsymbol{x}_{t|t-1}^{(i)} + \hat{K}_t\left(\boldsymbol{y}_t - H_t\boldsymbol{x}_{t|t-1}^{(i)} + \breve{\boldsymbol{w}}_t^{(i)}\right)\right.\\ &\qquad\qquad \left. -\hat{\boldsymbol{x}}_{t|t-1} - \hat{K}_t(\boldsymbol{y}_t - H_t\hat{\boldsymbol{x}}_{t|t-1})\right)\\ &\qquad \times\left(\boldsymbol{x}_{t|t-1}^{(i)} + \hat{K}_t\left(\boldsymbol{y}_t - H_t\boldsymbol{x}_{t|t-1}^{(i)} + \breve{\boldsymbol{w}}_t^{(i)}\right)\right.\\ &\qquad\qquad \left. -\hat{\boldsymbol{x}}_{t|t-1} - \hat{K}_t(\boldsymbol{y}_t - H_t\hat{\boldsymbol{x}}_{t|t-1})\right)'\end{aligned}$$

$$
\begin{aligned}
&= \frac{1}{N-1}\sum_{i=1}^{N}\left((I-\hat{K}_tH_t)\left(\boldsymbol{x}_{t|t-1}^{(i)}-\hat{\boldsymbol{x}}_{t|t-1}\right)+\hat{K}_t\check{\boldsymbol{w}}_t^{(i)}\right)\\
&\qquad\qquad \times\left((I-\hat{K}_tH_t)\left(\boldsymbol{x}_{t|t-1}^{(i)}-\hat{\boldsymbol{x}}_{t|t-1}\right)+\hat{K}_t\check{\boldsymbol{w}}_t^{(i)}\right)'\\
&= \frac{1}{N-1}\sum_{i=1}^{N}\Bigl\{(I-\hat{K}_tH_t)\left(\boldsymbol{x}_{t|t-1}^{(i)}-\hat{\boldsymbol{x}}_{t|t-1}\right)\left(\boldsymbol{x}_{t|t-1}^{(i)}-\hat{\boldsymbol{x}}_{t|t-1}\right)'(I-\hat{K}_tH_t)'\\
&\qquad\qquad +\hat{K}_t\check{\boldsymbol{w}}_t^{(i)}\check{\boldsymbol{w}}_t^{(i)\prime}\hat{K}_t'\\
&\qquad\qquad +\hat{K}_t\check{\boldsymbol{w}}_t^{(i)}\left(\boldsymbol{x}_{t|t-1}^{(i)}-\hat{\boldsymbol{x}}_{t|t-1}\right)'(I-\hat{K}_tH_t)'\\
&\qquad\qquad +(I-\hat{K}_tH_t)\left(\boldsymbol{x}_{t|t-1}^{(i)}-\hat{\boldsymbol{x}}_{t|t-1}\right)\check{\boldsymbol{w}}_t^{(i)\prime}\hat{K}_t'\Bigr\}\\
&= (I-\hat{K}_tH_t)\hat{V}_{t|t-1}(I-\hat{K}_tH_t)'+\hat{K}_t\hat{R}_t\hat{K}_t'\\
&\quad +\frac{1}{N-1}\sum_{i=1}^{N}\Bigl\{\hat{K}_t\check{\boldsymbol{w}}_t^{(i)}\left(\boldsymbol{x}_{t|t-1}^{(i)}-\hat{\boldsymbol{x}}_{t|t-1}\right)'(I-\hat{K}_tH_t)'\\
&\qquad\qquad +(I-\hat{K}_tH_t)\left(\boldsymbol{x}_{t|t-1}^{(i)}-\hat{\boldsymbol{x}}_{t|t-1}\right)\check{\boldsymbol{w}}_t^{(i)\prime}\hat{K}_t'\Bigr\}
\end{aligned}
\tag{5.32}
$$

となる．ここで，$\boldsymbol{w}_t$ と $\boldsymbol{x}_{t|t-1}$ は独立なので，(5.32) 式の最終項は近似的に $\mathbf{0}$ となる．したがって，

$$
\begin{aligned}
\hat{V}_{t|t} &\simeq (I-\hat{K}_tH_t)\hat{V}_{t|t-1}(I-\hat{K}_tH_t)'+\hat{K}_t\hat{R}_t\hat{K}_t'\\
&= \hat{V}_{t|t-1}-\hat{K}_tH_t\hat{V}_{t|t-1}-\hat{V}_{t|t-1}H_t'\hat{K}_t'+\hat{K}_tH_t\hat{V}_{t|t-1}H_t'\hat{K}_t'+\hat{K}_t\hat{R}_t\hat{K}_t'\\
&= (I-\hat{K}_tH_t)\hat{V}_{t|t-1}-\hat{V}_{t|t-1}H_t'\hat{K}_t'+\hat{K}_t\left(H_t\hat{V}_{t|t-1}H_t'+\hat{R}_t\right)\hat{K}_t'\\
&= (I-\hat{K}_tH_t)\hat{V}_{t|t-1}-\hat{V}_{t|t-1}H_t'\hat{K}_t'\\
&\quad +\hat{V}_{t|t-1}\hat{H}_t'\left(H_t\hat{V}_{t|t-1}H_t'+\hat{R}_t\right)^{-1}\left(H_t\hat{V}_{t|t-1}H_t'+\hat{R}_t\right)\hat{K}_t'\\
&= (I-\hat{K}_tH_t)\hat{V}_{t|t-1}
\end{aligned}
\tag{5.33}
$$

となる．(5.24)〜(5.26) 式の仮定と (5.30) 式より，$N\to\infty$ で $\hat{V}_{t|t-1}\to V_{t|t-1}$ かつ $\hat{K}_t\to K_t$ であったから，

$$
(I-\hat{K}_tH_t)\hat{V}_{t|t-1}\longrightarrow(I-K_tH_t)V_{t|t-1}\qquad(N\longrightarrow\infty)\tag{5.34}
$$

となる．以上から，$\hat{V}_{t|t}$ が，カルマンフィルタによって得られるフィルタ分布の分散共分散行列 $V_{t|t}$ に漸近的に一致することが確認できた．

なお，(5.16) 式において，$\hat{R}_t$ のかわりに R_t を用いることも可能である．ただし，(5.33) 式の等号が厳密には成立しなくなる．

一方，(5.17) 式内に擾乱付き観測を導入しない，すなわち $\check{\boldsymbol{w}}_t^{(i)}$ の項を含めないと誤りとなる．これは，$\hat{V}_{t|t}$ について，(5.33) 式の 1 行目第 2 項 $\hat{K}_t\hat{R}_t\hat{K}_t'$ がなくなるため，

$$\hat{V}_{t|t} \longrightarrow (I - K_tH_t)V_{t|t-1}(I - K_tH_t)' \qquad (N \longrightarrow \infty) \tag{5.35}$$

となり，分散共分散行列がカルマンフィルタによるものと一致しなくなるためである．

以上より，EnKF は，アンサンブルのサンプル平均 $\hat{\boldsymbol{x}}_{t|t}$ と分散共分散行列 $\hat{V}_{t|t}$ が，カルマンフィルタで得られる条件付き平均ならびに分散共分散行列と漸近的に一致するように逐次的にアンサンブルを構成するアルゴリズムであることが確認できた．その結果，例えばシステムモデルと観測モデルがともに線形で，かつ初期分布とノイズの分布がガウス分布である場合には，アンサンブルメンバー数 N を無限大に増加していった際に，その平均値がカルマンフィルタの推定値に一致することになる．すなわち，アンサンブルカルマンフィルタのアルゴリズムは，線形の場合の妥当性を保証した状態で，非線形システムに対応したアルゴリズムとなっている．

5.5 アンサンブルカルマンフィルタの行列表現

ここでは，式変形や数値計算アルゴリズムの見通しをよくする行列表現を導入する：

$$X_{t|\cdot} = \begin{pmatrix} \boldsymbol{x}_{t|\cdot}^{(1)} & \boldsymbol{x}_{t|\cdot}^{(2)} & \cdots & \boldsymbol{x}_{t|\cdot}^{(N)} \end{pmatrix} \tag{5.36}$$

$$W_t = \begin{pmatrix} \boldsymbol{w}_t^{(1)} & \boldsymbol{w}_t^{(2)} & \cdots & \boldsymbol{w}_t^{(N)} \end{pmatrix} \tag{5.37}$$

$$Y_t = \begin{pmatrix} \boldsymbol{y}_t & \cdots & \boldsymbol{y}_t \end{pmatrix} \tag{5.38}$$

ただし，Y_t は $\boldsymbol{y}_t$ を N 列並べた行列である．すると，状態ベクトルのサンプル平均は，

$$\hat{\boldsymbol{x}}_{t|\cdot} = \frac{1}{N}\left(\boldsymbol{x}_{t|\cdot}^{(1)} + \cdots + \boldsymbol{x}_{t|\cdot}^{(N)}\right) = \frac{1}{N} X_{t|\cdot} \begin{pmatrix} 1 \\ 1 \\ \vdots \\ 1 \end{pmatrix} \tag{5.39}$$

となる．(5.39) 式の最後のベクトルは，すべての要素が 1 の N 次元ベクトルである．(5.38) 式と同様に，サンプル平均 $\hat{\boldsymbol{x}}_{t|\cdot}$ を N 列並べた行列 $\hat{X}_{t|\cdot}$ を考えると，

$$\hat{X}_{t|\cdot} \stackrel{\text{def}}{=} \left(\hat{\boldsymbol{x}}_{t|\cdot} \quad \hat{\boldsymbol{x}}_{t|\cdot} \quad \cdots \quad \hat{\boldsymbol{x}}_{t|\cdot}\right) = \frac{1}{N} X_{t|\cdot} \mathbf{1}_N \tag{5.40}$$

となる．ただし，$\mathbf{1}_N$ は全要素 1 の $N \times N$ 行列である．また，平均を引いた状態のアンサンブル $\check{X}_{t|\cdot}$ と観測ノイズのアンサンブル $\check{W}_t$ は

$$\begin{aligned} \check{X}_{t|\cdot} &= \left(\boldsymbol{x}_{t|\cdot}^{(1)} - \hat{\boldsymbol{x}}_{t|\cdot} \quad \boldsymbol{x}_{t|\cdot}^{(2)} - \hat{\boldsymbol{x}}_{t|\cdot} \quad \cdots \quad \boldsymbol{x}_{t|\cdot}^{(N)} - \hat{\boldsymbol{x}}_{t|\cdot}\right) \\ &= X_{t|\cdot} - \frac{1}{N} X_{t|\cdot} \mathbf{1}_N \end{aligned} \tag{5.41}$$

$$\check{W}_t = \left(\check{\boldsymbol{w}}_t^{(1)} \quad \check{\boldsymbol{w}}_t^{(2)} \quad \cdots \quad \check{\boldsymbol{w}}_t^{(N)}\right) \tag{5.42}$$

となる．$X_{t|\cdot}$ ならびに W_t のサンプル分散共分散行列 $\hat{V}_{t|\cdot}$ と $\hat{R}_t$ は，

$$\hat{V}_{t|\cdot} = \frac{1}{N-1} \check{X}_{t|\cdot} \check{X}'_{t|\cdot} \tag{5.43}$$

$$\hat{R}_t = \frac{1}{N-1} \check{W}_t \check{W}'_t \tag{5.44}$$

となり，フィルタの式 (5.17) を行列表現で書き直すと，

$$\begin{aligned} X_{t|t} &= X_{t|t-1} + \hat{V}_{t|t-1} H'_t \left(H_t \hat{V}_{t|t-1} H'_t + \hat{R}_t\right)^{-1} \left(Y_t + \check{W}_t - H_t X_{t|t-1}\right) \\ &= X_{t|t-1} + \check{X}_{t|t-1} \check{X}'_{t|t-1} H'_t \left(H_t \check{X}_{t|t-1} \check{X}'_{t|t-1} H'_t + \check{W}_t \check{W}'_t\right)^{-1} \\ &\qquad \times \left(Y_t + \check{W}_t - H_t X_{t|t-1}\right) \end{aligned} \tag{5.45}$$

と表される．

行列表現を行うことの利点は二点ある．一点目は実装上の利点である．単に見通しがよくなるだけでなく，フィルタの操作が行列計算で表されることになるので，行列計算ライブラリ (LAPACK など) を用いることが可能になり，また，実

装にミスがないかどうかのチェックも行列の形で得られるので，確認が容易となる．二点目は，行列表現により，次節で導入する平滑化とフィルタの関係がはっきりするという利点である．この点は次節で確認する．以下では，一点目について確認する．

今，(5.41) 式で定義した $\check{X}_{t|\cdot}$ の各行の要素の和は 0 となる．すなわち

$$\begin{aligned}\mathbf{1}_N \check{X}'_{t|\cdot} &= \begin{pmatrix} 1 & \cdots & 1 \\ \vdots & \ddots & \vdots \\ 1 & \cdots & 1 \end{pmatrix} \begin{pmatrix} \boldsymbol{x}^{(1)\prime}_{t|\cdot} - \hat{\boldsymbol{x}}'_{t|\cdot} \\ \vdots \\ \boldsymbol{x}^{(N)\prime}_{t|\cdot} - \hat{\boldsymbol{x}}'_{t|\cdot} \end{pmatrix} \\ &= \begin{pmatrix} (\boldsymbol{x}^{(1)\prime}_{t|\cdot} - \hat{\boldsymbol{x}}'_{t|\cdot}) + \cdots + (\boldsymbol{x}^{(N)\prime}_{t|\cdot} - \hat{\boldsymbol{x}}'_{t|\cdot}) \\ \vdots \\ \vdots \end{pmatrix} \\ &= \begin{pmatrix} \boldsymbol{x}^{(1)\prime}_{t|\cdot} + \cdots + \boldsymbol{x}^{(N)\prime}_{t|\cdot} - N\hat{\boldsymbol{x}}'_{t|\cdot} \\ \vdots \\ \vdots \end{pmatrix} \\ &= O_{N\times k} \end{aligned} \tag{5.46}$$

より

$$\check{X}_{t|\cdot}\check{X}'_{t|\cdot} = X_{t|\cdot}\check{X}'_{t|\cdot} \tag{5.47}$$

となる．ただし，$O_{N\times k}$ は，N 行 k 列の零行列である．したがって，(5.45) 式は

$$\begin{aligned} X_{t|t} &= X_{t|t-1} + X_{t|t-1}\check{X}'_{t|t-1}H'_t \\ &\quad \times \left(H_t\check{X}_{t|t-1}\check{X}'_{t|t-1}H'_t + \check{W}_t\check{W}'_t\right)^{-1}\left(Y_t + \check{W}_t - H_tX_{t|t-1}\right) \\ &= X_{t|t-1}\Big(I + \check{X}'_{t|t-1}H'_t\Big(H_t\check{X}_{t|t-1}\check{X}'_{t|t-1}H'_t + \check{W}_t\check{W}'_t\Big)^{-1} \\ &\qquad \times \Big(Y_t + \check{W}_t - H_tX_{t|t-1}\Big)\Big) \end{aligned} \tag{5.48}$$

と変形できる．(5.48) 式の右辺について，$X_{t|t-1}$ 以外の括弧内の部分を Z_t とおくと

$$X_{t|t} = X_{t|t-1}Z_t \tag{5.49}$$

となる.

ここで，Z_t について詳細に見ることにする．Z_t は，一期先予測のアンサンブル $X_{t|t-1}$ からフィルタアンサンブル $X_{t|t}$ への写像を与えており，$N \times N$ の行列となっている．さらに，

$$Z_t = I + \tilde{Z}_t \tag{5.50}$$

とおくと，$\tilde{Z}_t$ は (5.46) 式により

$$\mathbf{1}_N \tilde{Z}_t = O_{N \times N} \tag{5.51}$$

となっている．よって，$\tilde{Z}_t$ の列和が 0，Z_t の列和が 1 となり，EnKF のフィルタアンサンブルは，予測分布のアンサンブルメンバーの加重和により構成されていることがわかる.

5.6 アンサンブルカルマンスムーザ

EnKF における平滑化には，固定点平滑化・固定ラグ平滑化にあたるアンサンブルカルマンスムーザ (**ensemble Kalman smoother**; EnKS) が存在する．一方で，**RTS** 平滑化のような固定区間平滑化は，逐次的に平滑化分布の計算を行うのが困難であるために導入されていない．これは，4 章の (4.166) 式に現れる平滑ゲイン

$$A_t = V_{t|t} F'_{t+1} V^{-1}_{t+1|t}$$

の F'_{t+1} が，非線形のシステムモデル (5.1) では得られないからである．本節では，固定点・固定ラグ平滑化にあたる EnKS の計算式を与え，導出を行う.

5.6.1 平滑化アルゴリズム

今，平滑化を行う時点が，$s(<t)$ であるとする．すると，時刻 t までの観測の下での，時刻 s の平滑化アンサンブルは，以下の基本式により与えられる：

$$\hat{V}_{s,t|t-1} = \frac{1}{N-1} \sum_{i=1}^{N} \left(\boldsymbol{x}^{(i)}_{s|t-1} - \hat{\boldsymbol{x}}_{s|t-1} \right) \left(\boldsymbol{x}^{(i)}_{t|t-1} - \hat{\boldsymbol{x}}_{t|t-1} \right)' \tag{5.52}$$

$$\hat{\Delta}_t = \hat{V}_{s,t|t-1} H'_t \left(H_t \hat{V}_{t|t-1} H'_t + \hat{R}_t \right)^{-1} \tag{5.53}$$

$$\boldsymbol{x}^{(i)}_{s|t} = \boldsymbol{x}^{(i)}_{s|t-1} + \hat{\Delta}_t \left(\boldsymbol{y}_t + \check{\boldsymbol{w}}^{(i)}_t - H_t \boldsymbol{x}^{(i)}_{t|t-1} \right) \tag{5.54}$$

この逐次式により，$\{\boldsymbol{x}_{s|t-1}^{(i)}\}$ から $\{\boldsymbol{x}_{s|t}^{(i)}\}$ が生成可能となる．固定点平滑化の場合には，この s を 1 時点 (例えば $s=0$) に固定することにより，逐次的に時刻 s の平滑化アンサンブルを得ることになる．また，行列表現すると

$$X_{s|t} = X_{s|t-1} + \hat{\Delta}_t \Big(Y_t + \check{W}_t - H_t X_{t|t-1} \Big) \tag{5.55}$$

となる．

なお，EnKF の (5.48) 式において行った計算手順と同様の手順を踏むことで

$$X_{s|t} = X_{s|t-1} Z_t \tag{5.56}$$

と変形できることがわかる．ここで，Z_t は EnKF のフィルタにおいて用いられた，(5.49) 式の Z_t と同一のものである．

ラグ L の固定ラグ平滑化については，フィルタにおける一期先の状態ベクトルとして，一期先予測のアンサンブルの行列表現 $X_{t|t-1}$ を用いるかわりに

$$\Xi_{t|t-1} = \Big(X'_{t|t-1} \quad \cdots \quad X'_{t-L+1|t-1} \quad X'_{t-L|t-1} \Big)' \tag{5.57}$$

を使用し

$$\Xi_{t|t} = \Xi_{t|t-1} Z_t \tag{5.58}$$

を毎フィルタステップ行うことで得られる．すなわち，EnKS は過去のアンサンブルメンバーを保存しておき，現時点でのゲインから決まる行列によって，保存したアンサンブルメンバーを修正する手続きとなる．

5.6.2 導　　　出

以下では，EnKS の基本式 (5.54) により，平均と分散共分散行列が一致することを確認する．まず以下の表現を新たに用意する：

$$\tilde{\boldsymbol{x}}_t = \begin{pmatrix} \boldsymbol{x}_t \\ \boldsymbol{x}_s \end{pmatrix} \tag{5.59}$$

$$\tilde{\boldsymbol{x}}_{t|\cdot} = \begin{pmatrix} \boldsymbol{x}_{t|\cdot} \\ \boldsymbol{x}_{s|\cdot} \end{pmatrix} \tag{5.60}$$

$$\tilde{X}_{t|\cdot} = \Big(\tilde{\boldsymbol{x}}_{t|\cdot}^{(1)} \quad \tilde{\boldsymbol{x}}_{t|\cdot}^{(2)} \quad \ldots \quad \tilde{\boldsymbol{x}}_{t|\cdot}^{(N)} \Big) \tag{5.61}$$

$$\tilde{H}_t = \Big(H_t \quad O_{l\times k} \Big) \tag{5.62}$$

$\tilde{x}_t$ は，現在の状態 $\boldsymbol{x}_t$ と平滑化対象時点の状態 $\boldsymbol{x}_s$ の拡大状態ベクトルである．この拡大状態ベクトルを新しい状態と見なして EnKF を考え，その後 $\boldsymbol{x}_s$ 部分だけを取り出す，すなわち $\boldsymbol{x}_s$ に関する周辺分布をとることにより，基本式 (5.54) を導出するという手順になる．この操作において，同時分布がガウス分布であるとは限らないが，EnKF の場合と同様にガウス分布の場合に成り立つ関係を流用することになる (付録 A.4 と 4.4 節平滑化参照).

今，新しく導入された拡大状態ベクトル $\tilde{\boldsymbol{x}}_t$ と，観測 $\boldsymbol{y}_t$ についての新しい拡大状態空間モデルは，次のように書ける：

$$\tilde{\boldsymbol{x}}_t = \tilde{\boldsymbol{f}}_t(\tilde{\boldsymbol{x}}_{t-1}, \boldsymbol{v}_t) \tag{5.63}$$

$$\boldsymbol{y}_t = \tilde{H}_t \tilde{\boldsymbol{x}}_t + \boldsymbol{w}_t \tag{5.64}$$

ただし

$$\tilde{\boldsymbol{f}}_t(\tilde{\boldsymbol{x}}_{t-1}, \boldsymbol{v}_t) = \begin{pmatrix} \boldsymbol{f}_t(\boldsymbol{x}_{t-1}, \boldsymbol{v}_t) \\ \boldsymbol{x}_s \end{pmatrix} \tag{5.65}$$

である．

一期先予測に関しては，(5.63), (5.65) 式から，$\boldsymbol{x}_s$ は固定したまま $\boldsymbol{x}_{t-1}$ をもとのシステムモデルの $\boldsymbol{f}_t$ を用いて更新すればよいことがわかる．すなわち

$$\begin{pmatrix} \boldsymbol{x}_{t|t-1}^{(i)} \\ \boldsymbol{x}_{s|t-1}^{(i)} \end{pmatrix} = \begin{pmatrix} \boldsymbol{f}_t(\boldsymbol{x}_{t-1|t-1}^{(i)}, \boldsymbol{v}_t^{(i)}) \\ \boldsymbol{x}_{s|t-1}^{(i)} \end{pmatrix} \tag{5.66}$$

とすればよい．

次に，拡大システムにおけるフィルタについて導出を行う．今，拡大観測モデル (5.64) に対するフィルタを行うことになるので，フィルタ操作の行列表現 (5.45) をもとに，次のような計算を行うことになる：

$$\tilde{X}_{t|t} = \tilde{X}_{t|t-1} + \hat{V}_{t|t-1}^a \tilde{H}_t' \left(\tilde{H}_t \hat{V}_{t|t-1}^a \tilde{H}_t' + \hat{R}_t \right)^{-1} \left(Y_t - \tilde{H}_t \tilde{X}_{t|t-1} + W_t \right) \tag{5.67}$$

ただし，

$$\hat{V}_{t|t-1}^a = \begin{pmatrix} \hat{V}_{t|t-1} & \hat{V}_{s,t|t-1}' \\ \hat{V}_{s,t|t-1} & \hat{V}_{s,s|t-1} \end{pmatrix}$$

$$\hat{V}_{s,t|t-1} = \frac{1}{N-1} \left(X_{s|t-1} - \frac{1}{N} \mathbf{1}_N X_{s|t-1} \right) \left(X_{t|t-1} - \frac{1}{N} \mathbf{1}_N X_{t|t-1} \right)'$$

である．ここで，

$$\hat{V}^a_{t|t-1}\tilde{H}'_t = \begin{pmatrix} \hat{V}_{t|t-1}H'_t \\ \hat{V}_{s,t|t-1}H'_t \end{pmatrix}$$

$$\tilde{H}_t\hat{V}^a_{t|t-1}\tilde{H}'_t = H_t\hat{V}_{t|t-1}H'_t$$

$$\tilde{H}_t\tilde{X}_{t|t-1} = H_tX_{t|t-1}$$

となるから，(5.67) 式は

$$\begin{pmatrix} \hat{X}_{t|t} \\ \hat{X}_{s|t} \end{pmatrix} = \begin{pmatrix} \hat{X}_{t|t-1} \\ \hat{X}_{s|t-1} \end{pmatrix} + \begin{pmatrix} \hat{V}_{t|t-1}H'_t \\ \hat{V}_{s,t|t-1}H'_t \end{pmatrix} \times \left(H_t\hat{V}_{t|t-1}H'_t + \hat{R}_t\right)^{-1}\left(Y_t + \check{W}_t - H_tX_{t|t-1}\right) \tag{5.68}$$

となる．この式の下半分が，(5.55) 式となっていることがわかる．以上で EnKS が導出された．

5.7　非線形観測システム

EnKF では，フィルタの段階でカルマンフィルタの式を用いているため，観測モデル (5.2) は線形であることが必要である．しかしながら，実際の観測システムは非線形である場合がある．すなわち，$\boldsymbol{h}_t(\boldsymbol{x}_t)$ が状態から決まるある非線形演算子で，

$$\boldsymbol{x}_t = \boldsymbol{f}_t(\boldsymbol{x}_{t-1}, \boldsymbol{v}_t) \tag{5.69}$$

$$\boldsymbol{y}_t = \boldsymbol{h}_t(\boldsymbol{x}_t) + \boldsymbol{w}_t \tag{5.70}$$

というシステムである．このような場合には EnKF は直接適用できない．そこで，EnKS の場合と同じように，拡大状態ベクトルと拡大システムを考えることで，この問題を回避する．EnKS では，拡大状態ベクトルの拡大部分は過去の状態であったが，今回はかわりに非線形観測成分を入れる：

$$\tilde{\boldsymbol{x}}_t = \begin{pmatrix} \boldsymbol{x}_t \\ \boldsymbol{h}_t(\boldsymbol{x}_t) \end{pmatrix}$$

また，

$$\tilde{H}_t = \begin{pmatrix} O_{l\times k} & I_{l\times l} \end{pmatrix}$$

$$\tilde{\boldsymbol{f}}_t(\tilde{\boldsymbol{x}}_{t-1}, \boldsymbol{v}_t) = \begin{pmatrix} \boldsymbol{f}_t(\boldsymbol{x}_{t-1}, \boldsymbol{v}_t) \\ \boldsymbol{h}_t(\boldsymbol{f}_t(\boldsymbol{x}_{t-1}, \boldsymbol{v}_t)) \end{pmatrix} \tag{5.71}$$

と拡大観測行列ならびに $\tilde{\boldsymbol{f}}_t$ を決める．すると，$\boldsymbol{x}_t$ については

$$\begin{aligned} \tilde{\boldsymbol{x}}_t &= \begin{pmatrix} \boldsymbol{x}_t \\ \boldsymbol{h}_t(\boldsymbol{x}_t) \end{pmatrix} \\ &= \begin{pmatrix} \boldsymbol{f}_t(\boldsymbol{x}_{t-1}, \boldsymbol{v}_t) \\ \boldsymbol{h}_t(\boldsymbol{f}_t(\boldsymbol{x}_{t-1}, \boldsymbol{v}_t)) \end{pmatrix} \\ &= \tilde{\boldsymbol{f}}_t(\tilde{\boldsymbol{x}}_{t-1}, \boldsymbol{v}_t) \end{aligned} \tag{5.72}$$

となり，拡大システムモデルが得られる．また，$\boldsymbol{y}_t$ についても

$$\begin{aligned} \boldsymbol{y}_t &= \boldsymbol{h}_t(\boldsymbol{x}_t) + \boldsymbol{w}_t \\ &= \begin{pmatrix} O_{l\times k} & I_{l\times l} \end{pmatrix} \begin{pmatrix} \boldsymbol{x}_t \\ \boldsymbol{h}_t(\boldsymbol{x}_t) \end{pmatrix} + \boldsymbol{w}_t \\ &= \tilde{H}_t \tilde{\boldsymbol{x}}_t + \boldsymbol{w}_t \end{aligned} \tag{5.73}$$

と書けて，線形の拡大観測モデルができる．これらをまとめると

$$\tilde{\boldsymbol{x}}_t = \tilde{\boldsymbol{f}}_t(\tilde{\boldsymbol{x}}_{t-1}, \boldsymbol{v}_t) \tag{5.74}$$

$$\boldsymbol{y}_t = \tilde{H}_t \tilde{\boldsymbol{x}}_t + \boldsymbol{w}_t \tag{5.75}$$

という線形観測の拡大状態空間モデルとなる．したがって，非線形観測の場合も，(5.74) 式ならびに (5.75) 式の形式にすることにより，EnKF が適用可能である．

5.8 適　用　例

4 章のカルマンフィルタ (KF) 適用例と同じデータに対して，EnKF ならびに EnKS を適用した．用いたデータと初期条件，システムノイズと観測ノイズのパラメータはすべて KF の例と同じ設定とし，アンサンブルメンバー数を $8, 16, 64, 512, 4096$ と変化させた．なお，$\boldsymbol{x}_{0|0}^{(i)}, \boldsymbol{v}_t^{(i)}, \boldsymbol{w}_t^{(i)}$ は，それぞれ (4.50), (4.52), (4.54) 式に従う乱数の実現値を発生させており，$\hat{R}_t$ はこの実現値を用いて求めている．

図 5.2 は，EnKF により推定された状態である．EnKF の場合，メンバー数が 8 の場合には KF による推定とはかけ離れており，メンバー数が不足していることが確認できる．メンバー数 16 以降，メンバー数増加に伴って 4 章の図 4.3(d) に示されている，KF による推定に近づいている点が確認できる．

図 5.3 は，EnKS(固定ラグ，ラグ $L = 10$) により推定された状態である．メンバー数増加に伴って，図 4.3(d) に示されている，固定ラグ平滑化による推定に近づいている点が確認できる．また，精度を上げるには EnKF よりもメンバー数が必要な点も確認できる．

図 5.4 は，EnKS によって推定された固定区間平滑化の状態を表す．ただし，5.6 節で述べた通り，固定区間平滑化を直接行う手続きは導出されていないので，ここでは固定ラグ平滑化のラグを大きくして実現している．すなわち，各計算時点 τ で $t = 0$ から $t = \tau$ までをラグとし，(5.56) 式の結果に従い，フィルタの計算で得られた Z_t を用いて平滑化計算を行う．最終時点までこの計算を行うと，結果として，固定区間平滑化と同等の推定が得られる．

図 5.4 では，メンバー数を増加させるに従って，図 4.8(b) の結果に近づいていることが確認できる．同一メンバー数で比較した場合には，過去にさかのぼるほどがたつきがある．これは，(5.56) 式より，過去にさかのぼるほど Z_t がかけられる回数が増えるが，Z_t がアンサンブル近似を用いた近似値であり，これに由来する誤差が蓄積した結果と考えられる．

以上の結果より，線形・ガウス状態空間モデルである場合には，比較的少ないメンバー数でもフィルタ分布の近似は可能であること，平滑化の場合はある程度のメンバー数が必要であることがわかる．

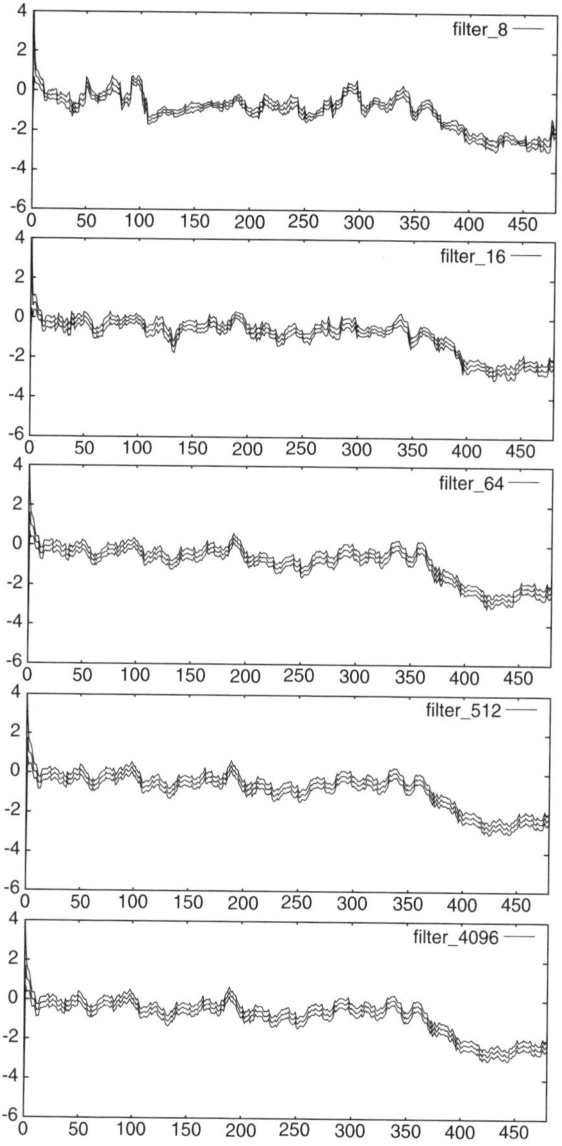

図 **5.2** アンサンブルカルマンフィルタ適用の結果
アンサンブルメンバー数は，上から順に 8, 16, 64, 512, 4096 である．フィルタアンサンブルのサンプル平均 $\hat{\boldsymbol{x}}_{t|t}$ とその標準偏差 $\pm\sqrt{\hat{V}_{t|t}}$ がプロットしてある．図 4.3(d) の結果と比較して，メンバー数 16 以降，メンバー数増加に伴って KF による推定に近づいている．

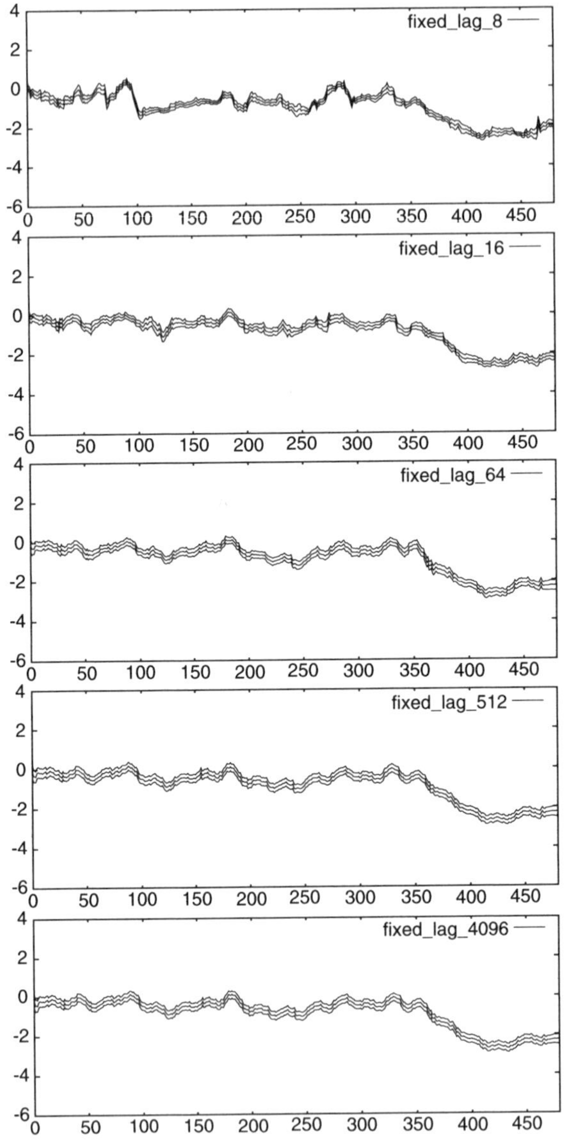

図 **5.3**　アンサンブルカルマンスムーザ (固定ラグ，ラグ $L = 10$) 適用の結果　サンプル平均 $\hat{\boldsymbol{x}}_{t|t+10}$ とその標準偏差 $\pm\sqrt{\hat{V}_{t|t+10}}$ がプロットしてある．図 4.8(a) の結果と比較すると，メンバー数増加に伴って固定ラグ平滑化による推定に近づいている．

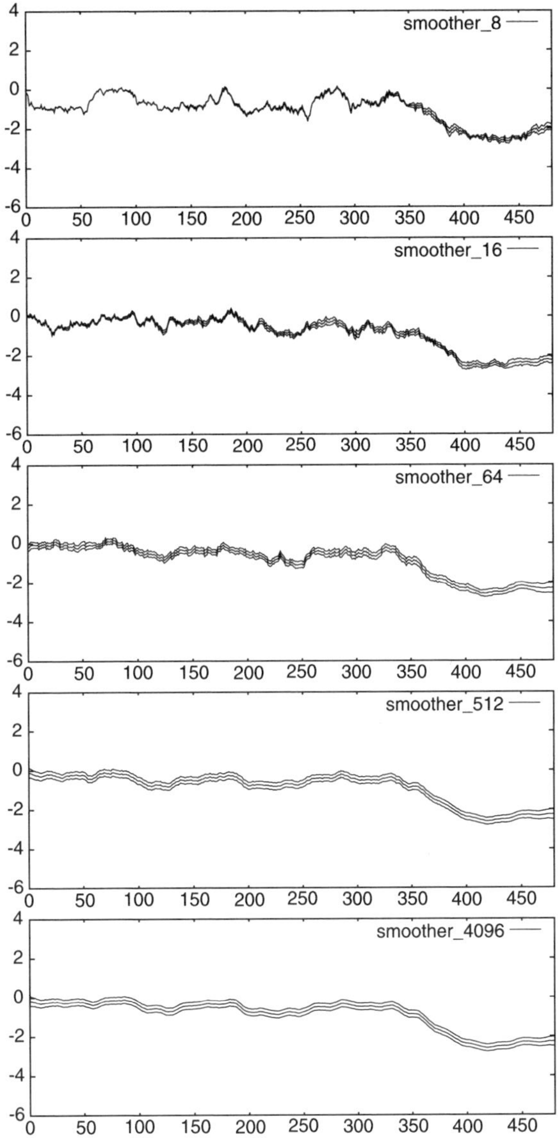

図 5.4　アンサンブルカルマンスムーザ (固定区間平滑化相当) 適用の結果

サンプル平均 $\hat{\boldsymbol{x}}_{t|480}$ とその標準偏差 $\pm\sqrt{\hat{V}_{t|480}}$ がプロットしてある．図 4.8(b) の結果と比較すると，メンバー数増加に伴って固定区間平滑化による推定に近づいている．

5.9 ま と め

EnKF は，システムモデルが (5.1) 式のような非線形，観測モデルが (5.2) 式のように線形・ガウス型のモデルの場合に，アンサンブル近似を用いて，逐次的に条件付き分布を計算していくアルゴリズムである．これにより，拡張カルマンフィルタにおいて必要であったシステムモデルの線形化が不要となる．線形化を省くことによる計算コストの削減も可能となる．加えて，EnKF はシステムモデルも線形・ガウスの場合には，アンサンブルの平均ならびに分散共分散行列が，カルマンフィルタの結果と一致する．

平滑化については，固定区間平滑化のアルゴリズムはなく，固定点ならびに固定ラグ平滑化となる．これは，カルマンフィルタの場合と同様に，状態ベクトルを拡大することにより導出される．また同様の手続きにより，非線形観測の場合にも形式的に対応できる．

最後にアンサンブルメンバー数について触れる．多くの応用においては，アンサンブルメンバー数 N は状態の次元 k や観測の次元 l よりも小さく，高々数十個程度の場合が多い．その理由は，一期先予測の計算を行うために，N 回の独立なシミュレーション計算が必要になるので，計算量がアンサンブルメンバー数 N に比例し，大規模なモデルになればなるほど，アンサンブルメンバーを多くとることが困難になってしまうためである．アンサンブルメンバー数が多い方が精度が上がることが期待されるが，システムモデルが非線形である以上，フィルタ分布はガウス分布にならないので，必ずしも精度がよくなるという保証はない．

6

粒子フィルタ

5章で述べられたアンサンブルカルマンフィルタ (EnKF) は，非線形システムモデルに対しても適用できるかなり強力なデータ同化手法である．しかし，状態の確率分布に非ガウス性がある場合や，観測データがポアソン分布，二項分布などの離散分布に従う場合，EnKF では必ずしも妥当な結果が得られない．また，基本的にシステムの状態と観測との間に線形の関係が成り立つことを仮定しており，それが成り立たない場合にはうまくいかないことがある[46]．そこで本章では，より一般的な時系列モデルに適用可能なアルゴリズムである粒子フィルタ(particle filter; 以下 PF) を紹介する．

6.1　アルゴリズムの概要

粒子フィルタ (パーティクルフィルタ，particle filter; PF) は，EnKF と同様，状態の確率密度分布を多数のサンプル (粒子) で近似するアンサンブル近似を用いたアルゴリズムの一つである．しかし，EnKF と PF との間には，フィルタの手続きにおいて考え方に大きな違いがある．5章で見たように，EnKF ではカルマンフィルタの考え方を踏襲してフィルタの操作を行った．一方，PF では，線形性・ガウス性などの仮定をおかず，フィルタ分布の形状を素直に粒子を用いて近似することにより，非線形・非ガウスの問題も自然かつ容易に扱うことができるようになっている．なお，PF のアルゴリズムは，提案された当初は，モンテカルロフィルタ(Monte Carlo filter)[28]，ブートストラップフィルタ(bootstrap filter)[14] と呼ばれていた．また，同じアルゴリズムを sampling importance resampling (SIR) という名前で呼んでいる文献もある．しかし，現在では粒子フィルタと呼ぶことが多いと思われるので，本書でも粒子フィルタ (PF) という呼称を用いることにする．

それでは，アルゴリズムの導出などの詳しい説明に入る前に，まず PF のアルゴリズムの流れを概観しておくことにしよう．PF は，(3.5), (3.6) 式の一般状態空間モデルの形で表現できる問題全般に対して適用できるアルゴリズムだが，ここでは，EnKF との関連を意識するために，(5.1), (5.2) 式と同様のモデル

$$\boldsymbol{x}_t = \boldsymbol{f}_t(\boldsymbol{x}_{t-1}, \boldsymbol{v}_t) \tag{6.1a}$$

$$\boldsymbol{y}_t = H_t \boldsymbol{x}_t + \boldsymbol{w}_t \tag{6.1b}$$

を想定することにする．このようなモデルに対して，PF では，N 個の粒子からなるアンサンブルを用いながら，以下のようにして逐次的に各ステップの予測分布，フィルタ分布の近似を求めていく．

1) 初期分布を近似するアンサンブル $\{\boldsymbol{x}_{0|0}^{(i)}\}_{i=1}^{N}$ ($\boldsymbol{x}_{0|0}^{(i)} \sim p(\boldsymbol{x}_0)$) を生成する．

2) $t = 1, \cdots, T$ について (a)〜(e) のステップを実行する．

  (a) 各 i ($i = 1, \cdots, N$) について，システムノイズを表現する乱数 $\boldsymbol{v}_t^{(i)} \sim p(\boldsymbol{v}_t)$ を生成する．

  (b) 各 i ($i = 1, \cdots, N$) について，$\boldsymbol{x}_{t|t-1}^{(i)} = \boldsymbol{f}_t(\boldsymbol{x}_{t-1|t-1}^{(i)}, \boldsymbol{v}_t^{(i)})$ を計算し，予測分布のアンサンブル近似 $\{\boldsymbol{x}_{t|t-1}^{(i)}\}_{i=1}^{N}$ を得る．

  (c) 各 i ($i = 1, \cdots, N$) について $\lambda_t^{(i)} = p(\boldsymbol{y}_t|\boldsymbol{x}_{t|t-1}^{(i)})$ を計算する．

  (d) 各 i ($i = 1, \cdots, N$) について $\beta_t^{(i)} = \lambda_t^{(i)} \big/ \left(\sum_{j=1}^{N} \lambda_t^{(j)}\right)$ を求める．

  (e) アンサンブル $\{\boldsymbol{x}_{t|t-1}^{(i)}\}_{i=1}^{N}$ から各粒子 $\boldsymbol{x}_{t|t-1}^{(i)}$ が $\beta_t^{(i)}$ の確率で抽出されるよう N 回の復元抽出を行い，得られた N 個のサンプルで，フィルタ分布を近似するアンサンブル $\{\boldsymbol{x}_{t|t}^{(i)}\}_{i=1}^{N}$ を構成する．

このうち，2) の (a), (b) が一期先予測の操作で，2) の (c)〜(e) がフィルタの操作である．

2) の (c) で出てくる $\lambda_t^{(i)} = p(\boldsymbol{y}_t|\boldsymbol{x}_{t|t-1}^{(i)})$ は，$\boldsymbol{x}_{t|t-1}^{(i)}$ の尤度と呼ばれる量で，粒子 $\boldsymbol{x}_{t|t-1}^{(i)}$ がどのくらい観測値 $\boldsymbol{y}_t$ に当てはまっているかを表している．(6.1b) 式のような線形の観測モデルを考え，観測ノイズ $\boldsymbol{w}_t$ がガウス分布に従い，平均が $\boldsymbol{0}$，分散共分散行列が R_t になるものと仮定した場合，

$$\lambda_t^{(i)} = p\left(\boldsymbol{y}_t | \boldsymbol{x}_{t|t-1}^{(i)}\right)$$
$$= \frac{1}{\sqrt{(2\pi)^l |R_t|}} \exp\left[-\frac{1}{2}\left(\boldsymbol{y}_t - H_t \boldsymbol{x}_{t|t-1}^{(i)}\right)' R_t^{-1} \left(\boldsymbol{y}_t - H_t \boldsymbol{x}_{t|t-1}^{(i)}\right)\right] \tag{6.2}$$

となる．ただし，l は $\boldsymbol{y}_t$ の次元を表す．また，2) の (e) の復元抽出とは，同じ粒子が何度も抽出されることを許して抽出を繰り返すという意味である．高い確率で抽出される $\beta_t^{(i)}$ の大きい ($\lambda_t^{(i)}$ の大きい) 粒子は，何度も頻繁に抽出されるので，フィルタ分布を近似するアンサンブル $\{\boldsymbol{x}_{t|t}^{(i)}\}_{i=1}^N$ には，同じものの複製が多数含まれることになる．

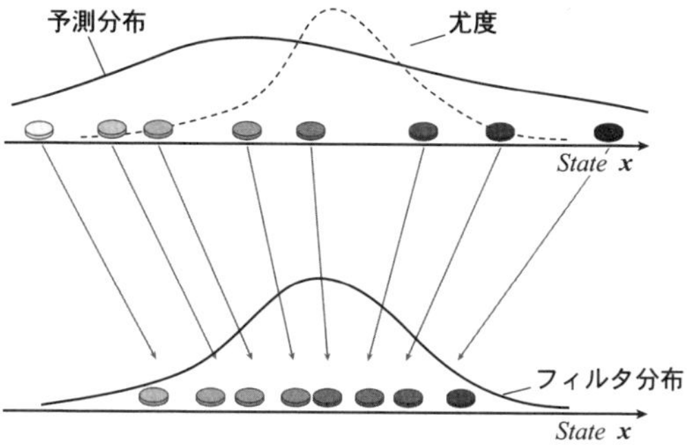

図 **6.1**　EnKF のアルゴリズムの概念図

EnKF ではそれぞれの粒子が観測に近いと思しき方向へ動かされる．

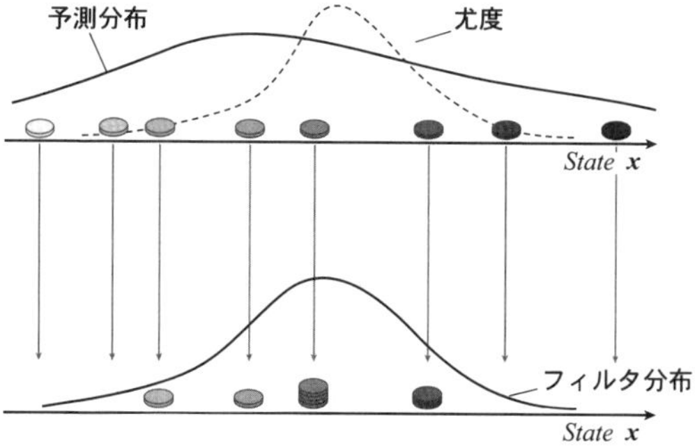

図 **6.2**　PF のアルゴリズムの概念図

PF では尤度の小さい粒子を破棄し，かわりに尤度の大きい粒子の複製を増やすことでフィルタ分布を表現する．

PF のアルゴリズムを 5 章の EnKF のアルゴリズムと比較してみると，PF の一期先予測を行う手続きは EnKF のそれと全く同じであり，異なるのはフィルタの手続きの部分である．EnKF では，(5.17) 式に従って各粒子の値を観測に合うと思しき方向に動かす (図 6.1) ことで観測データの情報を取り入れる形になっている．一方，PF では，復元抽出によって，観測への当てはまりが悪い粒子 (尤度が小さい粒子) を破棄し，そのかわりに観測への当てはまりのよい粒子を複製して増やす (図 6.2)．この操作によって観測データの情報を取り込んだ事後確率密度分布が表現され，それがさらに次のステップの一期先予測に反映されることになる．言ってみれば，EnKF ではグループのメンバー一人一人を鍛えてグループ全体としての能力を向上させようとするのに対して，PF では成績の悪いメンバーを外してかわりに成績のよいメンバーを増やすことでグループとしての能力の向上を図っているということになるだろう．

なお，PF における復元抽出は，適者生存の仕組みにのっとった最適化手法である遺伝的アルゴリズムと手続きとしてはほぼ同じになっている[75)]．それゆえ，遺伝的アルゴリズムをご存じの方には，PF というのは遺伝的アルゴリズムの目的関数を $\lambda_t^{(i)} = p(\boldsymbol{y}_t|\boldsymbol{x}_{t|t-1}^{(i)})$ とおいたものにすぎないと思われるかもしれない．ただ，遺伝的アルゴリズムは最適な状態 $\boldsymbol{x}_{\mathrm{opt}}$ を得るのを目的としているが，PF は後述のように確率分布 $p(\boldsymbol{x})$ の計算を目的としており，そこに根本的な考え方の違いがあるということに注意されたい．

6.2　粒子フィルタの導出

それでは，実際に PF のアルゴリズムの導出をし，前節で述べたアルゴリズムによって，予測分布，フィルタ分布の近似が逐次的に得られることを確認しよう．

まず，フィルタ分布 $p(\boldsymbol{x}_{t-1}|\boldsymbol{y}_{1:t-1})$ が N 個のサンプルの集合 $\{\boldsymbol{x}_{t-1|t-1}^{(i)}\}_{i=1}^{N}$ を用いて

$$p(\boldsymbol{x}_{t-1}|\boldsymbol{y}_{1:t-1}) \doteq \frac{1}{N}\sum_{i=1}^{N}\delta\Big(\boldsymbol{x}_{t-1} - \boldsymbol{x}_{t-1|t-1}^{(i)}\Big) \tag{6.3}$$

のように近似されていたとしよう．p. 102，2) の (a),(b) に示した PF の一期先予測の手続きは，3. 2 節の一期先予測の式 (3.15) とアンサンブル近似の式 (6.3) から導出できる．具体的な導出は，5. 4. 1 項で述べた EnKF の一期先予測と全く同じに

なるのでそちらを参照されたい．実際，PF の一期先予測の手続きは，上でも述べたように EnKF と全く同じであり，各粒子について $\boldsymbol{x}_{t|t-1}^{(i)} = \boldsymbol{f}_t(\boldsymbol{x}_{t-1|t-1}^{(i)}, \boldsymbol{v}_t^{(i)})$ を計算して得られる予測アンサンブル $\{\boldsymbol{x}_{t|t-1}^{(i)}\}_{i=1}^N$ によって，予測分布 $p(\boldsymbol{x}_t|\boldsymbol{y}_{1:t-1})$ は

$$p(\boldsymbol{x}_t|\boldsymbol{y}_{1:t-1}) \doteq \frac{1}{N}\sum_{i=1}^N \delta\left(\boldsymbol{x}_t - \boldsymbol{x}_{t|t-1}^{(i)}\right) \tag{6.4}$$

のように近似される．

次に，フィルタの手続きである．フィルタの手続きは，予測分布の近似である (6.4) 式をフィルタ分布の式 (3.16)

$$p(\boldsymbol{x}_t|\boldsymbol{y}_{1:t}) = \frac{p(\boldsymbol{y}_t|\boldsymbol{x}_t)\,p(\boldsymbol{x}_t|\boldsymbol{y}_{1:t-1})}{\displaystyle\int p(\boldsymbol{y}_t|\boldsymbol{x}_t)\,p(\boldsymbol{x}_t|\boldsymbol{y}_{1:t-1})\,d\boldsymbol{x}_t}$$

に代入すれば得られる．実際に代入してみると，

$$\begin{aligned}
p(\boldsymbol{x}_t|\boldsymbol{y}_{1:t}) &\doteq \frac{p\left(\boldsymbol{y}_t|\boldsymbol{x}_t\right)\displaystyle\sum_{i=1}^N \delta\left(\boldsymbol{x}_t - \boldsymbol{x}_{t|t-1}^{(i)}\right)}{\displaystyle\int p\left(\boldsymbol{y}_t|\boldsymbol{x}_t\right)\sum_{j=1}^N \delta\left(\boldsymbol{x}_t - \boldsymbol{x}_{t|t-1}^{(j)}\right)\,d\boldsymbol{x}_t} \\
&= \frac{1}{\sum_{j=1}^N p\left(\boldsymbol{y}_t|\boldsymbol{x}_{t|t-1}^{(j)}\right)}\sum_{i=1}^N p\left(\boldsymbol{y}_t|\boldsymbol{x}_{t|t-1}^{(i)}\right)\delta\left(\boldsymbol{x}_t - \boldsymbol{x}_{t|t-1}^{(i)}\right) \\
&= \frac{1}{\sum_{j=1}^N \lambda_t^{(j)}}\sum_{i=1}^N \lambda_t^{(i)}\delta\left(\boldsymbol{x}_t - \boldsymbol{x}_{t|t-1}^{(i)}\right) \\
&= \sum_{i=1}^N \beta_t^{(i)}\delta\left(\boldsymbol{x}_t - \boldsymbol{x}_{t|t-1}^{(i)}\right)
\end{aligned} \tag{6.5}$$

となる．ここで，$\lambda_t^{(i)} = p(\boldsymbol{y}_t|\boldsymbol{x}_{t|t-1}^{(i)})$ はデータ $\boldsymbol{y}_t$ が与えられたときの $\boldsymbol{x}_{t|t-1}^{(i)}$ の尤度であり，$\beta_t^{(i)}$ は

$$\beta_t^{(i)} = \frac{\lambda_t^{(i)}}{\sum_{j=1}^N \lambda_t^{(j)}} \tag{6.6}$$

と定義した．(6.5) 式は，$p(\boldsymbol{x}_t|\boldsymbol{y}_{1:t})$ が予測アンサンブル $\{\boldsymbol{x}_{t|t-1}^{(i)}\}_{i=1}^N$ $(= \{\boldsymbol{x}_{t|t-1}^{(1)}, \cdots, \boldsymbol{x}_{t|t-1}^{(N)}\})$ の各粒子に重み $\beta_t^{(i)}$ をつけたもので近似できることを示しており，その $\beta_t^{(i)}$ には (6.6) 式で見るように尤度の値を $\sum_{i=1}^N \beta_t^{(i)} = 1$ となるように規格化したものを用いればよいことがわかる．

さて，ここで，

$$m_t^{(i)} \approx N\beta_t^{(i)} \quad \left(\sum_{i=1}^{N} m_t^{(i)} = N;\ m_t^{(i)} \geq 0\right) \tag{6.7}$$

を満たすような整数列 $\{m_t^{(i)}\}_{i=1}^N$ を考え，予測アンサンブルの各粒子 $\boldsymbol{x}_{t|t-1}^{(i)}$ の複製が $m_t^{(i)}$ 個ずつ含まれるような新たなアンサンブル $\{\boldsymbol{x}_{t|t}^{(i)}\}_{i=1}^N$ を生成してみる．具体的には，アンサンブル $\{\boldsymbol{x}_{t|t-1}^{(i)}\}_{i=1}^N$ の中の各粒子が重み $\beta_t^{(i)}$(あるいは尤度 $\lambda_t^{(i)}$) に比例する割合で抽出されるようにして計 N 個の粒子を復元抽出すれば，その N 個の粒子によって $\{\boldsymbol{x}_{t|t}^{(i)}\}_{i=1}^N$ が構成できる．すると，(6.5) 式は

$$\begin{aligned} p(\boldsymbol{x}_t|\boldsymbol{y}_{1:t}) &\approx \frac{1}{N}\sum_{i=1}^{N} m_t^{(i)}\delta\left(\boldsymbol{x}_t - \boldsymbol{x}_{t|t-1}^{(i)}\right) \\ &= \frac{1}{N}\sum_{i=1}^{N} \delta\left(\boldsymbol{x}_t - \boldsymbol{x}_{t|t}^{(i)}\right) \end{aligned} \tag{6.8}$$

のように変形でき，この新たなアンサンブル $\{\boldsymbol{x}_{t|t}^{(i)}\}_{i=1}^N$ がフィルタ分布 $p(\boldsymbol{x}_t|\boldsymbol{y}_{1:t})$ の近似になっていることがわかる．このようにして，予測アンサンブル $\{\boldsymbol{x}_{t|t-1}^{(i)}\}_{i=1}^N$ から各粒子をそれぞれの尤度に比例する数だけ復元抽出・複製して $p(\boldsymbol{x}_t|\boldsymbol{y}_{1:t})$ を近似する新たなアンサンブル $\{\boldsymbol{x}_{t|t}^{(i)}\}_{i=1}^N$ を構成する手続きのことをリサンプリングと呼ぶ．PF は，各粒子についてシミュレーションモデルを走らせる予測のステップとリサンプリングに基づくフィルタのステップを交互に繰り返すことで，状態推定を行うアルゴリズムである．

なお，以上の導出過程からわかるように，粒子フィルタでフィルタ分布の近似を構成するとき，観測ベクトル $\boldsymbol{y}_t$ が，粒子 $\boldsymbol{x}_t^{(i)}$ の尤度 $p(\boldsymbol{y}_t|\boldsymbol{x}_t^{(i)})$ の形以外で使われることはない．このことから，必ずしも観測モデルとして (6.1b) 式のような線形モデルを仮定する必要はなく，各粒子の尤度 $p(\boldsymbol{y}_t|\boldsymbol{x}_t^{(i)})$ さえ計算できればよいということがいえる．実際，本章の最初に触れたように，粒子フィルタでは，(3.6) 式で表現できる一般の観測モデルが利用できる．

6.3 利点と問題点

PF の最大の利点は，上でも触れたように，線形性・ガウス性などの仮定を置いていないため，あらゆるタイプの非線形・非ガウス状態空間モデルに適用できる

ということにある．EnKF では，2 次モーメントまでしか考慮されないほか，基本的にシステムの状態と観測との間に線形の関係が成り立つことを仮定している．線形性が成り立たない場合，5.7 節のように拡大状態ベクトルと拡大システムを考えるという対処の仕方があるとはいえ，うまくいかない場合もある[46)]．それに対して，PF では，線形性・ガウス性などの仮定をおかずに予測分布，フィルタ分布の形状をそのまま表現できる形になっており，多峰性の確率分布 (ピークが複数あるような確率分布) も扱うことができる．また，システムモデルに非線形性が含まれる場合のみならず，観測モデルに非線形性・非ガウス性が含まれる問題に対しても自然に適用できる．もう一つの利点は，実装がきわめて容易であるという点である．前述のように，PF で行うリサンプリングは，尤度の比に応じて粒子の複製をつくるだけであり，実装にあたって，もとのシミュレーションコードに改変を加える必要はほとんどない．

一方で，PF では，時間ステップを進めてリサンプリングを繰り返していくうちに，性能が著しく低下してしまうという問題がしばしば起こる．リサンプリングは，ある粒子を破棄してある複製を増やすという操作であるから，これを繰り返していくと，もともと同じ粒子の複製であったものがアンサンブルに占める割合が増えていくことになる．各粒子には予測のステップでシステムノイズの実現値 $\boldsymbol{v}_t^{(i)}$ が加わるため，もともと同じ粒子の複製であったものも次第に値は散らばっていくが，しばしば，システムノイズによって散らばるよりも先にある特定の粒子の複製が増殖してしまい，アンサンブルを構成する粒子のほとんどが似た値を持つようになることがある．こうなると，本来の広がりを持った確率分布が表現できなくなるため，適切な状態推定ができなくなってしまう．このような現象は，アンサンブルの退化と呼ばれる．特に観測ベクトルの次元が大きい場合には，1 回のリサンプリングで破棄される粒子の数が多く，したがってある特定の粒子の複製が一度に急増するので，退化の問題が起こりやすい．

アンサンブルの退化を回避するには，リサンプリングを繰り返してもアンサンブル内にある程度多様な粒子が残るように，十分な数の粒子を用いる必要がある．しかし，PF のようなアンサンブル近似を用いたアルゴリズムでは，粒子数が N なら N 回シミュレーションモデルを走らせる必要があり，粒子数を増やせばそれだけ計算コストがかさむことになる．特に，大規模なシミュレーションモデルを扱う場合には，何度ものリサンプリングに堪えるほどの粒子数を確保するのが計算機資源の観点から不可能である場合も多い.

また，状態ベクトルの次元が高い場合には，そもそも状態の確率分布を適切に表現するために非常に多数の粒子が必要になるという問題もある．実際には，状態の確率分布を表現するために必要な粒子数は，状態ベクトルの次元よりもシステムモデルの実質的な自由度の方に依存するため，適切な事前情報や制約条件を与えることで，実質的な自由度を落とし，必要となる粒子の数をある程度減らすことは可能である．しかしそれでも，システムモデルの自由度が数十次元を超えるような比較的大規模な問題を扱う場合には，PF ではあまり妥当な推定結果が得られないことが多い.

したがって，状態ベクトル，観測ベクトルの次元が高いモデルを扱う場合には，EnKF や次章で述べる融合粒子フィルタなどを用いるのが現実的であろう．とはいえ，PF には非線形・非ガウスの問題に対しても適用可能であるという大きな強みがあり，システムモデルが低次元でかつ計算コストが小さい小規模な問題に対しては，きわめて有用な手法である.

6.4 粒子スムーザ

PF のリサンプリングの手続きは，容易に 3.3.3 項で述べた固定ラグ平滑化に拡張することができる．固定ラグ平滑化を行うには，4.4.2 項と同じく，状態ベクトルを

$$\tilde{\boldsymbol{x}}_t = \begin{pmatrix} \boldsymbol{x}_t \\ \boldsymbol{x}_{t-1} \\ \vdots \\ \boldsymbol{x}_{t-L} \end{pmatrix} \tag{6.9}$$

のように拡大し，その上で，この拡大状態ベクトルに対して PF の手続きを施せばよい．ただし，状態ベクトルを拡大したので，それに応じてシステムモデルも

$$\tilde{\boldsymbol{x}}_t = \tilde{\boldsymbol{f}}_t(\tilde{\boldsymbol{x}}_{t-1}, \boldsymbol{v}_t) \tag{6.10}$$

のように拡大しておく必要がある．ここで，$\tilde{\boldsymbol{f}}_t$ は

$$\tilde{\boldsymbol{f}}_t(\tilde{\boldsymbol{x}}_{t-1}, \boldsymbol{v}_t) = \begin{pmatrix} \boldsymbol{f}_t(\boldsymbol{x}_{t-1}, \boldsymbol{v}_t) \\ \boldsymbol{x}_{t-1} \\ \vdots \\ \boldsymbol{x}_{t-L} \end{pmatrix} \tag{6.11}$$

となるように定義する．

では，具体的に固定ラグ平滑化の 1 ステップの手続きを見てみよう．拡大状態ベクトルの時刻 $t-1$ におけるフィルタアンサンブル $\{\tilde{\boldsymbol{x}}^{(i)}_{t-1|t-1}\}_{i=1}^{N} = \{(\boldsymbol{x}^{(i)\prime}_{t-1|t-1} \ \cdots \ \boldsymbol{x}^{(i)\prime}_{t-L-1|t-1})'\}_{i=1}^{N}$ が用意されていたとすると，時刻 t における予測アンサンブル $\{\tilde{\boldsymbol{x}}^{(i)}_{t|t-1}\}_{i=1}^{N} = \{(\boldsymbol{x}^{(i)\prime}_{t|t-1} \ \ldots \boldsymbol{x}^{(i)\prime}_{t-L|t-1})'\}_{i=1}^{N}$ の各粒子 $\tilde{\boldsymbol{x}}^{(i)}_{t|t-1}$ は，上述の拡大システムモデルを適用すれば，

$$\tilde{\boldsymbol{x}}^{(i)}_{t|t-1} = \begin{pmatrix} \boldsymbol{x}^{(i)}_{t|t-1} \\ \boldsymbol{x}^{(i)}_{t-1|t-1} \\ \vdots \\ \boldsymbol{x}^{(i)}_{t-L|t-1} \end{pmatrix} = \begin{pmatrix} \boldsymbol{f}_t(\boldsymbol{x}^{(i)}_{t-1|t-1}, \boldsymbol{v}^{(i)}_t) \\ \boldsymbol{x}^{(i)}_{t-1|t-1} \\ \vdots \\ \boldsymbol{x}^{(i)}_{t-L|t-1} \end{pmatrix} \tag{6.12}$$

のようにして得られる．次に，得られた予測アンサンブルから時刻 t の観測 $\boldsymbol{y}_t$ に基づいてリサンプリングを行う．リサンプリングの際の各粒子の重みについては，(3.12) 式のマルコフ性の仮定から $p(\boldsymbol{y}_t|\tilde{\boldsymbol{x}}_t) = p(\boldsymbol{y}_t|\boldsymbol{x}_t)$ が成り立つことに注意すると，拡大状態ベクトル粒子 $\tilde{\boldsymbol{x}}^{(i)}_{t|t-1}$ の尤度が

$$p\left(\boldsymbol{y}_t|\tilde{\boldsymbol{x}}^{(i)}_{t|t-1}\right) = p\left(\boldsymbol{y}_t|\boldsymbol{x}^{(i)}_{t|t-1}\right) = \lambda^{(i)}_t \tag{6.13}$$

のように拡大前の粒子 $\boldsymbol{x}^{(i)}_{t|t-1}$ の尤度と同じになることがいえるので，(6.6) 式で与えられる $\boldsymbol{x}^{(i)}_{t|t-1}$ の重み $\beta^{(i)}_t$ をそのまま用いればよい．最後に，リサンプリングの結果得られたアンサンブル $\{\tilde{\boldsymbol{x}}^{(i)}_{t|t}\}_{i=1}^{N} = \{(\boldsymbol{x}^{(i)\prime}_{t|t} \ \cdots \ \boldsymbol{x}^{(i)\prime}_{t-L|t})'\}_{i=1}^{N}$ から，$\{\boldsymbol{x}^{(i)}_{t-L|t}\}_{i=1}^{N}$ の部分を取り出すと，これによって $p(\boldsymbol{x}_{t-L:t}|\boldsymbol{y}_{1:t})$ を周辺化した平滑化分布 $p(\boldsymbol{x}_{t-L}|\boldsymbol{y}_{1:t})$ のアンサンブル近似が得られたことになる．このような PF の枠組みに基づく平滑化アルゴリズムを粒子スムーザ(particle smoother; PS) と呼ぶ．

なお，実際に $p(\boldsymbol{x}_{t-L}|\boldsymbol{y}_{1:t})$ を近似するアンサンブル $\{\boldsymbol{x}^{(i)}_{t-L|t}\}_{i=1}^{N}$ を得るためには，まず，(拡大) 状態ベクトルの時刻 $t-L$ におけるフィルタアンサンブル

$\{\tilde{\boldsymbol{x}}^{(i)}_{t-L|t-L}\}$ を得た上で，時刻 $t-L+1$ から t までについて，拡大状態ベクトルによる一期先予測，フィルタの操作を繰り返すことになる．この時刻 $t-L+1$ から t までの手続きを，拡大状態ベクトルに含まれる時刻 $t-L$ の部分のみに注目して見てみると，アンサンブル $\{\boldsymbol{x}^{(i)}_{t-L|t}\}^{N}_{i=1}$ は，$\{\boldsymbol{x}^{(i)}_{t-L|t-L}\}$ から，L 回リサンプリングを繰り返して得られたものになっている．したがって，PS でラグ L を長くとりすぎると，前節で述べた退化の問題が顕在化する．すなわち，リサンプリングを繰り返すうちに，アンサンブルを構成する粒子のほとんどがある特定の粒子の複製で占められてしまうのである．場合によっては，平滑化分布のアンサンブル近似 $\{\boldsymbol{x}^{(i)}_{t-L|t}\}$ の全粒子が，フィルタ分布のアンサンブル近似 $\{\boldsymbol{x}^{(i)}_{t-L|t-L}\}$ に含まれるある 1 個の粒子の複製になってしまうこともある．このように，リサンプリングを繰り返しすぎると $\{\boldsymbol{x}^{(i)}_{t-L|t}\}$ は本来の平滑化分布 $p(\boldsymbol{x}_{t-L}|\boldsymbol{y}_{1:t})$ をうまく表現できなくなってしまうので，PS で固定ラグ平滑化を行う場合には，ラグ L をあまり長くとりすぎないように注意するべきである[28, 65]．

6.5　実装のための留意点

ここで，実際に粒子フィルタを用いてデータ同化を行う際に，留意しておいた方がよいと思われることを簡単に触れておく．

6.5.1　重みの計算

重み $\beta^{(i)}_{t}$ は，各粒子 $\boldsymbol{x}^{(i)}_{t|t-1}$ の尤度 $p(\boldsymbol{y}_t|\boldsymbol{x}^{(i)}_{t|t-1})$ から得られる．ガウス分布などの指数分布族を仮定した場合，この尤度は，まず対数尤度を計算し，それに指数関数を適用するという手続きで計算されるのが普通である．しかし，データが高次元の問題では対数尤度の絶対値が大きくなるため，計算機で尤度を計算しようとしたときにアンダーフローがしばしば起こる．場合によっては，ほとんどの粒子でアンダーフローが起こってしまうこともあり，そうなると精度が著しく落ちてしまうので注意する必要がある．ただし，実際に PF の重みの計算で必要なのは尤度そのものではなく尤度の比であることを考慮すれば，以下のようにしてアンダーフローの影響を回避できる．

1) 全粒子のうち，対数尤度 $\ell^{(i)} = \log \lambda^{(i)}_{t}$ が最も大きい粒子を選び，その粒子を $\boldsymbol{x}^{(K)}$，その対数尤度を $\ell^{(K)}$ とする．

2) 各粒子について，$\psi^{(i)} = \exp(\ell^{(i)} - \ell^{(K)})$ の値を計算する．
3) $\Psi = \sum_{i=1}^{N} \psi^{(i)}$ を計算する．
4) $\beta^{(i)} = \psi^{(i)}/\Psi$ で重みが得られる．

6.5.2 リサンプリングの方法

実際にリサンプリングを行うには，いくつかの方法が考えられる．最も素直なのは，予測アンサンブル $\{\boldsymbol{x}_{t|t-1}^{(i)}\}$ からのランダム復元抽出を繰り返すというやり方で，各粒子が $\beta_t^{(i)}$ の確率で抽出されるものとして復元抽出を N 回繰り返せば，フィルタ分布を近似するアンサンブルが得られる．

ランダム抽出を行った場合，各粒子が抽出される回数の期待値は $N\beta_t^{(i)}$ 回となる．しかし，実際の回数は期待値から幾分か外れてしまうことも多い．ランダム抽出を N 回行ったときに，ある粒子 $\boldsymbol{x}_{t|t-1}^{(i)}$ が抽出される回数が期待値からどのくらい外れうるかは，粒子 $\boldsymbol{x}_{t|t-1}^{(i)}$ の抽出が確率 $\beta_t^{(i)}$ のベルヌーイ試行と見なせることからただちに見積もることができ (二項分布の標準偏差の式[69] からすぐに出る)，$\sqrt{N\beta_t^{(i)}(1-\beta_t^{(i)})}$ 程度となる．したがって，フィルタアンサンブル $\{\boldsymbol{x}_{t|t}^{(i)}\}_{i=1}^{N}$ に予測アンサンブルのメンバー $\boldsymbol{x}_{t|t-1}^{(i)}$ の複製が占める割合は，$\sqrt{\beta_t^{(i)}(1-\beta_t^{(i)})/N}$ 程度のばらつきを持つことになる．このことから，ランダム抽出を用いると，特に N があまり大きくない場合には，得られたアンサンブルによって表現される分布が本来の分布の形状とは大きく異なったものになってしまう可能性がある．アンサンブル近似を行う目的は確率分布の形状をよりよく近似することにあるので，これはあまり好ましいこととはいえない．

そこで，抽出される粒子数の比が尤度比になるべく近くなるようにするために，単なるランダム抽出は行わずに以下のような方法をとることがある[34]．

1) $N\beta_t^{(i)}$ の整数部分を $\bar{m}_t^{(i)}$ として，まず，各粒子 $\boldsymbol{x}_{t|t-1}^{(i)}$ をそれぞれ $\bar{m}_t^{(i)}$ 個ずつ抽出する．これで，$\sum_{i=1}^{N} \bar{m}_t^{(i)}$ 個が確定する．
2) 粒子数を N 個にするために，各粒子 $\boldsymbol{x}_{t|t-1}^{(i)}$ が $(N\beta_t^{(i)} - \bar{m}_t^{(i)})/(N - \sum_{i=1}^{N} \bar{m}_t^{(i)})$ の確率で抽出されるようなランダム抽出によって，不足分 $N - \sum_{i=1}^{N} \bar{m}_t^{(i)}$ 個の粒子を抽出する．

また，次のようなランダム抽出をまったく使わない方法も考えられる (図 6.3)．

1) まず，$\{\zeta_t^{(i)}\}_{i=0}^{N}$，$\{\eta_t^{(i)}\}_{i=1}^{N}$ をそれぞれ $\zeta_t^{(0)} = 0$，$\zeta_t^{(i)} = \sum_{j=1}^{i} \beta_t^{(j)}$，$\eta_t^{(i)} =$

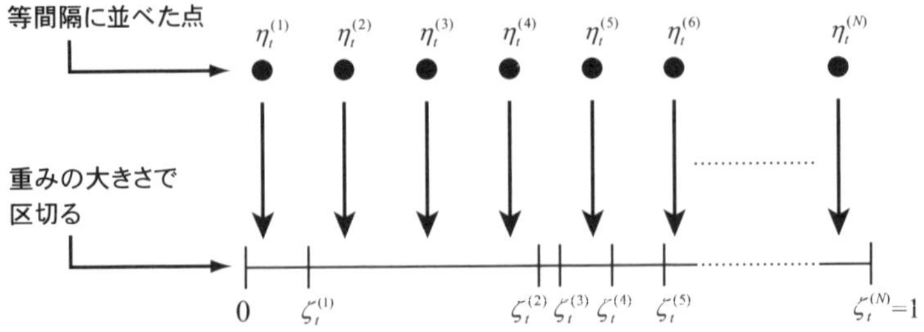

図 **6.3**　ランダム抽出を使わないリサンプリングの実装法

$(i-\varepsilon)/N$ のように定義する (ε は $0<\varepsilon\leq 1$ を満たす適当な実数．乱数などで与えてもよい)．

2) $i=1,\cdots,N$ について $\zeta_t^{(i-1)}\leq\eta_t^{(j)}<\zeta_t^{(i)}$ を満たす j を探し，$\boldsymbol{x}_{t|t}^{(j)}:=\boldsymbol{x}_{t|t-1}^{(i)}$ とする．

6.6　適　用　例

ここで，4, 5 章の適用例と同じ問題に対して PF，PS を適用した例を示しておく．図 6.4 は，PF を用いて，4, 5 章と同じシステムモデル，データから得られたフィルタ推定値で，上から粒子数 N が 8, 16, 64, 512, 4096 の場合の結果を示している．推定の際の初期条件，システムノイズ，観測ノイズはすべて 4, 5 章と同じ設定にしている．粒子数が少ないと，4 章で示したカルマンフィルタによる結果から大きくずれる場合が出てくるが，粒子数を 512, 4096 と増やしていくと，ほぼカルマンフィルタと同じ推定結果が得られている．このように粒子フィルタは，システムモデル，観測モデルが線形でかつ状態の確率分布がガウス分布に従うような問題に適用した場合，粒子数を十分に増やせば，アンサンブルカルマンフィルタと同様，カルマンフィルタとほとんど同じ結果が得られる．ただし，アンサンブルカルマンフィルタと比較すると，必要となる粒子数は多くなる．

図 6.5 は，同じ問題に PS を適用して得られた平滑化推定値である．6.4 節で述べたように，PS で固定ラグ平滑化を行う場合，あまりラグ L を長くとりすぎるとうまくいかないので，ここではラグを $L=30$ とし，それを 4.4.4 項の固定区間平滑化の結果と比較している．図 6.4 と同様，上から順に粒子数 N を 8, 16,

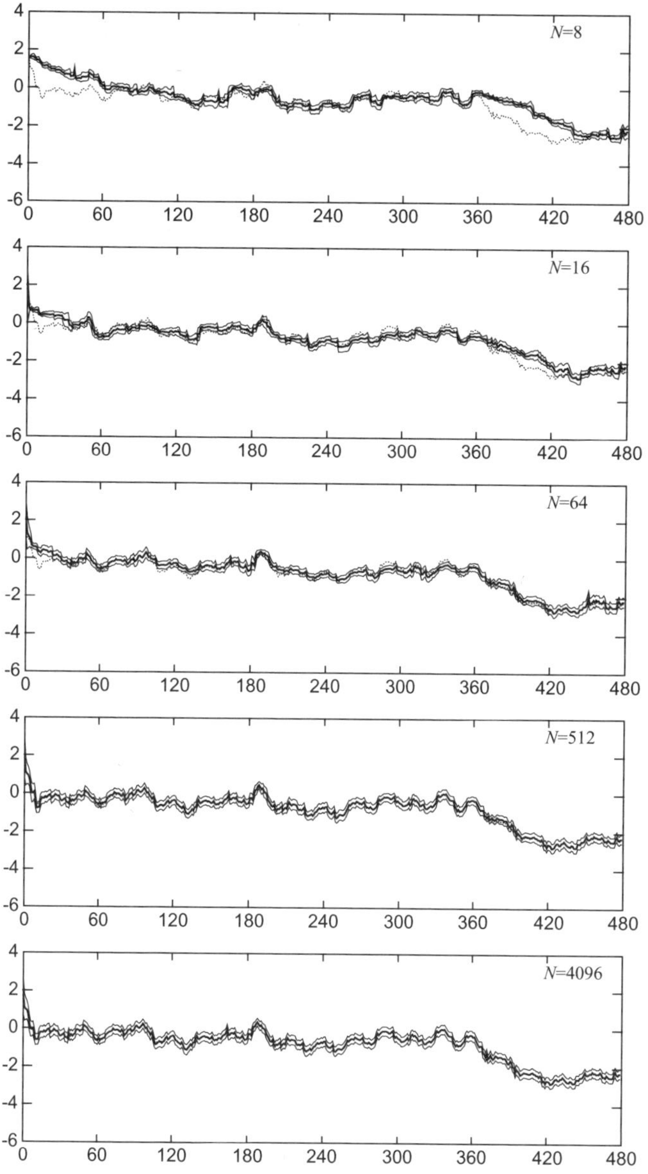

図 **6.4**　PF による推定結果

上から粒子数 N が 8, 16, 64, 512, 4096 の場合を示す．3 本の実線は，フィルタ推定値に対応する粒子のアンサンブル平均，および粒子分布の標準偏差を表している．また，図 4.3 のカルマンフィルタによる推定結果を点線で示している．

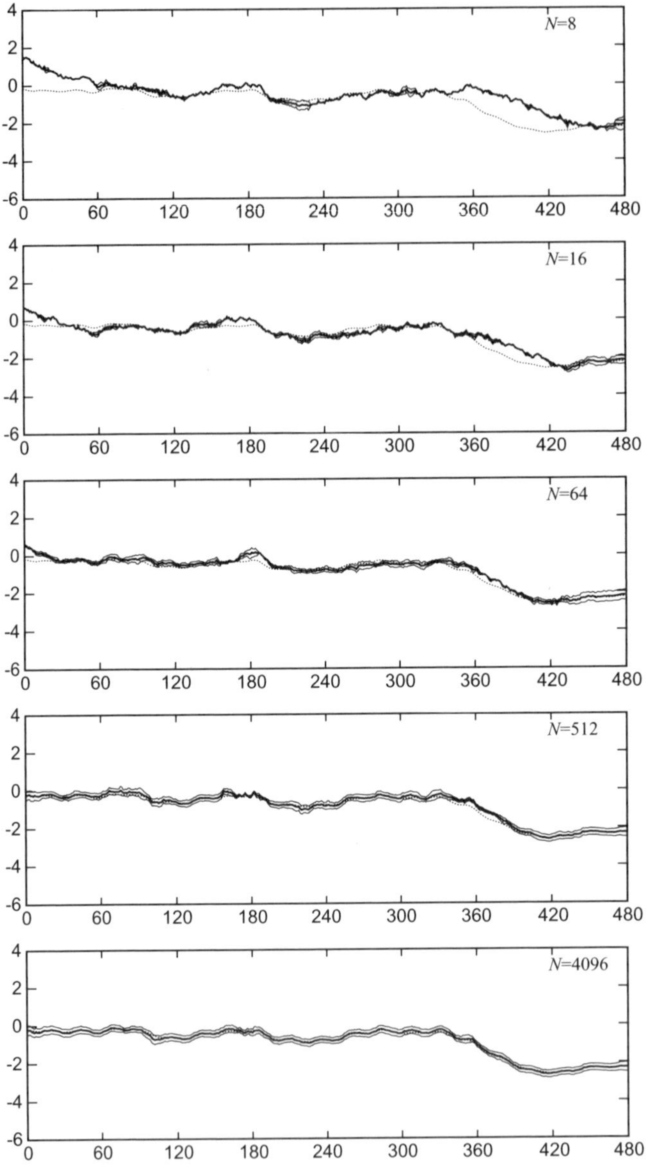

図 **6.5**　ラグを $L = 30$ としたときの PS による固定ラグ平滑化推定値
図 6.4 と同様，粒子数 N が 8, 16, 64, 512, 4096 の場合を示している．点線は，図 4.8 の固定区間平滑化推定値を示している．

64, 512, 4096 と増やしているが，粒子数が 8, 16 の場合，PS の結果は 4.4.4 項の平滑化推定値から大きくずれている．また，標準偏差がきわめて小さくなっており，場合によっては 0 になっている．標準偏差が 0 というのは，退化が起こってある 1 個の粒子の複製のみになってしまったことを示しているから，このような場合には，粒子をもっと増やす必要がある．この問題においては，$N = 512$ の場合にも標準偏差が 0 という状況が起こっており，$N = 4096$ まで増やしてようやく適切な平滑化推定値が得られるようになっている．

6.7 ま と め

粒子フィルタ (PF) は，EnKF と同様に，状態の確率密度分布を多数のサンプルで近似するアルゴリズムで，前の時間ステップから現在の時間ステップの予測分布の近似を得る手続きも EnKF と共通である．しかし，フィルタ分布の近似を得る際に，予測アンサンブルからのリサンプリングを行い，各粒子をそれぞれの尤度に比例する数だけ抽出する点が EnKF と異なる．PF は，線形性・ガウス性などの仮定を用いないため，一般的な非線形・非ガウスの問題にも適用できるが，特に高次元の問題に適用する場合には，十分な数の粒子を使わないとアンサンブルの退化という問題が起こるため，注意する必要がある．

7

融合粒子フィルタ

アンサンブルカルマンフィルタ (EnKF) は比較的高次元の問題にも適用可能だが，システムの状態と観測との間に線形の関係が成り立つことを前提としており，それが成り立たない場合，EnKF では必ずしも妥当な結果が得られるとは限らない[72)]．一方，6 章で紹介した粒子フィルタ (PF) には，6.3 節で述べたようにアンサンブルの退化と呼ばれる問題があり，リサンプリングを繰り返していくうちに，本来のフィルタ分布をアンサンブルでうまく表現できなくなってしまうので，高次元の問題ではよい推定結果が得られないことが多い．粒子フィルタの退化の問題に対処するための方策にはさまざまなものが提案されているが (例えば van Leeuwen[55)] を参照)，本章では，一つの方法として，筆者らが提案している融合粒子フィルタ(merging particle filter; MPF) というアルゴリズムを紹介する．

7.1　アルゴリズムの概要

粒子フィルタには，6.3 節で述べたようにさまざまな長所があるが，最大の長所は，観測モデルについて線形性などの仮定をしないため，さまざまな観測モデルを扱うことができるという点である．そこで，この特長を維持しつつ，アンサンブルの退化を抑制することを考えてみる．

一つの方策として考えられるのは，状態変数のフィルタ分布がガウス分布に従うことを仮定するという方法である．ガウス分布を仮定すると，その分布の形状はその平均と分散共分散行列で決まることになる．フィルタ分布の平均，分散共分散行列は，(6.5) 式のような重み $\{\beta_t^{(i)}\}$ と予測アンサンブル $\{\boldsymbol{x}_{t|t-1}^{(i)}\}$ とを用いたフィルタ分布の近似から得ることができる．そこで，その平均，分散共分散行列によって与えられるガウス分布がもともとのフィルタ分布 $p(\boldsymbol{x}_t|\boldsymbol{y}_{1:t})$ を近似す

るガウス分布と見なすことにすると，そのガウス分布から N 個のサンプル抽出し直すことによって，退化のない新たなフィルタ分布のアンサンブル近似が得られることになる．フィルタ分布のアンサンブル近似が得られれば，予測の操作は，アンサンブルカルマンフィルタや通常の粒子フィルタと同様にして行うことができる．これは，ガウシアン粒子フィルタ(Gaussian particle filter) と呼ばれる方法であるが[31, 58)]，この方法の問題点は，ガウス分布からのサンプルを生成する際に分散共分散行列の平方根 (コレスキー分解など) を求める必要があるということである．行列の分解は，特に高次元の行列になると，多大な計算コストが必要になるため，高次元モデルへのデータ同化に有効な方法とはいいがたい．

融合粒子フィルタ(merging particle filter; MPF) は，PF を基礎に，アンサンブルの退化が起こりにくいよう変更を施したアルゴリズムの一つであるが，フィルタ分布の平均，分散共分散行列の情報，すなわち 2 次までのモーメントの情報を保持したアンサンブルを，行列計算をせずに得ることができる[46, 71)]．アルゴリズム上で MPF が PF と異なるのは，フィルタアンサンブル $\{\boldsymbol{x}_{t|t}^{(i)}\}_{i=1}^{N}$ を構成する粒子を 1 個生成するために，予測アンサンブル $\{\boldsymbol{x}_{t|t-1}^{(i)}\}_{i=1}^{N}$ から複数個のサンプルを抽出し，その重み付き和をとるという点である．したがって，粒子 $\boldsymbol{x}_{t|t}^{(i)}$ を生成するのに予測分布から抽出した粒子を n 個用いることにすると，N 個の粒子で構成されるアンサンブル $\{\boldsymbol{x}_{t|t}^{(i)}\}_{i=1}^{N}$ を生成するために，予測アンサンブル

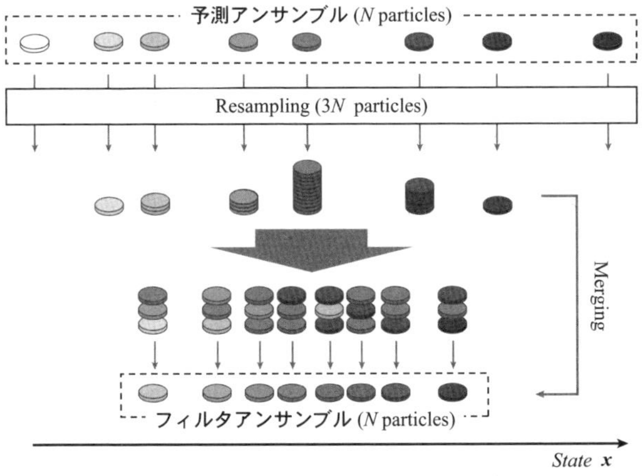

図 7.1 MPF のアルゴリズムの概念図 ($n = 3$ とした場合)
複数の予測アンサンブルの粒子を組み合わせることで，多様な粒子が生成される．

$\{\boldsymbol{x}_{t|t-1}^{(i)}\}_{i=1}^{N}$ から $n \times N$ 個のサンプルを抽出しておくことになる．この $n \times N$ 個のサンプルを，n 個ずつの組にし，それぞれの組ごとに重み付き和をとることで，フィルタアンサンブルを構成する粒子を生成するのである．例えば，$n = 3$ とした場合には，図 7.1 に示したような流れでフィルタアンサンブルが生成される．このように複数の粒子を組み合わせることにより，多様な粒子が生成されうるため，アンサンブルの退化が起こりにくくなる．

具体的には，以下のようなアルゴリズムによって各ステップのアンサンブル，$\{\boldsymbol{x}_{t|t-1}^{(i)}\}_{i=1}^{N}$, $\{\boldsymbol{x}_{t|t}^{(i)}\}_{i=1}^{N}$ が求められる：

1) 初期分布のアンサンブル $\{\boldsymbol{x}_{0|0}^{(i)}\}_{i=1}^{N}$ ($\boldsymbol{x}_{0|0}^{(i)} \sim p(\boldsymbol{x}_0)$) を生成する．
2) $t = 1, \cdots, T$ について (a)〜(e) のステップを実行する．
   (a) 各 i ($i = 1, \cdots, N$) について，乱数 $\boldsymbol{v}_t^{(i)} \sim p(\boldsymbol{v}_t)$ を生成する．
   (b) 各 i ($i = 1, \cdots, N$) について $\boldsymbol{x}_{t|t-1}^{(i)} = f_t(\boldsymbol{x}_{t-1|t-1}^{(i)}, \boldsymbol{v}_t^{(i)})$ を計算する．
   (c) 各 i ($i = 1, \cdots, N$) について尤度 $\lambda_t^{(i)} = p(\boldsymbol{y}_t|\boldsymbol{x}_{t|t-1}^{(i)})$ を計算する．
   (d) 各 i ($i = 1, \cdots, N$) について $\beta_t^{(i)} = \lambda_t^{(i)} / \left(\sum_{i=1}^{N} \lambda_t^{(i)}\right)$ を求める．
   (e) $\{\boldsymbol{x}_{t|t-1}^{(1)}, \cdots, \boldsymbol{x}_{t|t-1}^{(N)}\}$ から各粒子 $\boldsymbol{x}_{t|t-1}^{(i)}$ が $\beta_t^{(i)}$ の確率で抽出されるようにして $n \times N$ 個の粒子を復元抽出し，

$$\left\{\dot{\boldsymbol{x}}_{t|t}^{(1,1)}, \cdots, \dot{\boldsymbol{x}}_{t|t}^{(n,1)}, \cdots, \dot{\boldsymbol{x}}_{t|t}^{(1,N)}, \cdots, \dot{\boldsymbol{x}}_{t|t}^{(n,N)}\right\}$$

   を生成する．
   (f) 各 i ($i = 1, \cdots, N$) について，$n \times N$ 個の粒子 $\{\dot{\boldsymbol{x}}_{t|t}^{(j,i)}\}$ から n 個の粒子 $\{\dot{\boldsymbol{x}}_{t|t}^{(1,i)}, \cdots, \dot{\boldsymbol{x}}_{t|t}^{(n,i)}\}$ を取り出した上でその重み付き和 $\boldsymbol{x}_{t|t}^{(i)} = \sum_{j=1}^{n} \alpha_j \dot{\boldsymbol{x}}_{t|t}^{(j,i)}$ をとり，$\{\boldsymbol{x}_{t|t}^{(1)}, \cdots, \boldsymbol{x}_{t|t}^{(N)}\}$ を生成する．

PF のアルゴリズムと比較すると，2) の (d) までは全く同じであり，異なっているのは 2) の (e), (f) の部分だけである．

重み付き和をとるときの重み $\{\alpha_j\}$ については，

$$\sum_{j=1}^{n} \alpha_j = 1, \qquad \sum_{j=1}^{n} \alpha_j^2 = 1 \tag{7.1}$$

を満たすように与える．このようにすれば，次節で述べるようにフィルタアンサンブル $\{\boldsymbol{x}_{t|t}^{(i)}\}_{i=1}^{N}$ がフィルタ分布 $p(\boldsymbol{x}_t|\boldsymbol{y}_{1:t})$ と近似的に等しい平均ならびに分散

共分散行列を持つことになる．なお，このとき重み付き和をとる粒子の数 n は 3 以上の数にする必要がある．もし $n=1$ ならば通常の PF そのものとなり，また $n=2$ の場合も，(7.1) 式を満足するには片方の重みを 1，もう片方を 0 にとるしかなく，やはり通常の PF と同じものになってしまうからである．

7.2 融合粒子フィルタの性質

次に，(7.1) 式を満たすように重みを設定したときに，前節で述べた MPF のアルゴリズムにより生成されるアンサンブル $\{\boldsymbol{x}_{t|t}^{(i)}\}_{i=1}^{N}$ がもとのフィルタ分布と近似的に等しい平均および分散共分散行列を持つことを確認しておく．まず，注意しておくべきことは，$n\times N$ 個の粒子 $\{\dot{\boldsymbol{x}}_{t|t}^{(1,1)},\cdots,\dot{\boldsymbol{x}}_{t|t}^{(n,1)},\cdots,\dot{\boldsymbol{x}}_{t|t}^{(1,N)},\cdots,\dot{\boldsymbol{x}}_{t|t}^{(n,N)}\}$ から N 個の粒子を取り出してできる部分集合 $\{\dot{\boldsymbol{x}}_{t|t}^{(j,1)},\cdots,\dot{\boldsymbol{x}}_{t|t}^{(j,N)}\}$ は，実は前章で述べた PF と全く同じアルゴリズムで生成されているということである．したがって，この N 個の粒子の部分集合だけでもフィルタ分布 $p(\boldsymbol{x}_t|\boldsymbol{y}_{1:t})$ が近似できていることになる．つまり，任意の j $(j=1,\cdots,n)$ について

$$p(\boldsymbol{x}_t|\boldsymbol{y}_{1:t}) \doteq \frac{1}{N}\sum_{i=1}^{N}\delta\left(\boldsymbol{x}_t-\dot{\boldsymbol{x}}_{t|t}^{(j,i)}\right) \tag{7.2}$$

がいえる．

(7.2) 式を利用して，アンサンブル $\{\boldsymbol{x}_{t|t}^{(i)}\}_{i=1}^{N}$ で近似される確率分布の平均を計算してみると，

$$\begin{aligned}
&\int \boldsymbol{x}_t\,\frac{1}{N}\sum_{i=1}^{N}\delta\left(\boldsymbol{x}_t-\boldsymbol{x}_{t|t}^{(i)}\right)\,d\boldsymbol{x}_t\\
&=\frac{1}{N}\sum_{i=1}^{N}\boldsymbol{x}_{t|t}^{(i)}=\frac{1}{N}\sum_{i=1}^{N}\sum_{j=1}^{n}\alpha_j\dot{\boldsymbol{x}}_{t|t}^{(j,i)}\\
&=\sum_{j=1}^{n}\left[\alpha_j\int \boldsymbol{x}_t\frac{1}{N}\sum_{i=1}^{N}\delta\left(\boldsymbol{x}_t-\dot{\boldsymbol{x}}_{t|t}^{(j,i)}\right)\,d\boldsymbol{x}_t\right]\\
&\doteq\sum_{j=1}^{n}\alpha_j\int \boldsymbol{x}_t\,p(\boldsymbol{x}_t|\boldsymbol{y}_{1:t})\,d\boldsymbol{x}_t\\
&=\int \boldsymbol{x}_t\,p(\boldsymbol{x}_t|\boldsymbol{y}_{1:t})\,d\boldsymbol{x}_t=\boldsymbol{\mu}_{t|t}
\end{aligned} \tag{7.3}$$

となり，フィルタ分布 $p(\boldsymbol{x}_t|\boldsymbol{y}_{1:t})$ の平均 $\boldsymbol{\mu}_{t|t}$ と近似的に等しくなる．また，$\{\boldsymbol{x}_{t|t}^{(i)}\}_{i=1}^{N}$ の表現する分散共分散行列は，

$$
\begin{aligned}
&\int (\boldsymbol{x}_t - \boldsymbol{\mu}_{t|t})(\boldsymbol{x}_t - \boldsymbol{\mu}_{t|t})' \frac{1}{N}\sum_{i=1}^{N} \delta\left(\boldsymbol{x}_t - \boldsymbol{x}_{t|t}^{(i)}\right) d\boldsymbol{x}_t \\
&= \frac{1}{N}\sum_{i=1}^{N} \left(\boldsymbol{x}_{t|t}^{(i)} - \boldsymbol{\mu}_{t|t}\right)\left(\boldsymbol{x}_{t|t}^{(i)} - \boldsymbol{\mu}_{t|t}\right)' \\
&= \frac{1}{N}\sum_{i=1}^{N} \left(\sum_{j_1=1}^{n} \alpha_{j_1} \dot{\boldsymbol{x}}_{t|t}^{(j_1,i)} - \boldsymbol{\mu}_{t|t}\right)\left(\sum_{j_2=1}^{n} \alpha_{j_2} \dot{\boldsymbol{x}}_{t|t}^{(j_2,i)} - \boldsymbol{\mu}_{t|t}\right)' \\
&= \frac{1}{N}\sum_{i=1}^{N} \left[\sum_{j_1=1}^{n} \alpha_{j_1} \left(\dot{\boldsymbol{x}}_{t|t}^{(j_1,i)} - \boldsymbol{\mu}_{t|t}\right)\right]\left[\sum_{j_2=1}^{n} \alpha_{j_2} \left(\dot{\boldsymbol{x}}_{t|t}^{(j_2,i)} - \boldsymbol{\mu}_{t|t}\right)\right]' \\
&\simeq \frac{1}{N}\sum_{i=1}^{N}\sum_{j=1}^{n} \alpha_j^2 \left(\dot{\boldsymbol{x}}_{t|t}^{(j,i)} - \boldsymbol{\mu}_{t|t}\right)\left(\dot{\boldsymbol{x}}_{t|t}^{(j,i)} - \boldsymbol{\mu}_{t|t}\right)' \\
&= \sum_{j=1}^{n} \alpha_j^2 \int (\boldsymbol{x}_t - \boldsymbol{\mu}_{t|t})(\boldsymbol{x}_t - \boldsymbol{\mu}_{t|t})' \frac{1}{N}\sum_{i=1}^{N} \delta\left(\boldsymbol{x}_t - \dot{\boldsymbol{x}}_{t|t}^{(j,i)}\right) d\boldsymbol{x}_t \\
&\doteq \int (\boldsymbol{x}_t - \boldsymbol{\mu}_{t|t})(\boldsymbol{x}_t - \boldsymbol{\mu}_{t|t})' p(\boldsymbol{x}_t|\boldsymbol{y}_{1:t})\, d\boldsymbol{x}_t = \boldsymbol{\Sigma}_{t|t}
\end{aligned}
\tag{7.4}
$$

となり，$p(\boldsymbol{x}_t|\boldsymbol{y}_{1:t})$ の分散共分散行列 $\boldsymbol{\Sigma}_{t|t}$ に一致する．なおこの式変形の過程では，j_1, j_2 を相異なる 1 以上 N 以下の整数としたときに成り立つ近似式

$$
\frac{1}{N}\sum_{i=1}^{N} \left(\dot{\boldsymbol{x}}_{t|t}^{(j_1,i)} - \boldsymbol{\mu}_{t|t}\right)\left(\dot{\boldsymbol{x}}_{t|t}^{(j_2,i)} - \boldsymbol{\mu}_{t|t}\right)' \simeq 0 \tag{7.5}
$$

を用いた．これが成り立つことは，2 組の粒子の集合 $\{\dot{\boldsymbol{x}}_{t|t}^{(j_1,1)}, \cdots, \dot{\boldsymbol{x}}_{t|t}^{(j_1,N)}\}$ と $\{\dot{\boldsymbol{x}}_{t|t}^{(j_2,1)}, \cdots, \dot{\boldsymbol{x}}_{t|t}^{(j_2,N)}\}$ とが，それぞれ独立な N 回のランダム抽出で得られるために互いに無相関と見なせることからいえる．

なお，ここで注意すべきことは，MPF によって得られるフィルタ分布アンサンブルには，フィルタ分布の 2 次のモーメントまでの情報が近似的に保存されているが，3 次以上のモーメントの保存は保証されないということである．したがって，MPF ではフィルタ分布の形状についての情報も一般には失われてしまう．

7.3　重みの設定方法

上述のように，重み付き和をとる粒子の数 n は 3 以上にする必要がある．しかし，$n \geq 3$ であれば，(7.1) 式を満たすような重み $\{\alpha_1, \cdots, \alpha_n\}$ の与え方は無数に存在する．無数にある与え方のうちのどれを選択すればいいのかについては，

特に決定的な手段は今のところ提案されていない．ただし，重みの与え方によって，MPF の特性が大きく変わる可能性があることは，注意しておく必要があるだろう．

まず，重み付き和をとる際，仮に重みのうちの1つである α_1 を1とし，残りの重みを0とすると通常の PF と同値になるが，そこから重みの値を少し動かして，α_1 を1に近い値にとり，残りは0に近い値となるようにすると，通常の PF で得られるアンサンブル の各粒子 $\dot{\boldsymbol{x}}_{t|t}^{(1,i)}$ に $\sum_{j=2}^{n} \alpha_j \dot{\boldsymbol{x}}_{t|t}^{(j,i)}$ で表現されるゆらぎを足し合わせた形になる．

したがって，得られるアンサンブル $\{\boldsymbol{x}_{t|t}^{(i)}\}_{i=1}^{N}$ の表現する確率分布は，通常の PF で得られるアンサンブルで表現されるものとさほど大きく異なることはなく，多峰性の確率分布もある程度うまく表現できる．これと似たような方法として，各粒子の場所に配置された幅の小さいガウス分布の重ね合わせによって事後分布を表現し，その事後分布から N 個の粒子をサンプリングし直して新しいアンサンブルを生成する手法[2,20,39)]が提案されているが，これを MPF の文脈で実現したものが，α_1 を1に近い値にとって残りの重みを0に近い値とした場合に対応するといえるかもしれない．

もっとも，重みのうちの1つを1に近い値にとってフィルタ分布アンサンブルの粒子が予測分布アンサンブルを構成する粒子の近傍にしか生成されないようにすると，類似の値の粒子が多数生成されてしまうという通常の PF と同様の問題が起こることになる．したがって，粒子数 N を大きくとれない場合には，どの α_j も1にあまり近くならないように重みを設定し，予測分布アンサンブルを構成する粒子から多少離れた場所にもある程度の粒子が生成されるようにした方がよい場合もあると考えられる．

7.4 融合粒子スムーザ

他のアルゴリズムと同様に，MPF のリサンプリングの手続きも，固定ラグ平滑化のアルゴリズム (融合粒子スムーザ，merging particle smoother; MPS) に拡張できる．固定ラグ平滑化を行うには，4.4.2 項や 6.4 節と同様に，状態ベクトルを

$$\tilde{\boldsymbol{x}}_t = \begin{pmatrix} \boldsymbol{x}_t \\ \boldsymbol{x}_{t-1} \\ \vdots \\ \boldsymbol{x}_{t-L} \end{pmatrix} \tag{7.6}$$

のように拡大し，この拡大状態ベクトルに対してMPFを適用する．状態ベクトルを拡張したのに応じて，システムモデル，観測モデルも拡張する必要があるが，その拡張の仕方も6.4節で述べた方法と同様である．

7.5 適　用　例

次に，4〜6章で示されている適用例と同じ問題に対してMPF，MPSを適用した例を示す．図7.2は，MPFを用いて，4章などと同じシステムモデル，データから得られたフィルタ推定値で，上から粒子数Nが8, 16, 64, 512, 4096の場合の結果を示している．推定の際の初期条件，システムノイズ，観測ノイズはすべて4〜6章と共通の設定である．重み付き和をとる粒子の数nは3，それぞれの重みは

$$\alpha_1 = \frac{3}{4}, \qquad \alpha_2 = \frac{\sqrt{13}+1}{8}, \qquad \alpha_3 = -\frac{\sqrt{13}-1}{8} \tag{7.7}$$

と与えた．6章の粒子フィルタと同様，粒子数が少ないと，4章で示したカルマンフィルタによる結果から大きくずれる場合が出てくるが，粒子数を64まで増やすと，ほぼカルマンフィルタと同じ推定結果が得られている．このように，MPFにおいても，システムモデル，観測モデルが線形でかつ状態の確率分布がガウス分布に従うような問題に対しては，粒子数を十分に増やせば，カルマンフィルタとほぼ同じ結果が得られる．また，妥当な結果を得るのに必要な粒子数は，MPFの方がPFよりも少なく済む．

図7.3は，同じ問題にMPSを適用して得られた平滑化推定値である．6.6節と同様，ラグを$L=30$とし，それを4.4.4項の固定区間平滑化の結果と比較している．粒子数が8, 16の場合，MPSでも6.6節のPSの結果と同様，推定値が4.4.4項の結果から大きくずれており，また，標準偏差もきわめて小さくなっている．しかし，PSでは妥当な推定を得るのに粒子数Nを4096まで増やす必要

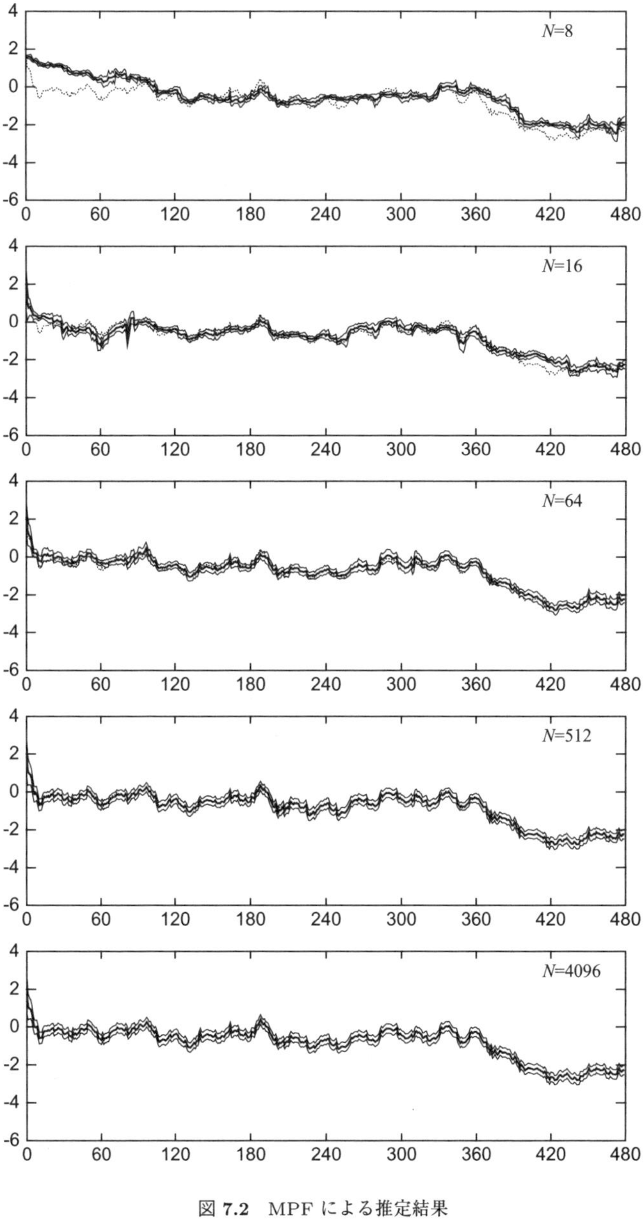

図 **7.2** MPF による推定結果
上から粒子数 N が 8, 16, 64, 512, 4096 の場合を示す．3 本の実線は，フィルタ推定値に対応する粒子のアンサンブル平均，および粒子分布の標準偏差を表している．また，図 4.3 のカルマンフィルタによる推定結果を点線で示している．

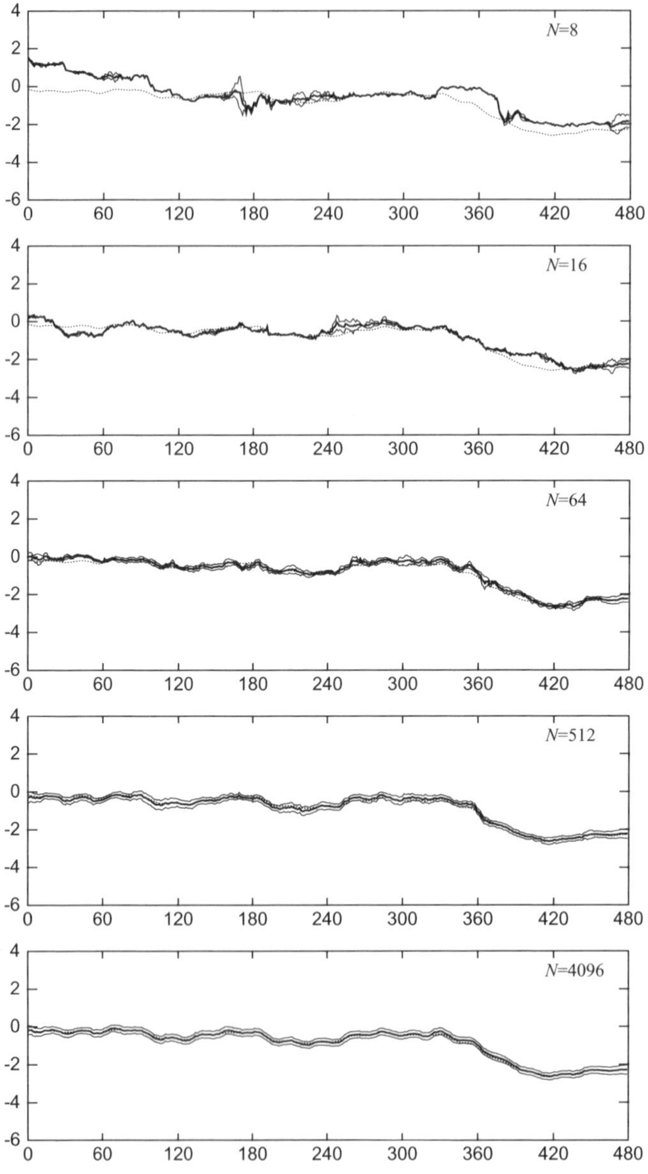

図 7.3 ラグを $L = 30$ としたときの MPS による固定ラグ平滑化推定値
図 7.2 と同様，粒子数 N が 8, 16, 64, 512, 4096 の場合を示している．点線は，図 4.8 の固定区間平滑化推定値を示している．

があったのに対して，MPS では粒子数を 512 まで増やせば，適切な平滑化推定値が得られている．

7.6 双 子 実 験

さて，ここで MPF の振る舞いが PF の振る舞いとどのように違うのかをより詳しく見るために，簡単な非線形モデルによる双子実験を行うことにする．双子実験とは，データを同化しようとしているものと同一のシミュレーションモデルに適当な初期条件，境界条件，パラメータを与えた上で走らせ，得られたシステム状態変数の時系列から想定している観測モデルに従って模擬データを生成し，その模擬データを用いてデータ同化のテストを行うことをいう．つまり，本来未知変数である初期条件などの値を所与のものとして順問題を解いておき，この順問題の出力から逆に与えた条件がうまく推定できるかを確認するということである．

双子実験では，模擬データを生成したもとのシミュレーション結果を参照すれば，各ステップの状態変数の「真の値」を，本来観測できない変数の値も含めてすべて知ることができる．したがって，その「真の値」と推定結果とを比較して「答え合わせ」をすることで，状態推定がどの程度うまくできるのかを評価することができる．したがって，実用上も重要であり，どのくらいの時間・空間分解能を持った観測データを同化する必要があるか，システムノイズ・観測ノイズをどのように設定すればよいか，あるいは，そもそも今使おうとしているデータだけでどの程度状態推定がうまくいくのか，といったことを調べるためによく用いられる．

7.6.1 ローレンツ 63 モデル

ここでは，ローレンツ 63 モデル (Lorenz 63 model)[35] を用いた実験を行う．このモデルは，

$$\frac{d\xi_1}{d\tau} = -s(\xi_1 - \xi_2) \tag{7.8a}$$

$$\frac{d\xi_2}{d\tau} = r\xi_1 - \xi_2 - \xi_1\xi_3 \tag{7.8b}$$

$$\frac{d\xi_3}{d\tau} = \xi_1\xi_2 - b\xi_3 \tag{7.8c}$$

の3つの常微分方程式によって記述される熱対流モデルであり，ξ_1, ξ_2, ξ_3 の3変数によって系の状態が表される．ここで，s, r, b は定数であり，ここでは原著にならって $s = 10, r = 28, b = 8/3$ とおく．

ただ，モデルの方程式は，ここではあまり本質的ではないので，$\boldsymbol{x} = (\xi_1\ \xi_2\ \xi_3)'$ と定義して (7.8) 式を

$$\frac{d\boldsymbol{x}}{d\tau} = \boldsymbol{g}(\boldsymbol{x}) \tag{7.9}$$

のように表現することにしよう．次に，これを2.1節で行ったのと同様に漸化式の形に書き換える．このモデルで，時刻 τ_{t-1} における状態 $\boldsymbol{x}(\tau_{t-1})$ が与えられていたものとすると，微分方程式 (7.9) をルンゲ–クッタ公式などで数値積分すれば

$$\boldsymbol{x}(\tau_t) = \boldsymbol{x}(\tau_{t-1}) + \int_{\tau_{t-1}}^{\tau_t} \boldsymbol{g}\left(\boldsymbol{x}(\tau)\right)\, d\tau \tag{7.10}$$

のように時刻 τ_t におけるシステムの状態 $\boldsymbol{x}(\tau_t)$ が得られる．そこで，$\boldsymbol{x}_{t-1} = \boldsymbol{x}(\tau_{t-1}), \boldsymbol{x}_t = \boldsymbol{x}(\tau_t)$ とし，さらに (7.10) 式の右辺をまとめて $\tilde{\boldsymbol{f}}_t(\boldsymbol{x}_{t-1})$ とおけば

$$\boldsymbol{x}_t = \tilde{\boldsymbol{f}}_t(\boldsymbol{x}_{t-1}) \tag{7.11}$$

という (2.7) 式と同様の漸化式の形に書くことができ，これによって時間ステップ $t-1$ から次の時間ステップ t までのシステムの時間発展が記述されることになる．以下では，この漸化式に基づいて，実際の双子実験のやり方を説明していく．なお，時間ステップ t は，τ が0.2進むごとに1進むものとする．すなわち，$\tau_t - \tau_{t-1} = 0.2$ である．ただし，ここでいう時間ステップとは，あくまでも (7.11) 式の漸化式の時間ステップのことであり，シミュレーションの数値積分の刻み幅はこれより細かくなっていても支障はない．実際，以下の実験でも，数値積分の刻み幅は0.2よりはるかに細かくとっている．

7.6.2 模擬データの生成

双子実験では，各ステップにおける状態ベクトル $\boldsymbol{x}_t$ の「真の値」の系列 $\{\boldsymbol{x}_0^*, \boldsymbol{x}_1^*, \cdots, \boldsymbol{x}_T^*\}$ をまず用意しておく必要がある．この「真の値」の系列が，データ同化によって推定するべき「真のシナリオ」ということになる．「真のシナリオ」は，適当な初期値 $\boldsymbol{x}_0^*$ のもとでシミュレーションモデルを走らせることによって得られる．漸化式を用いて書くならば，$\{\boldsymbol{x}_0^*, \boldsymbol{x}_1^*, \cdots, \boldsymbol{x}_T^*\}$ は，初期値 $\boldsymbol{x}_0^*$ から始

めて，(7.11) 式を時刻 $t = 1, \cdots, T$ について順繰りに適用することで得られる．なお,「真の値」の系列を得るのに漸化式にノイズを加えて，例えば

$$\boldsymbol{x}_t^* = \tilde{\boldsymbol{f}}_t(\boldsymbol{x}_{t-1}^*) + \boldsymbol{v}_t^*$$

のようにする場合もあるが，ここでは，ノイズを加えないモデル

$$\boldsymbol{x}_t^* = \tilde{\boldsymbol{f}}_t(\boldsymbol{x}_{t-1}^*)$$

によって「真のシナリオ」を生成することにする．

次になすべきことは,「真のシナリオ」を「観測」し，模擬データを得ることである．各ステップの模擬データ $\boldsymbol{y}_t$ は，想定している観測モデルに基づいて，状態ベクトルの「真の値」$\boldsymbol{x}_t^*$ に変換を加えたり観測ノイズを加えるなどして生成すればよい．ここでは，状態ベクトルに含まれる 3 つの状態変数すべてが直接観測できるものとし，各状態変数にノイズが加わったものがデータとして得られるものとする．つまり，各時刻 t における模擬データを

$$\boldsymbol{y}_t = \boldsymbol{x}_t^* + \boldsymbol{w}_t^* \tag{7.12}$$

というようにして，全ステップの模擬データの系列 $\{\boldsymbol{y}_0, \boldsymbol{y}_1, \cdots, \boldsymbol{y}_T\}$ を得ることにする．ただし，$\boldsymbol{w}_t^*$ は観測ノイズの実現値で，ここでは，観測ノイズをガウスノイズ $N(\boldsymbol{0}, 4I)$ (I は単位行列) と仮定する．

7.6.3 同 化 実 験

それでは，得られた模擬データを実際にローレンツ 63 モデルに同化させてみることにする．まずやるべきことは，(7.11) 式のような決定論的モデルを，時間発展についての不確定性を考慮したシステムモデルの形に書き換えておくことである．ここでは，システムモデルを

$$\boldsymbol{x}_t = \tilde{\boldsymbol{f}}_t(\boldsymbol{x}_{t-1} + \boldsymbol{v}_t) \tag{7.13}$$

と与えることにする．ここで，$\tilde{\boldsymbol{f}}_t$ への入力が $\boldsymbol{x}_{t-1} + \boldsymbol{v}_t$ となっているのは，まず，状態ベクトル $\boldsymbol{x}_{t-1}$ にシステムノイズ $\boldsymbol{v}_t$ を加え，それを初期値としてシミュレーションを次の時間ステップまで進めるという意味である．この $\tilde{\boldsymbol{f}}_t(\boldsymbol{x}_{t-1} + \boldsymbol{v}_t)$

は，$\boldsymbol{x}_{t-1}$ と $\boldsymbol{v}_t$ とを入力とした関数と見なすことができ，したがって，(7.13) 式は (3.1) 式の形で表すことのできる非線形システムモデルの一種となっていることがわかる．なお，システムノイズ $\boldsymbol{v}_t$ は，

$$\boldsymbol{v}_t \sim N(\boldsymbol{0},\ 0.01I)$$

のようなガウスノイズとし，時刻 0 のときの状態 $\boldsymbol{x}_0$ については，

$$\boldsymbol{x}_0 \sim N(\boldsymbol{y}_0,\ 16I)$$

と与えることにする．

一方，観測モデルも立てておく必要があるが，ここでは単純に

$$\boldsymbol{y}_t = \boldsymbol{x}_t + \boldsymbol{w}_t \tag{7.14}$$

というものを考える．観測ノイズは，システムノイズと同様に，こちらもガウスノイズ

$$\boldsymbol{w}_t \sim N(\boldsymbol{0},\ 16I)$$

とする．なお，模擬データを生成した (7.12) 式においては，観測ノイズを $N(\boldsymbol{0}, 4I)$ で与えていたが，観測モデル (7.14) では模擬データを生成したときとは分散の異なる観測ノイズを仮定している．現実の問題に適用する場合を考えると，観測ノイズがどのような分布に従っているかということはわからないのが普通であり，真の観測ノイズの分布と同一の分布を用いて観測モデルを立てることができる状況はまずあり得ない．そこで，ここでもあえて模擬データを生成したときとは異なる分布に従う観測ノイズを用いている．

図 7.4 は，以上のようなシステムモデル，観測モデルのもと，模擬データを MPF で同化した結果を ξ_2 成分について示したものである．実線が模擬データから得られた ξ_2 の状態の推定値で，点線は真の ξ_2 の値である．また，模擬データの値は黒い丸でプロットしている．ここでは，推定値としてフィルタアンサンブルの平均を用いている．なお，MPF の粒子数 N は 64，また重み付き和をとる粒子の数 n は 3，それぞれの重みは

$$\alpha_1 = \frac{3}{4}, \qquad \alpha_2 = \frac{\sqrt{13}+1}{8}, \qquad \alpha_3 = -\frac{\sqrt{13}-1}{8} \tag{7.15}$$

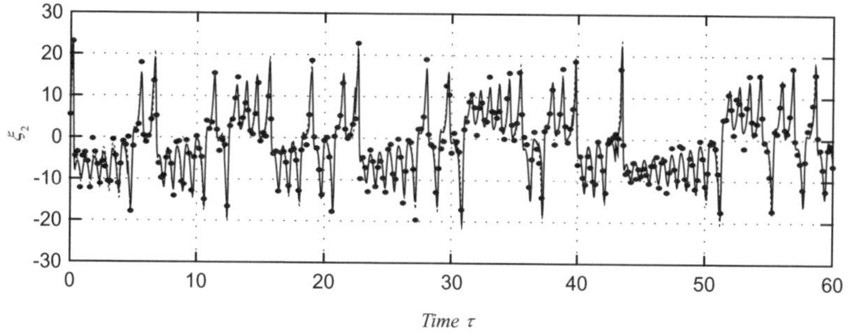

図 **7.4** MPF を用いて推定した ξ_2 の変化 (実線)，および真の ξ_2 の変化 (点線)
黒丸はここで用いた模擬データ.

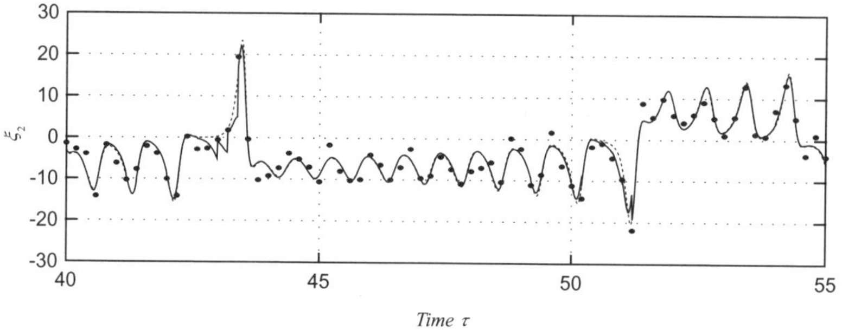

図 **7.5** MPF を用いて推定した ξ_2 の変化 (実線) と真の ξ_2 の変化 (点線) を，
$40 \leq \tau < 55$ の部分について拡大したもの

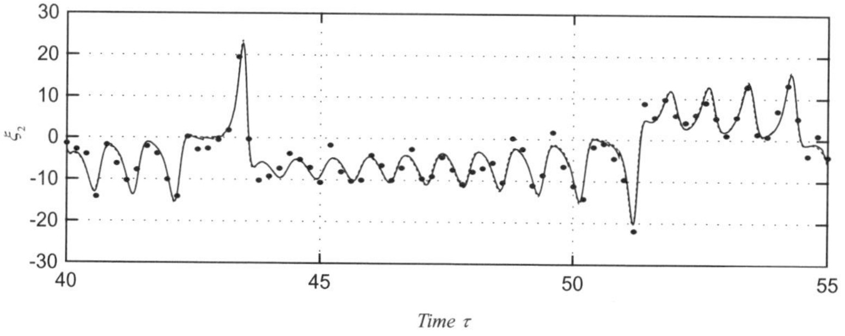

図 **7.6** MPS による結果
$40 \leq \tau < 55$ の部分を拡大.

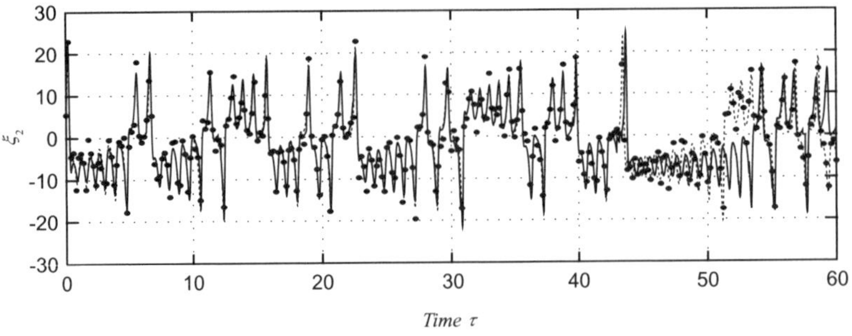

図 7.7　PF を用いて推定した ξ_2 の変化 (実線)，および真の ξ_2 の変化 (点線)
黒丸はここで用いた模擬データ.

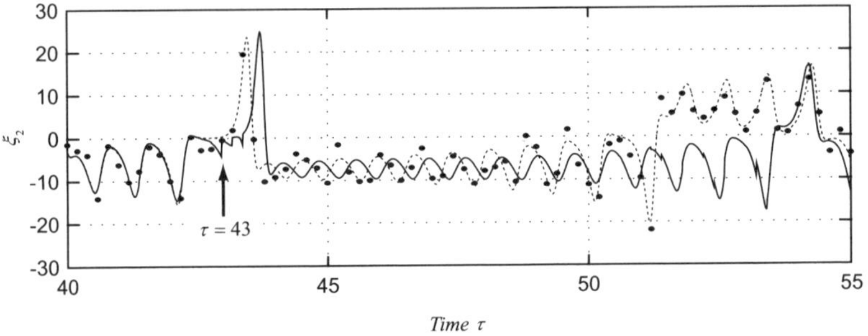

図 7.8　PF を用いて推定した ξ_2 の変化 (実線) と真の ξ_2 の変化 (点線) を，$40 \leq \tau < 55$ の部分について拡大したもの

と与えた．実線と点線とがほぼ重なっていることから，模擬データをシステムモデルに同化することにより，真の値がある程度よく推定できていることがわかる．ただし，不安定性の高い箇所ではフィルタによる推定ではあまりうまくいかないことがある．図 7.5 は，図 7.4 の $40 \leq \tau < 55$ の部分を取り出したものであるが，時刻 $\tau = 43$ および 51 付近でフィルタ推定値が真の値から少しずれていることがわかる．このような場合には未来の情報も用いて平滑化を行えば精度が上がることがある．図 7.6 は MPS によるラグ 30 の固定ラグ平滑化で $40 \leq \tau < 55$ の部分を推定した結果である．推定結果と真の値とはほぼ重なっており，きわめて精度よく推定ができていることがわかる．

一方，図 7.7 に示しているのは，MPF のかわりに PF を用い，図 7.4 のときと同じシステムノイズ，観測ノイズを与え，同じ粒子数で同じ模擬データを同化した結果である．これを見ると，時刻 $\tau = 50$ 付近より後の部分が全く合っていないことがわかる．そこで，図 7.7 の $40 \leq \tau < 55$ の部分を拡大してみると (図 7.8)，時刻 $\tau = 43$ 付近でフィルタ推定値が真の値からずれてしまった後，それが後々まで響いていることがわかる．

実際に，PF がうまくいかない理由は，真の値からずれ始めた時刻 $\tau = 43$ 付近の粒子分布を見てみるとよりはっきりする．図 7.9 は，上記の PF の結果について，時刻 $\tau = 43.0, 43.2, 43.4$ における ξ_2 成分についての粒子分布を示したもので，左側に予測分布を表現するアンサンブルの粒子分布，右側にそれをリサンプリングして得られたフィルタ分布を表現するアンサンブルの粒子分布を示している．図には各時刻での真の ξ_2 の値，および観測として得られる ξ_2 の模擬データの値もそれぞれ縦に引いた実線，および点線で示している．時刻 $\tau = 43.2$ の粒子分布を見ると，まず予測の時点でところどころ粒子が抜け落ちており，真の値付近には粒子が存在していないことがわかる．PF では，予測の時点で粒子が存在しなかった場所には，リサンプリングを行った後も粒子は存在しないことになるので，リサンプリングの結果，真の値とは少しずれた場所にピークができる．次のステップの予測分布を表す粒子の分布を見てみると，真の値はシステムの不安定性のために大きく動いているが，ほとんどの粒子の値はあまり変化していない．その結果，フィルタを適用しても真の値とは大きく外れた場所にしかピークができない．

図 7.10 は，MPF を用いた場合の粒子分布である．PF の結果で見られた空隙が埋められ，真の値付近にも十分な数の粒子が分布している．一方，図 7.11 は，粒子数を 4096 個に増やした PF を用いてデータ同化を行った場合の粒子分布で，潤沢な粒子を用いていることから，真の分布をよく再現しているものと考えられる．図 7.10 を図 7.11 と比較してみると，MPF は粒子数が少なくても真の分布をある程度うまく表現していることがわかる．

7.7 ま と め

融合粒子フィルタ (MPF) は，EnKF, PF と同様に，状態の確率密度分布を多数のサンプルで近似するアルゴリズムだが，フィルタ分布を表現するアンサンブ

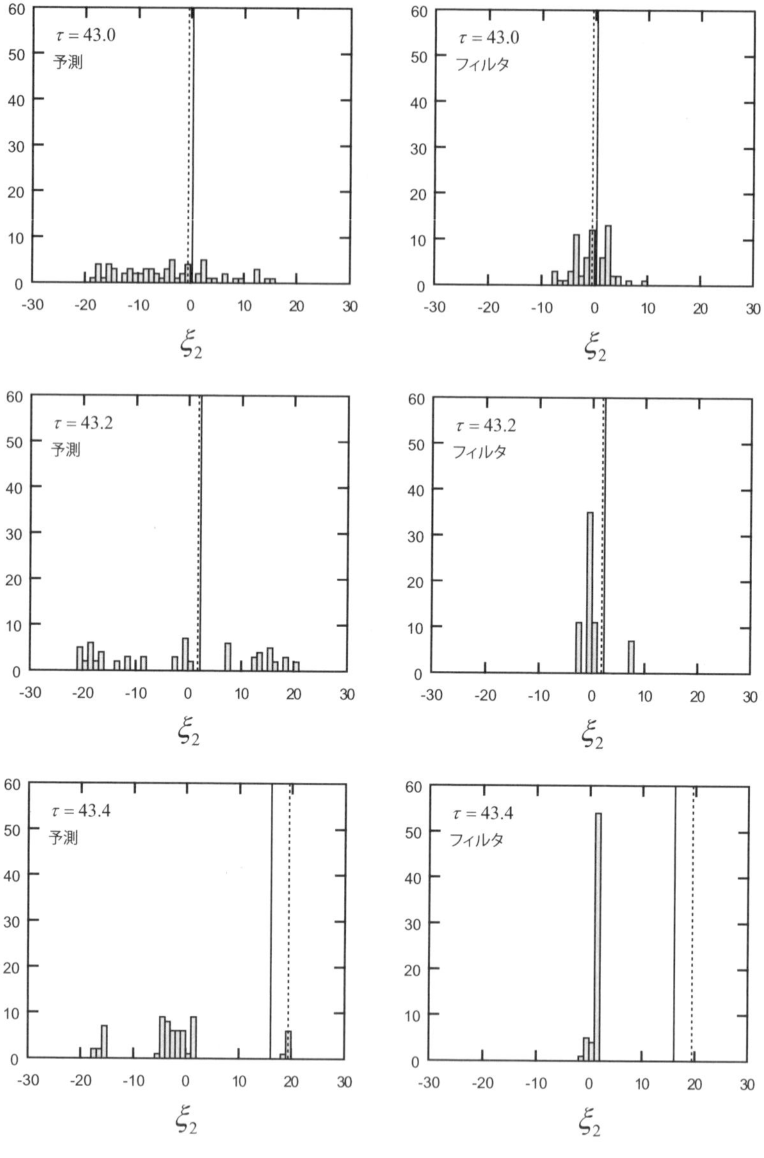

図 **7.9**　PF (粒子数 64 個) で得られた各時間ステップの ξ_2 成分の粒子分布
左側が予測分布を表現するアンサンブルの粒子分布．右側はフィルタ分布のアンサンブルの粒子分布．縦に引いた実線は各時刻の真の ξ_2 の値，点線は観測される模擬データの ξ_2 を示す．

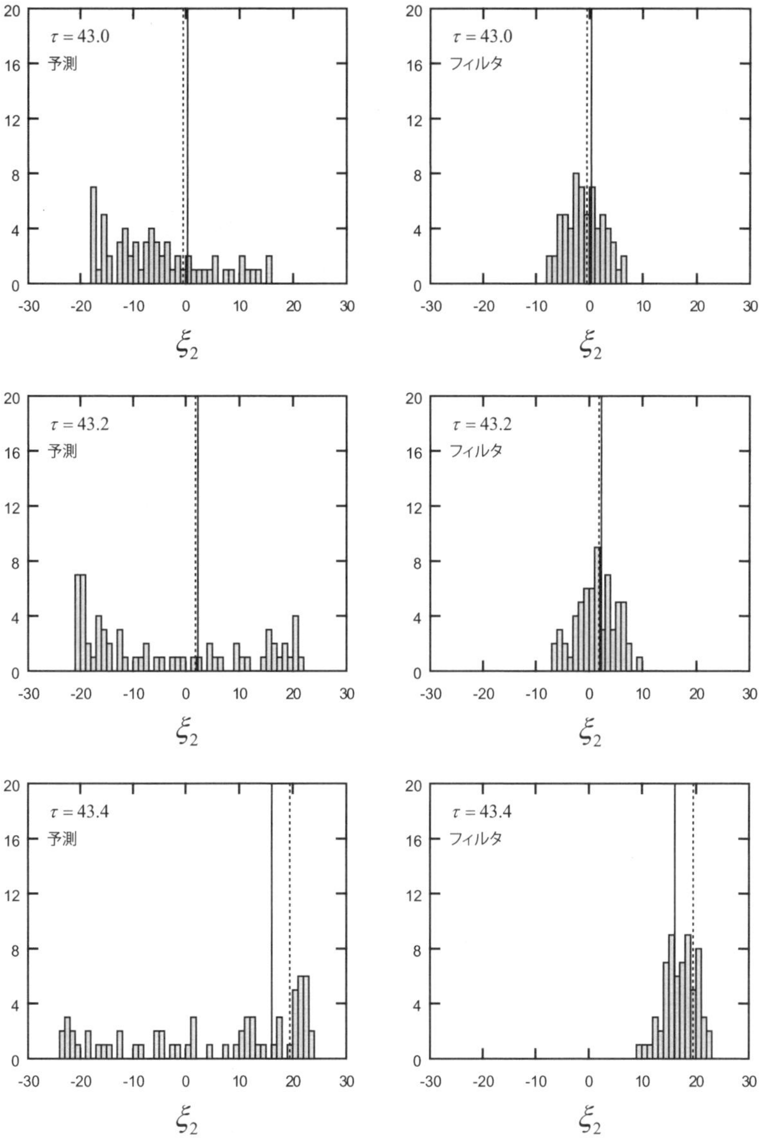

図 **7.10** MPF (粒子数 64 個) で得られた ξ_2 成分の粒子分布

左側が予測分布を表現するアンサンブルの粒子分布．右側はフィルタ分布のアンサンブルの粒子分布．実線は各時刻の真の ξ_2 の値，点線は観測される模擬データの ξ_2．

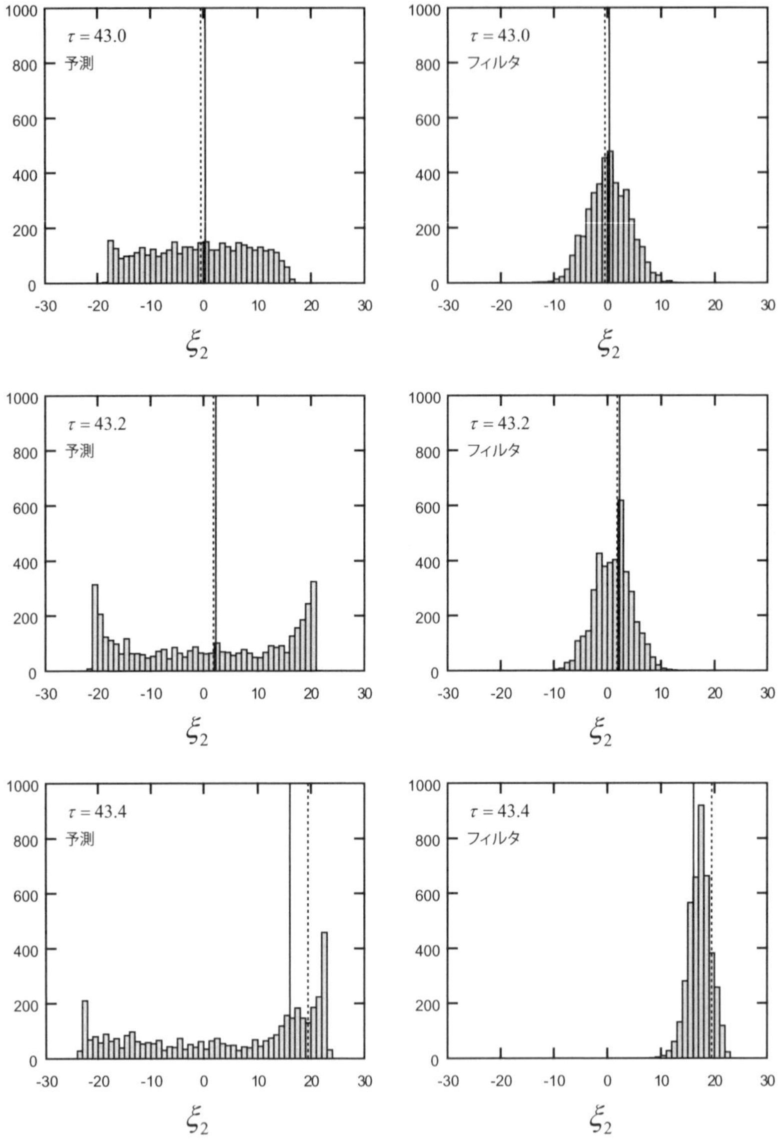

図 **7.11**　PF (粒子数 4096 個) によって得られた ξ_2 成分の粒子分布
左側が予測分布を表現するアンサンブルの粒子分布．右側はフィルタ分布のアンサンブルの粒子分布．実線は各時刻の真の ξ_2 の値，点線は観測される模擬データの ξ_2．

ルの構成粒子を，予測アンサンブルから抽出した複数のサンプルの重み付き和によって生成する．このとき重みを (7.1) 式を満たすように設定することで，フィルタ分布の 2 次のモーメントまでの情報が近似的に保存される．3 次以上のモーメントの保存は保証されないため，フィルタ分布の形状についての情報は，一般には失われてしまう．しかし，複数の粒子を組み合わせることにより，多様な粒子が生成されうるため，アンサンブルの退化が起こりにくくなる．したがって，妥当な推定を得るための粒子数が PF よりも少なく済む．

8

アンサンブルカルマンフィルタ応用：大気海洋結合モデル

アンサンブルカルマンフィルタ，アンサンブルカルマンスムーザの応用例を紹介する．シミュレーションモデルは，太平洋赤道域の海洋と大気の相互作用を解き，エルニーニョ現象を再現するものであり，同化するデータは衛星高度計による海面高度観測である．

8.1 はじめに

日本における冷夏・暖冬，世界的にも干ばつ，豪雨，台風の異常発生など，世界中にこのような異常気象をもたらすとされるのがエルニーニョ現象である．エルニーニョ現象は，太平洋赤道域の中央部からペルー沿岸にかけて，海面水温が平年に比べて高くなり，その状態が 1 年程度続く現象をいう．語源はスペイン語で「男の子 (el niño)」という意味であるが，この海の現象を指すときは「エル」と「ニーニョ」をそれぞれ大文字で始め,「キリスト (El Niño)」の意味である．

エルニーニョ自体は単に海水温の異常を指すが，その実体は海と大気が絡み合ったフィードバックシステムの一部である (図 8.1)．ゼビアックとケイン (Zebiak and Cane[60]) は，海洋と大気の結合相互作用を含めたエルニーニョ現象のシミュレーションモデルを開発し，4 年おきの周期的な変動を再現した．本章で紹介する応用例では，アンサンブルカルマンフィルタを用いてこのシミュレーションモデルに海面高度データを同化し，エルニーニョ現象にまつわる大気・海洋の変数の推定を行うまでの過程を紹介する．

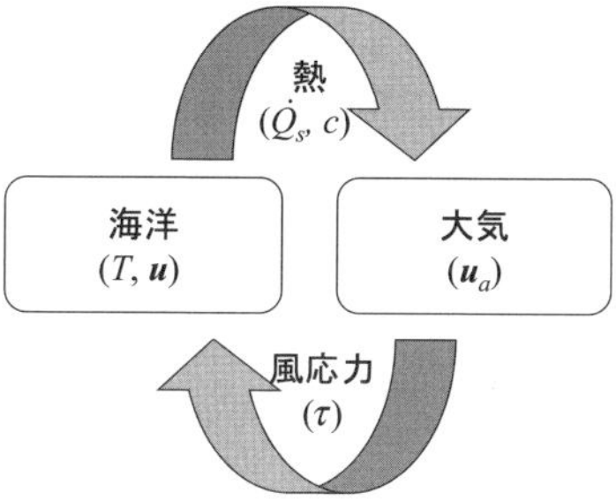

図 **8.1** ゼビアックとケイン[60] が用いたエルニーニョのシミュレーションモデルにおける，海洋，大気，およびそれらを結合する変数の依存関係
T は海面水温，$\boldsymbol{u}$ は海流，$\dot{Q}_s$ は海面水温由来の熱，c は海上風の収束に由来する熱，$\boldsymbol{u}_a$ は風，$\boldsymbol{\tau}$ は風応力を指す．

8.2 シミュレーションモデルと観測データ

8.2.1 微分方程式とシミュレーションモデル

エルニーニョのシミュレーションモデル (Zebiak and Cane モデル，以降 ZC モデルと呼ぶ) は，大気と海洋を記述する線形の浅水方程式*1) を結合したシステムを数値的に解くモデルである．海洋の方程式では逓減重力項を用いることで，海面に近く比較的薄い上層の運動を，その下に無限の厚さの下層があるという状況を表現している．大気の時間スケールは海洋のそれよりも短いことから，大気の変動は海洋の複数の時間ステップに及ぶものはなく，海洋の各時間ステップで大気は即座に定常状態に至ると仮定している．大気側の変動は，海面水温と海上風の収束に依存した加熱により駆動される．海面水温は熱力学の方程式に従って時間発展する．海洋側の変動は海上風を変換した風応力として駆動される．ZC モデルは海上風収束による加熱の式，風応力の式に非線形項を含んでいる．登場する変数はいずれも，平均値 (過去の観測データから計算した月ごとの平均値で，気候値と呼ぶ) 周りの 1 次偏差量である．例えば，海面水温の気候値を $\bar{T}$，1 次偏差を T と書くと，全体として海面水温は $\bar{T}+T$ と表されることになる．

---

*1) 流体は等密度・非圧縮であるとする，簡略化した流体の運動方程式のこと．

a. 微分方程式

ZC モデルを構成する微分方程式を示す．なお，定式上の物理的議論の詳細な理解は不要であり，他の対象に関して流体の微分方程式をもとにしたシミュレーションモデルに基づくデータ同化を始めたい読者には雰囲気をつかんでいただければ十分である．

まず，大気の運動として東西・南北風 (u_a, v_a) を表す定常な線形システム

$$\epsilon u_a - \beta_0 y v_a = -\frac{\partial}{\partial x}\left(\frac{p}{\rho_a}\right) \tag{8.1}$$

$$\epsilon v_a + \beta_0 y u_a = -\frac{\partial}{\partial y}\left(\frac{p}{\rho_a}\right) \tag{8.2}$$

$$\epsilon\left(\frac{p}{\rho_a}\right) + c_a^2\left(\frac{\partial u_a}{\partial x} + \frac{\partial v_a}{\partial y}\right) = -\frac{\alpha_0 g}{mC_p}(\dot{Q}_s + \dot{Q}_1) \tag{8.3}$$

を用いる．x は東西，y は南北方向の位置座標を示す．ここでは，コリオリパラメータを赤道周りで線形近似する，いわゆる β 面近似が使われている．(8.3) 式により，中間変数として圧力 p が 2 種の熱 $\dot{Q}_s, \dot{Q}_1$ により導かれ，圧力が (8.1),(8.2) 式の右辺で東西・南北風 (u_a, v_a) を駆動している．β 面近似を用いているので，コリオリパラメータは赤道からの南北方向の距離 y の線形関数 $\beta_0 y$ として表現される．残りの ϵ (ニュートン冷却係数とレイリー摩擦係数を共通の値とおいたもの)，ρ_a (大気の質量密度)，c_a (重力波の位相速度)，α_0 (温度参考値の逆数)，C_p (定圧比熱)，g (重力加速度)，m (鉛直波数) はいずれも定数である．

風を駆動する 2 種の熱のうち，海面水温 T に依存するものは，クラウジウス–クラペイロンの関係式[63] を線形化することで得られる

$$\dot{Q}_s = \alpha T \exp\left(\frac{\bar{T} - T_1}{T_2}\right) \tag{8.4}$$

で与えられる．$\bar{T}$ は海面水温の気候値であり，残りの α, T_1, T_2 はいずれも定数である．海上風の収束フィードバック効果による熱は

$$\dot{Q}_1 = \beta(M(\bar{c} + c) - M(\bar{c})) \tag{8.5}$$

とパラメータ β を用いて表現される．ここで，

$$M(x) = \begin{cases} 0, & x \leq 0 \\ x, & x > 0 \end{cases} \tag{8.6}$$

$$c = -\left(\frac{\partial u_a}{\partial x} + \frac{\partial v_a}{\partial y}\right) \tag{8.7}$$

とおいている．$\bar{c}$ は収束の気候値，β は定数である．

風 (u_a, v_a) は，バルク公式[*2)]

$$\begin{pmatrix} \tau^x \\ \tau^y \end{pmatrix} = \rho_a C_D \left[\sqrt{(\bar{u}_a + u_a)^2 + (\bar{v}_a + v_a)^2} \begin{pmatrix} \bar{u}_a + u_a \\ \bar{v}_a + v_a \end{pmatrix} - \sqrt{\bar{u}_a^2 + \bar{v}_a^2} \begin{pmatrix} \bar{u}_a \\ \bar{v}_a \end{pmatrix} \right] \tag{8.8}$$

により表される風応力 (τ^x, τ^y) として海流に働く．$(\bar{u}_a, \bar{v}_a)$ は風の気候値，C_D はドラッグ係数と呼ばれる定数である．

海流 u, v および水温躍層 h は，ナビエ–ストークス方程式の移流項を無視して線形化し，ブシネスク近似，静水圧平衡，β 面近似，長波近似を施して得られる

$$\frac{\partial u}{\partial t} - \beta_0 y v = -\Delta g \frac{\partial h}{\partial x} + \frac{\tau^x}{\rho H} - ru \tag{8.9}$$

$$\beta_0 y u = -\Delta g \frac{\partial h}{\partial y} + \frac{\tau^y}{\rho H} - rv \tag{8.10}$$

$$\frac{\partial h}{\partial t} + H\left(\frac{\partial u}{\partial x} + \frac{\partial v}{\partial y}\right) = -rh \tag{8.11}$$

に従うものとする．右辺の風応力 (τ^x, τ^y) を入力として，u, v, h が得られる．残りの Δg (逓減重力加速度)，ρ (海水の質量密度)，H (平均水温躍層深度)，r (海洋のニュートン冷却係数とレイリー摩擦係数に共通の値をおいたもの) はいずれも定数である．

海流の運動は熱力学の方程式

$$\frac{\partial T}{\partial t} = -u_1 \frac{\partial\left(\bar{T} + T\right)}{\partial x} - v_1 \frac{\partial\left(\bar{T} + T\right)}{\partial y} - \bar{u}_1 \frac{\partial T}{\partial x} - \bar{v}_1 \frac{\partial T}{\partial y} - \left[M\left(\bar{w}_s + w_s\right) - M(\bar{w}_s)\right] \frac{\partial \bar{T}}{\partial z} - M(\bar{w}_s + w_s) \frac{T - T_e}{H_1} - \alpha_s T \tag{8.12}$$

---

*2) 平均した場の諸量を用いて運動量や熱フラックスを求める簡便な表現形式．

において，海面水温 T の変化をもたらす．ここで，中間変数 u_1, u_2, v_1, v_2, w_s, T_e は

$$\begin{pmatrix} u \\ v \end{pmatrix} = \frac{1}{H}\left[H_1\begin{pmatrix} u_1 \\ v_1 \end{pmatrix} + H_2\begin{pmatrix} u_2 \\ v_2 \end{pmatrix}\right] \tag{8.13}$$

$$-\beta_0 y\,(v_1 - v_2) = \frac{\tau^x}{\rho H_1} - r_s\,(u_1 - u_2) \tag{8.14}$$

$$\beta_0 y\,(u_1 - u_2) = \frac{\tau^y}{\rho H_1} - r_s\,(v_1 - v_2) \tag{8.15}$$

$$w_s = H_1\left(\frac{\partial u_1}{\partial x} + \frac{\partial v_1}{\partial y}\right) \tag{8.16}$$

$$T_e = \gamma T_{\mathrm{sub}} + (1-\gamma)T \tag{8.17}$$

$$T_{\mathrm{sub}} = \begin{cases} T_{d1}\{\tanh[b_1(\bar{h}+h)] - \tanh[b_1\bar{h}]\} & (h>0) \\ T_{d2}\{\tanh[b_2(\bar{h}-h)] - \tanh[b_2\bar{h}]\} & (h<0) \end{cases} \tag{8.18}$$

を満たすものとする．$\bar{T}$, $\bar{u}_1$, $\bar{v}_1$, $\bar{w}_s$, $\partial\bar{T}/\partial z$ は気候値で，海面水温，混合層 (深さ H_1) の東西・南北流，湧昇流，鉛直温度勾配を表す．γ, T_{d1}, T_{d2}, b_1, b_2 は定数である．(8.12) 式より海面水温 T が得られ，大気の運動方程式に作用する．以上で，大気と海洋の変数のフィードバックシステムが完成する．

b.　シミュレーションモデル

ZC モデルでは，以上の微分方程式で示される変数の時間発展を，図 8.2 で示す格子点上で解いている．海洋部分は，太平洋赤道域を取り出した領域モデルで扱い，東西方向は西経 124°〜東経 80°，南北方向は北緯 29°〜南緯 29° である．以降では，海流と水温躍層，風，風応力を，それぞれ $\boldsymbol{u} \stackrel{\mathrm{def}}{=} (u, v, h)$, $\boldsymbol{u}_a \stackrel{\mathrm{def}}{=} (u_a, v_a)$, $\boldsymbol{\tau} \stackrel{\mathrm{def}}{=} (\tau^x, \tau^y)$ とまとめて書くことにする．変数 $\boldsymbol{u}$ は $2^\circ \times 0.5^\circ$ 分解能の格子点上で定義されるが，T, $\boldsymbol{\tau}$ はより粗い $5.625^\circ \times 2^\circ$ 間隔の格子点上で計算する．一方，大気モデルは全球で，$\boldsymbol{u}_a$ は $5.625^\circ \times 2^\circ$ 格子点上で定義されている．格子点数と格子点上で定義される変数の数をかけて得られる ZC モデルの変数の総数は 5 万 4403 である．

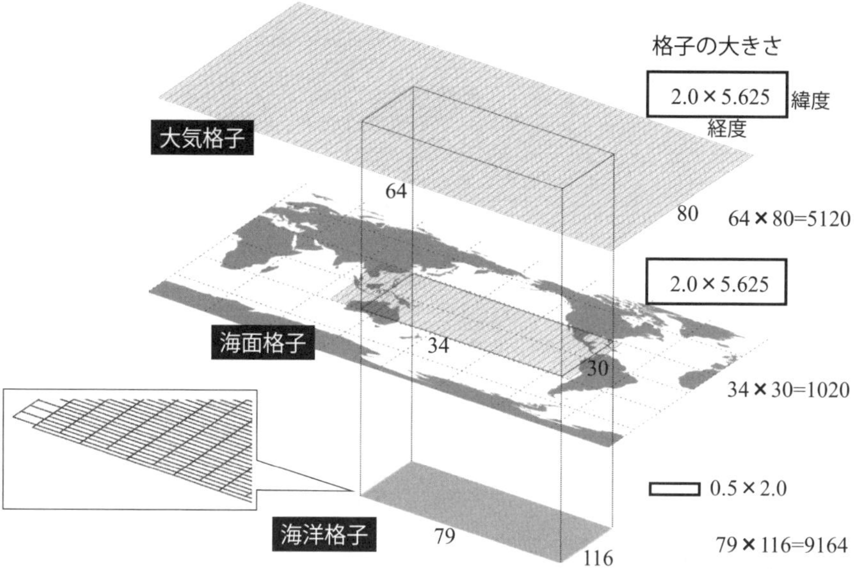

図 **8.2**　ZC モデルで用いられる大気・海面・海洋の変数が定義される格子点

8.2.2　観 測 デ ー タ

今回の応用例では，トペックス/ポセイドン衛星による海面高度データを同化する．この衛星は約 10 日で全球を走査し，これを 1 サイクルと呼ぶ．ここでは 1 サイクル目から 364 サイクル目のデータを用いることとする (1992 年 9 月 23 日〜2002 年 8 月 11 日)．データはもともと $1^\circ \times 1^\circ$ 空間分解能で提供されているが，ここではモデル海洋領域内にあるもののうち，東西方向に $L_x = 4^\circ$，南北方向に $L_y = 1^\circ$ ごとの格子点上にあるものだけを使う．太平洋外のデータ (アラフラ海，メキシコ湾，カリブ海) は使わない．各サイクルのデータ点数は，太平洋赤道域内で通常は 1981 であるが，部分的なデータ欠損により 1720 点まで減ることもあり，118 サイクル目では全データが欠損している．

ZC モデルは海面高度偏差そのものは解いていない．しかし，解いている水温躍層深度偏差 h は躍層上の暖水に関するつり合いの式 (アイソスタシー) $(\Delta g/g)\,h$ を用いて海面高度偏差へと変換できる．図 8.3 にこの関係を示す．具体的に重力加速度と逓減重力加速度の値を入れると，$\Delta g/g = 0.00573$ となる．

図 8.4(a),(b) はそれぞれ，赤道上 (緯度が 0°) の海面高度偏差の観測値，お

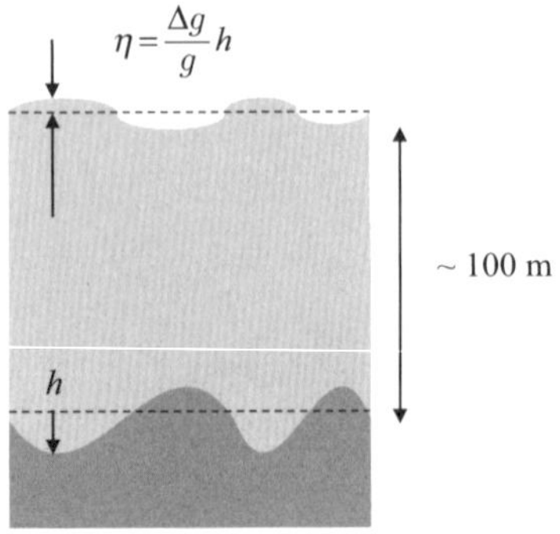

図 8.3　水温躍層深度偏差 h と海面高度偏差 η の関係

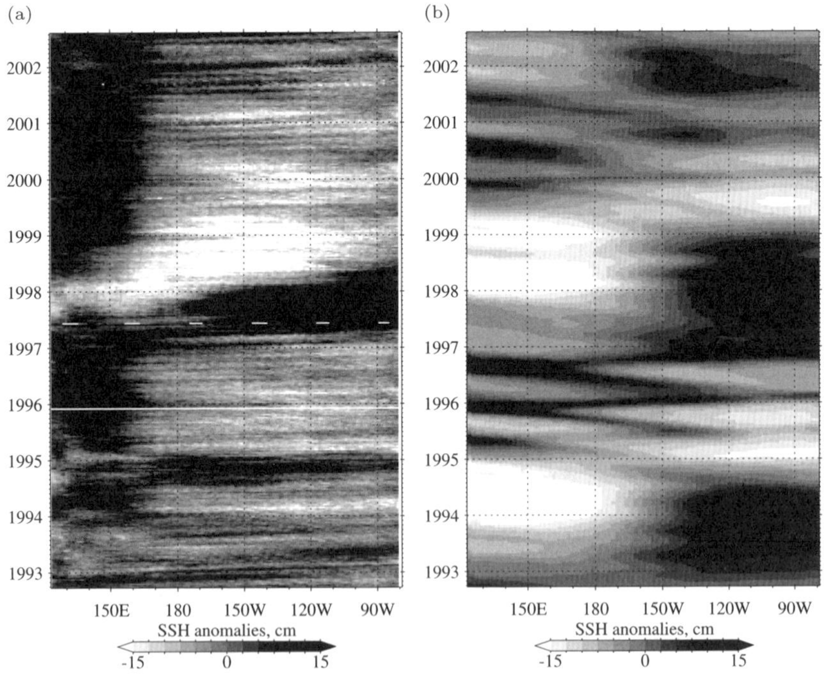

図 8.4　赤道上の海面高度偏差 η の時間変化

(a) トペックス/ポセイドン海面高度計による観測データ，(b) ZC シミュレーションモデルによる再現結果 ($\eta = (\Delta g/g)\,h$ から計算している).

よび ZC モデルでの再現値である (データ同化はまだしていない). 右部分の正の偏差がエルニーニョ, 負の偏差がラニーニャに対応している. 差分化に用いたモデルの時間刻み幅はデータのサンプリング間隔 9.915625 日にそろえた. スピンアップ期間[*3] は 90 年とした. 90 年経つと, 特徴的な定在波が再現されることがわかっている. モデル出力は周期的な振動を呈しており, その中には大きいエルニーニョ現象が 1993/94 年, 1997/98 年に, ラニーニャ現象が 1995/96 年, 1999/2000 年に見られる. モデル出力と観測でいくつかのピークが一致しているのはたまたまである. スピンアップ周期を少々変えただけでも, それらのピークの位置は時間的に前後する. 明らかに, 再現された変動は観測と合わない部分も多い. 例えば, 1993/94 年のエルニーニョは現実には観測されていないし, モデル結果に見られる太平洋西側の負の偏差も観測値とは反対である. これらは以下で示すように, データ同化の実施により修正される.

8.3 逐次データ同化の手順

本節では, カルマンフィルタ, アンサンブルカルマンフィルタ, 粒子フィルタなどの逐次データ同化手法に共通の手順を示す. 前提として, 手元にはシミュレーションモデルが与えられているとする. シミュレーションモデルの開発者からモデルの提供を受けた別の技術者が, データ同化システムの開発を始める, という状況を想定している. 以降では, 次の順に従って解説を進める.

1) 状態空間モデルを立てる (8.4 節).
2) システムノイズ, 観測ノイズが従う確率分布のパラメータ (例えば分散共分散行列) を与える (8.5 節).
3) 一期先予測・フィルタの計算 (8.6 節).
4) 平滑化の計算 (8.7 節).

8.4 状態空間モデルの構成

ここでの応用例では, 非線形のシステムモデル (3.1), 線形の観測モデル (3.4)

[*3] 初期状態 (主に静止状態) から現実的な状態変化が再現できるまでシミュレーションの時間積分を繰り返すことをいう.

からなる状態空間モデル

$$\boldsymbol{x}_t = \boldsymbol{f}_t(\boldsymbol{x}_{t-1}, \boldsymbol{v}_t) \tag{8.19}$$

$$\boldsymbol{y}_t = H_t \boldsymbol{x}_{t-1} + \boldsymbol{w}_t \tag{8.20}$$

を構成する．本節では，状態ベクトル $\boldsymbol{x}_t$，システムノイズ $\boldsymbol{v}_t$ の入れ方，観測行列 H_t の設定を行う．

8.4.1　状態ベクトルの設定

まず，状態ベクトルの設定である．状態ベクトルは，シミュレーションモデル，すなわちシステムノイズをゼロとしたときのシステムモデル (2.2 節)

$$\boldsymbol{x}_t = \boldsymbol{f}_t(\boldsymbol{x}_{t-1}) \tag{8.21}$$

において，$\boldsymbol{x}_t, \boldsymbol{x}_{t-1}$ として現れる．状態ベクトルは，シミュレーションモデル $\boldsymbol{f}_t$ による時間発展を計算するために必要なすべての変数をその要素に持つように定義する必要がある．この「すべて」の要求が案外くせ者である．

(1)　状態ベクトルの選び方の例題：　　例えば，シミュレーションモデルの時間発展の計算の実装に依存して，状態ベクトルは異なる．スカラー変数 u (海流とは無関係) についての微分方程式

$$\frac{\partial u}{\partial t} = g(u) \tag{8.22}$$

を考えよう．g は u の時間発展を表す関数である (重力加速度ではない)．時間微分の差分化として，前進差分，中心差分を用いると，それぞれ

$$\left.\frac{\partial u}{\partial t}\right|_{t-1} \simeq \frac{u_t - u_{t-1}}{\Delta t} \tag{8.23}$$

$$\left.\frac{\partial u}{\partial t}\right|_{t-1} \simeq \frac{u_t - u_{t-2}}{2\Delta t} \tag{8.24}$$

となる．前進差分を用いると，

$$u_t = u_{t-1} + g(u_{t-1})\Delta t \tag{8.25}$$

となる．状態空間モデルの形式にあわせるため，

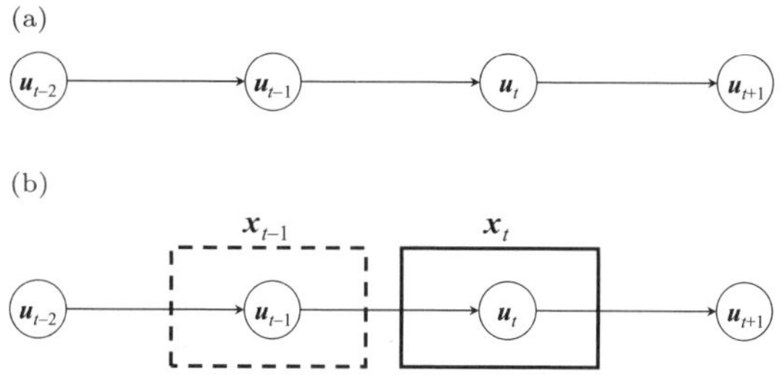

図 **8.5** (a) 前進差分を用いたときの変数の依存関係，(b) $\boldsymbol{x}_t = (u_t)$ としたときの $\boldsymbol{x}_t$ と $\boldsymbol{x}_{t-1}$

$$\boldsymbol{x}_t \stackrel{\text{def}}{=} (u_t) \tag{8.26}$$

$$\boldsymbol{f}(\boldsymbol{x}) \stackrel{\text{def}}{=} (\boldsymbol{x} + g(\boldsymbol{x})\Delta t) \tag{8.27}$$

とおけば，

$$\boldsymbol{x}_t = \boldsymbol{f}(\boldsymbol{x}_{t-1}) \tag{8.28}$$

と $\boldsymbol{x}_{t-1}$ を与えれば $\boldsymbol{x}_t$ が得られるというマルコフ性を持つ定式化ができる．図 8.5(a) には変数の依存関係を，図 8.5(b) には状態ベクトルを示した．

一方，中心差分を用いて得られるシミュレーション

$$u_t = u_{t-2} + 2g(u_{t-1})\Delta t \tag{8.29}$$

は，状況が異なる．すなわち，右辺に u_{t-2} が現れるため，図 8.6(a) に示すように，u_t には u_{t-1} からだけではなく，u_{t-2} からの寄与もある．そのため，図 8.6(b) のように状態ベクトルを $\boldsymbol{x}_t = (u_t)$ とおいてしまうと，$\boldsymbol{x}_{t-1} = (u_{t-1})$ となるために $\boldsymbol{x}_{t-1}$ では u_{t-2} が表現できない．

このような場合は，$\boldsymbol{x}_t$ の要素に u_{t-1} も加えて

$$\boldsymbol{x}_t \stackrel{\text{def}}{=} \begin{pmatrix} u_t \\ u_{t-1} \end{pmatrix} \tag{8.30}$$

とすると，

$$\boldsymbol{x}_{t-1} = \begin{pmatrix} u_{t-1} \\ u_{t-2} \end{pmatrix} \tag{8.31}$$

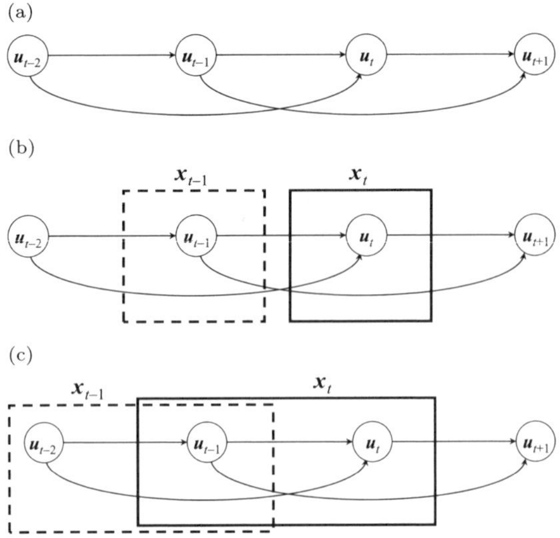

図 8.6　(a) 中心差分を用いたときの変数の依存関係，(b) $\boldsymbol{x}_t = (u_t)$ としたときの $\boldsymbol{x}_t$ と $\boldsymbol{x}_{t-1}$，(c) $\boldsymbol{x}_t = (u_t\ u_{t-1})'$ としたときの $\boldsymbol{x}_t$ と $\boldsymbol{x}_{t-1}$

となるため，u_{t-2} を取り込むことができる．このように定義した $\boldsymbol{x}_t$ に対して，$\boldsymbol{f}$ を

$$\boldsymbol{f}(\boldsymbol{x}_{t-1}) = \boldsymbol{f}\left(\begin{pmatrix} u_{t-1} \\ u_{t-2} \end{pmatrix}\right) \tag{8.32}$$

$$\stackrel{\mathrm{def}}{=} \begin{pmatrix} u_{t-2} + 2g(u_{t-1})\Delta t \\ u_{t-1} \end{pmatrix} \tag{8.33}$$

と定義すれば，

$$\boldsymbol{x}_t = \boldsymbol{f}(\boldsymbol{x}_{t-1}) \tag{8.34}$$

となる．図 8.6(c) には，このときの状態ベクトルを示す．

したがって，もととなる微分方程式は同一でも，シミュレーションモデルが採用している離散化の方法に依存して状態ベクトルは違ったものとなりうる．

(2)　ZC モデルの状態ベクトル：　　本章で扱う大気海洋結合モデルのシミュレーションコードをもとに，変数の依存関係をグラフで示したのが図 8.7(a) である．各時刻の変数をその名前ごとに丸で囲んで示している．各変数は格子点上で

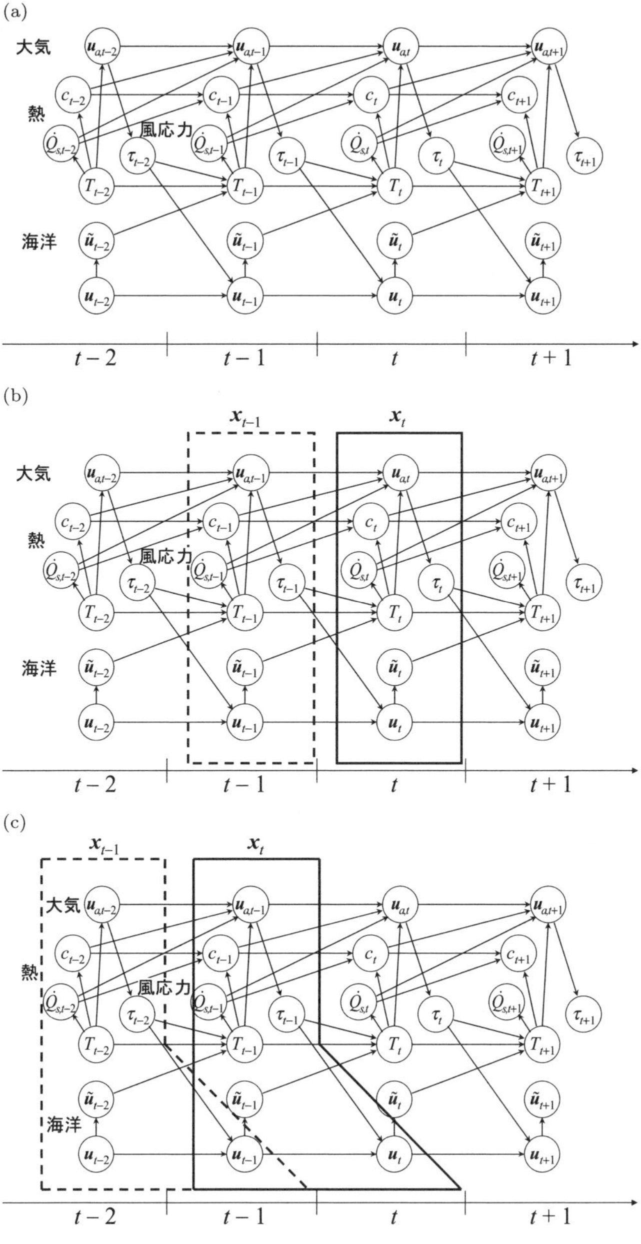

図 **8.7** (a) ZC モデルにおける変数の依存関係，(b) 最も単純な状態ベクトル，(c) ZC モデルのコードの構成をいかした状態ベクトル

定義されているため，実際は格子点数の要素からなっているが，ここでは依存関係のみに注目しているのでまとめて1つの丸 (ノード) で表現している．丸から丸へと結ばれる矢印は，変数同士の依存関係を示す．例えば，時刻 t における海流 $\boldsymbol{u}_t$ は，時刻 $t-1$ における海流 $\boldsymbol{u}_{t-1}$ と風応力 $\boldsymbol{\tau}_{t-1}$ により導かれる．海流には $\boldsymbol{u}_t$ とチルダつきの $\tilde{\boldsymbol{u}}_t$ があるが，これはシミュレーションコードの構成に依存して，$\boldsymbol{u}_t$ の内容を $\tilde{\boldsymbol{u}}_t$ としてメモリ上に保存しておくことに由来する．

さて，このグラフをもとに状態ベクトルを選び出してみよう．状態ベクトルが満たすべき条件は，時間発展に必要なすべての変数をその要素に持つことであった．それには，

1) $\boldsymbol{x}_t$ の要素としたい変数を選ぶ．
2) 選んだ変数の1時間ステップ前の変数が，$\boldsymbol{x}_{t-1}$ の要素となる．
3) $\boldsymbol{x}_t$ の変数に向かう矢印は，いずれも $\boldsymbol{x}_{t-1}$ の要素から出ているならば完了．そうでない場合は最初に戻る．

のようにすればよい．例えば，このグラフの例では，時刻 t における変数すべてを選び，

$$\boldsymbol{x}_t = \left(\boldsymbol{u}'_{a,t}, c_t, \dot{Q}_{s,t}, T_t, \boldsymbol{\tau}'_t, \tilde{\boldsymbol{u}}'_t, \boldsymbol{u}'_t\right)' \tag{8.35}$$

とすると，$\boldsymbol{x}_t$ の各要素に入る矢印は，すべて1ステップ前の状態

$$\boldsymbol{x}_{t-1} = \left(\boldsymbol{u}'_{a,t-1}, c_{t-1}, \dot{Q}_{s,t-1}, T_{t-1}, \boldsymbol{\tau}'_{t-1}, \tilde{\boldsymbol{u}}'_{t-1}, \boldsymbol{u}'_{t-1}\right)' \tag{8.36}$$

から出ていることが確認でき，(8.35) 式のように定義した $\boldsymbol{x}_t$ が状態ベクトルとして機能することがわかる．選んだ状態ベクトル $\boldsymbol{x}_t$ と対応する $\boldsymbol{x}_{t-1}$ を図 8.7(b) に示した．

明らかに，条件を満たす $\boldsymbol{x}_t$ の選び方は唯一ではない．現実的には，もとのシミュレーションコードの構造をいかした状態ベクトルの要素を選ぶのが実装の面から有利である．今回は，

$$\boldsymbol{x}_t = (\boldsymbol{u}'_{a,t-1}, c_{t-1}, Q_{s,t-1}, T_{t-1}, \boldsymbol{\tau}'_{t-1}, \tilde{\boldsymbol{u}}'_{t-1}, \boldsymbol{u}'_{t-1}, \boldsymbol{u}'_t)' \tag{8.37}$$

と選ぶこととした．$\boldsymbol{x}_t$ の要素に $t-1$ の変数が混じり，変則的に見受けられるかもしれないが，シミュレーションコードはこの $\boldsymbol{x}_t$ を使って

$$\boldsymbol{x}_t = \boldsymbol{f}_t(\boldsymbol{x}_{t-1}) \tag{8.38}$$

の形式で書かれていたのである．この $\boldsymbol{x}_t$ に対応する 1 ステップ前の状態ベクトル

$$\boldsymbol{x}_{t-1} = \left(\boldsymbol{u}'_{a,t-2}, c_{t-2}, Q_{s,t-2}, T_{t-2}, \boldsymbol{\tau}'_{t-2}, \tilde{\boldsymbol{u}}'_{t-2}, \boldsymbol{u}'_{t-2}, \boldsymbol{u}'_{t-1}\right)' \tag{8.39}$$

が与えられれば，$\boldsymbol{x}_t$ を求めることができる．

図 8.7(c) に囲んで示すのが $\boldsymbol{x}_t$ と $\boldsymbol{x}_{t-1}$ である．図 8.7(b) と異なり，長靴のような外形をしており，$\boldsymbol{x}_t$ のかかと部分にある $\boldsymbol{u}_{t-1}$ と，$\boldsymbol{x}_{t-1}$ のつま先部分にあたる $\boldsymbol{u}_{t-1}$ は両ベクトルで共有している．状態ベクトルの構成要素が隣接時間ステップで重なりがあったとしても，状態ベクトルの条件を満たす上では支障はないことに注意しておく．

(3) 状態ベクトルの抽出法： ここで，状態ベクトルの要素を選び出すコツをまとめておく．

1) まず，シミュレーションのもととなる微分方程式に登場する時間発展する変数は確実に状態ベクトルの要素である．
2) つづいて，シミュレーションコードを見ていく中で，
   - 時間積分を行うループの中にある関数の引数
   - グローバル変数

   としている変数は状態ベクトルの要素となることが多い．さらに，
   - 時間積分を行うループ内にある関数内にある静的変数

   も状態ベクトルに必要な要素であることがある．
3) 時間発展に必要がない変数は，$\boldsymbol{x}_t$ に含める必要はない．含めてもかまわないが，計算資源は余計にかかる

コツ 1), 2) は，もれなく状態ベクトルの要素をあげるためのものである．コツ 3) は，あげた要素が冗長であってもかまわないということをいっており，神経質になりすぎる必要はないという意味でありがたい性質である．例えば，今回選んだ状態ベクトル (8.37) では，$\boldsymbol{x}_t$ から $\boldsymbol{u}_{t-1}$ を除くことが可能である．

(4) 状態ベクトルを用いた関数の作成： 以上のようなシミュレーションコードの吟味の末，状態ベクトル $\boldsymbol{x}_t$ に必要な変数をリストアップし，シミュレーションモデルを

$$\boldsymbol{x}_t = \boldsymbol{f}_t(\boldsymbol{x}_{t-1}) \tag{8.40}$$

の形で表現できるようにする．ここで，関数 $\boldsymbol{f}_t$ はもともとのシミュレーションコードの時間発展のループ内の計算部分を包むような，いわゆるラッパーの関数となることを指摘しておきたい．なるべくもとのシミュレーションコードに手を加えずに，(8.40) 式のように $\boldsymbol{x}_{t-1}$ を入力，$\boldsymbol{x}_t$ を出力とするような関数を作成することが効率的である．

なお，状態ベクトルの要素は，時間積分を行うシミュレーションモデルをある時刻でいったん実行を停止し，のちに計算を再開するために必要となる，いわゆる中間ファイルに書き出す要素であると考えてよい．中間ファイルは，計算を停止した時点での変数の値や，指定したパラメータの値などを書き込むものである．

8.4.2 アンサンブルコードの作成

アンサンブルカルマンフィルタを実装するには，つづいて次のようなアンサンブルの計算のコードを作成する．準備として，5.5 節で行ったように，N 個のアンサンブルメンバーをまとめて，$k \times N$ 行列 $X_t \stackrel{\mathrm{def}}{=} \left(\boldsymbol{x}_t^{(1)} \quad \cdots \quad \boldsymbol{x}_t^{(N)}\right)$ と書く．このとき，関数 $X_t = F_t\left(X_{t-1}\right)$ を作成し，F_t では N 組の時間発展 $\boldsymbol{x}_t^{(n)} = \boldsymbol{f}_t\left(\boldsymbol{x}_{t-1}^{(n)}\right)$ $(n = 1, \cdots, N)$ が計算されるものとする．この関数 F_t は，4 章で用いた行列 F_t とは異なるものである．この関数 F_t により，初期条件 X_0 を与えれば，以降のアンサンブル $X_1, \cdots, X_T$ が計算できる．F_t はアンサンブルを用いた一期先予測の計算の基本となり，システムノイズに関する項を加えれば，一期先予測のコードとなる．

作成した F_t のチェックとして，アンサンブルメンバーに共通の初期条件 $\hat{\boldsymbol{x}}_0$：

$$\boldsymbol{x}_0^{(1)} = \cdots = \boldsymbol{x}_0^{(N)} = \hat{\boldsymbol{x}}_0 \tag{8.41}$$

を与えたとき，各時間ステップでの状態の値がメンバーによらず共通になること，すなわち，$t = 1, \cdots, T$ に対して，

$$\boldsymbol{x}_t^{(1)} = \cdots = \boldsymbol{x}_t^{(N)} \tag{8.42}$$

が成り立つことを確かめる．状態ベクトルの要素にもれがないことの確認である．

8.4.3 システムノイズの入れ方

さて，ここでシステムノイズを加えることにする．すなわち，(8.40) 式を拡張して，

$$\boldsymbol{x}_t = \boldsymbol{f}_t\left(\boldsymbol{x}_{t-1}, \boldsymbol{v}_t\right) \tag{8.43}$$

とする.

原理的には，システムノイズはどこに与えてもよく，システムノイズを加えることで，状態にばらつきが与えられれば十分である．しかし，実際にデータ同化を行う際には，用いるシミュレーションモデル内のモデル化の根拠のあいまいな部分など，不確実性を想定することが妥当と見なせる部分に与えることが望ましい．ZC モデルにおいても，多くの近似や経験則が用いられており，そのすべてがシステムノイズ付加の対象となりうる．ここでは，状態変数の一つである水温躍層深度偏差 h にシステムノイズを加えることとする．その理由は，水温躍層深度偏差は観測データである海面高度偏差と線形の関係があるため，データ同化による推定値がシステムノイズに素直に応答することが期待できるからである.

システムノイズを $\boldsymbol{v}_t$ と書くと，水温躍層 h_t は海流ベクトル $\boldsymbol{u}_t$ の構成成分の一つであることを考慮すれば，システムモデルは

$$\begin{pmatrix} \boldsymbol{u}_{a,t-1} \\ c_{t-1} \\ \dot{Q}_{s,t-1} \\ \boldsymbol{\tau}_{t-1} \\ \tilde{\boldsymbol{u}}_{t-1} \\ \boldsymbol{u}_{t-1} \\ \boldsymbol{u}_t \end{pmatrix} = \boldsymbol{f}_t \left(\begin{pmatrix} \boldsymbol{u}_{a,t-2} \\ c_{t-2} \\ \dot{Q}_{s,t-2} \\ \boldsymbol{\tau}_{t-2} \\ \tilde{\boldsymbol{u}}_{t-2} \\ \boldsymbol{u}_{t-2} \\ \boldsymbol{u}_{t-1} \end{pmatrix} + \begin{pmatrix} 0 \\ 0 \\ 0 \\ 0 \\ 0 \\ 0 \\ \boldsymbol{v}_t \end{pmatrix} \right) \tag{8.44}$$

と書ける．意味を与えるならば，シミュレーションモデル $\boldsymbol{f}_{t-1}$ が導く水温躍層 h_{t-1} に不確実性を許すということである.

8.4.4 観測行列の設定

観測行列が表現すべきものは，状態変数と観測量の間の適合と，シミュレーションモデルの格子点と観測データの取得位置の対応である.

a. モデル変数と観測変数の対応

観測される変数がシミュレーションモデルの変数の一部である，すなわち状態

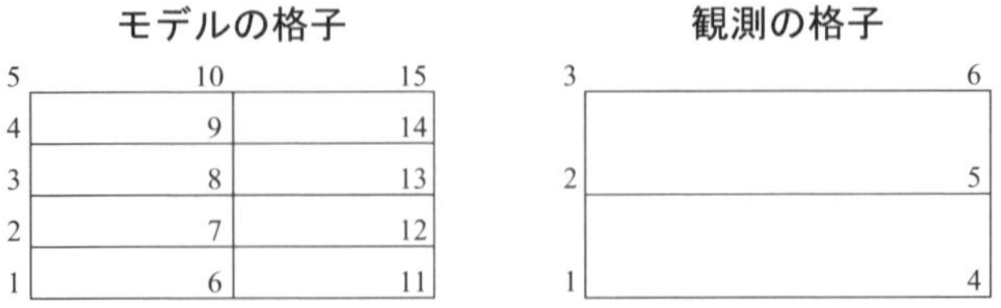

図 **8.8**　ZC モデルの格子と観測データの格子

変数と同種の量が観測されている場合は，本節は省略してよい．

今回の例では，観測データ $\boldsymbol{y}_t$ は海面高度偏差 η_t であるが，これはモデルが時間発展を解く変数には含まれていない．しかし，海面高度偏差に直結する変数として水温躍層深度偏差が含まれている．すなわち，水温躍層偏差が h_t であるとき，暖水に関するつり合いから導かれる海面高度偏差は $(\Delta g/g)\,h_t$ である．これより，状態ベクトルの線形変換 ($(\Delta g/g)$ 倍する) により観測に対応する量が得られることがわかり，一般には非線形である観測演算子であるところを，線形の観測行列とすることができる．すなわち，

$$H_t = \frac{\Delta g}{g} \times (\text{モデル格子点と観測点の解像度変換}) \tag{8.45}$$

と書ける．かけ合わされているモデル格子点と観測点の解像度変換については，次節で述べる．

b.　モデル格子点と観測地点の対応

つづいて，モデルの格子点と観測地点の対応について述べる．ここでは，モデルの格子点は，東西 × 南北方向に $2^\circ \times 0.5^\circ$ である．一方，観測地点は $4^\circ \times 1^\circ$ 間隔である．すると，例えば $4^\circ \times 2^\circ$ の範囲を取り出すと，モデルの格子，観測の格子は図 8.8 のようになっている．

図 8.8 が示すように，モデルで解かれる水温躍層深度は 15 点

$$\boldsymbol{h}_t = \begin{pmatrix} h_{1,t} & h_{2,t} & h_{3,t} & \cdots & h_{15,t} \end{pmatrix}' \tag{8.46}$$

であり，観測位置は 6 点

$$\boldsymbol{y}_t = \begin{pmatrix} y_{1,t} & y_{2,t} & y_{3,t} & \cdots & y_{6,t} \end{pmatrix}' \tag{8.47}$$

である．観測位置 6 点は，いずれもモデル格子点に重なっている．すなわち，$h_{1,t}, h_{3,t}, h_{5,t}, h_{11,t}, h_{13,t}, h_{15,t}$ が $y_{1,t}, y_{2,t}, y_{3,t}, y_{4,t}, y_{5,t}, y_{6,t}$ の得られる位置とそれぞれ一致している．

二種の格子点の関係を与えるにおいて，まず考えられるのが，観測点に重なるモデルの変数を直接対応させる方法である．この例では，

$$H_t = \frac{\Delta g}{g}\left(\begin{array}{ccccc:ccccc:ccccc}
1 & 0 & 0 & 0 & 0 & & & & & & & & & & \\
0 & 0 & 1 & 0 & 0 & & & & & & & & & & \\
0 & 0 & 0 & 0 & 1 & & & & & & & & & & \\
\hdashline
 & & & & & & & & & & 1 & 0 & 0 & 0 & 0 \\
 & & & & & & & & & & 0 & 0 & 1 & 0 & 0 \\
 & & & & & & & & & & 0 & 0 & 0 & 0 & 1
\end{array}\right) \tag{8.48}$$

となる．モデルと観測の点が一致する点に 1 を立て，残りはすべて 0 となるような行列である．

もう一つ考えられるのは，観測点に対応するモデル変数は，近傍の点の加重平均とするものである．つまり，観測点と周りの 4 近傍の平均として

$$H_t = \frac{\Delta g}{g}\left(\begin{array}{ccccc:ccccc:ccccc}
\frac{1}{3} & \frac{1}{3} & & & & \frac{1}{3} & & & & & & & & & \\
 & \frac{1}{4} & \frac{1}{4} & \frac{1}{4} & & & & \frac{1}{4} & & & & & & & \\
 & & & \frac{1}{3} & \frac{1}{3} & & & & & \frac{1}{3} & & & & & \\
\hdashline
 & & & & & \frac{1}{3} & & & & & \frac{1}{3} & \frac{1}{3} & & & \\
 & & & & & & & \frac{1}{4} & & & & \frac{1}{4} & \frac{1}{4} & \frac{1}{4} & \\
 & & & & & & & & & \frac{1}{3} & & & & \frac{1}{3} & \frac{1}{3}
\end{array}\right) \tag{8.49}$$

とする．各行の和が 1 となっていることに注意されたい．

ほかにも，モデルの格子点の座標 $\left(x_m^{\text{model}}, y_m^{\text{model}}\right)$，観測の格子点の座標 $\left(x_i^{\text{obs}}, y_i^{\text{obs}}\right)$ に対して，観測量 η_i をガウス関数による重み付き和

$$(H_t)_{i,m} = \frac{\Delta g}{g}\alpha_{im}\beta_{im} \tag{8.50}$$

$$\alpha_{im} \propto \exp\left[-\frac{\left(x_i^{\mathrm{obs}} - x_m^{\mathrm{model}}\right)^2}{2\left(\Delta x\right)^2}\right] \tag{8.51}$$

$$\beta_{im} \propto \exp\left[-\frac{\left(y_i^{\mathrm{obs}} - y_m^{\mathrm{model}}\right)^2}{2\left(\Delta y\right)^2}\right] \tag{8.52}$$

$$\sum_m \alpha_{im}\beta_{im} = 1 \tag{8.53}$$

とする方法もあろう．ここでは，この方法で $\Delta x = 2.0^\circ$, $\Delta y = 0.5^\circ$ としたものを使う．

なお，8.2.2 項で述べたように，ときおり部分的なデータ欠損が見られる．このようなときは，欠損データを表現する H_t の行を取り除き，有効なデータ点数を行数に持つ H_t として定義し直したものを用いる．

8.5　ノイズの確率分布の設計

システムノイズ，観測ノイズが従う確率分布のパラメータを与える．ここでは，どちらのノイズも平均が $\mathbf{0}$ のガウス分布とする．よって，分散共分散行列をそれぞれ与えればよい．

8.5.1　システムノイズの分散共分散行列

システムノイズは，水温躍層偏差に加えることとしていた．距離に応じて相関が減少するようなシステムノイズを与えるような，分散共分散行列 Q を構成する．Q は時間変化はしないものとする．

ここでは，ガウス関数を用いて海洋格子上の 2 点 $\boldsymbol{r} \stackrel{\mathrm{def}}{=} (r_x, r_y)$, $\boldsymbol{s} \stackrel{\mathrm{def}}{=} (s_x, s_y)$ 間の共分散を

$$Q(\boldsymbol{r}, \boldsymbol{s}) = \sigma_h^2 \exp\left[-\frac{(r_x - s_x)^2}{2(\Delta x_Q)^2} - \frac{(r_y - s_y)^2}{2(\Delta y_Q)^2}\right] \tag{8.54}$$

とする．ここで，$(\Delta x_Q, \Delta y_Q) = (4^\circ, 1^\circ)$, $\sigma_h = 1\,\mathrm{m}$ とする．

(a)

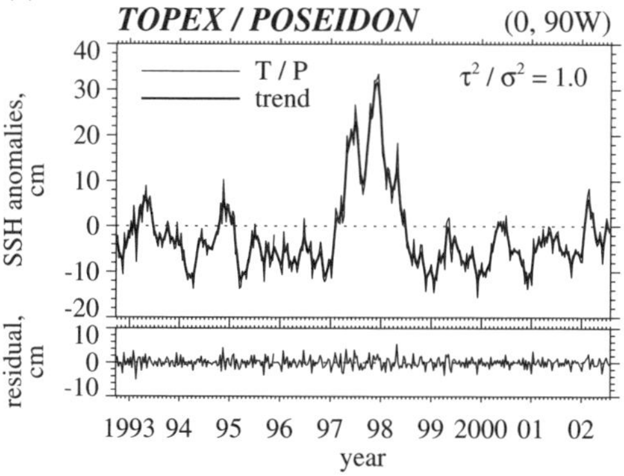

(b)

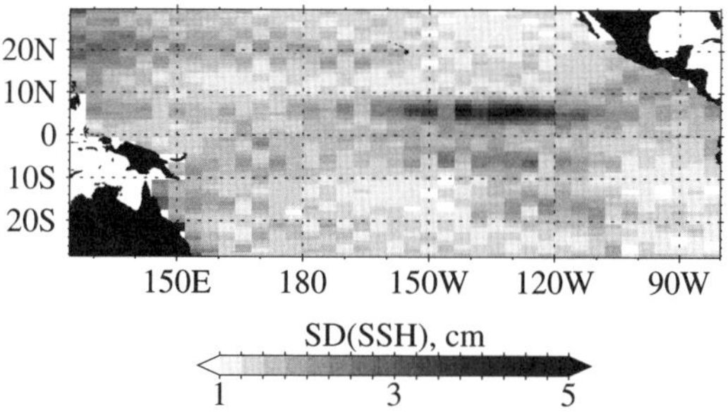

図 8.9 (a) (上図) 西経 90°，赤道上における海面高度観測 (細線) と平滑化トレンド (太線)，(下図) 観測値と平滑化値の差．(b) 観測ノイズ分散共分散行列の対角成分 (平方根量，すなわち標準偏差で示している)．

8.5.2 観測ノイズの分散共分散行列

観測ノイズの分散共分散行列は，観測データからトレンドを除いて得た残差系列を用いて得たサンプル分散共分散行列を使うこととする．

トレンドの除去は，1 階トレンドモデルを各地点の 1 次元時系列データに当てはめることによる．固定区間平滑化を用いた (システムノイズ，観測ノイズともに分散を $(1\,\mathrm{cm})^2$ としている)．

図 8.9(a) には，観測地点 $(0, 90°\mathrm{W})$ におけるデータと平滑化トレンドを示している．下にはデータから平滑化トレンドを引いて得た残差の時系列を示している．この手続きを残りの観測地点でのデータにも適用して，太平洋赤道域内での全観測点での残差系列を得る．この残差系列を用いてサンプル分散共分散行列を計算し，それを観測ノイズ分散共分散行列 R とする．その対角成分が図 8.9(b) に示

してある．もちろん得られたサンプル分散共分散行列は非対角行列であり，観測ノイズの空間的な相関を考慮している．対角成分の平均値は $(1.48\,\mathrm{cm})^2$ であり，東西方向，南北方向の相関スケールの平均値はそれぞれ $2.38°$，$2.52°$ となった．

基本的には，こうして得られる観測ノイズ分散共分散行列 R を用いればよいのだが，8.2.2 項で述べた，部分的なデータ欠損が見られるときは，R から欠損データ点に関連する行と列を削除し，有効なデータ点数の次元を持つように縮小した，時変次元の行列 R_t を用いる．有効なデータ点に関する要素のみを残せばよいというのは，多変量正規分布の同時分布と周辺分布についての定理 (付録 A.4 定理 2) による．

こうして得られる各時間ステップにおける分散共分散行列 R_t ($l \times l$ 行列) を用いて l 次元ガウス分布に従う乱数 $\boldsymbol{w}_t^{(n)}$ $(n = 1, \cdots, N)$ を生成する際には，コレスキー分解 $R_t = LL'$ は用いずに固有値分解を利用する．すなわち，$R_t = U\Lambda U'$ と固有値分解を行い，l 個の 1 次元標準ガウス乱数に対して $U\Lambda^{1/2}$ を乗算することで R_t を分散共分散行列に持つ乱数 $\boldsymbol{w}_t^{(n)}$ $(n = 1, \cdots, N)$ を生成する．コレスキー分解が利用できない理由は，上述のようにつくられた R_t のランクは高々全時間ステップの 364 であるが，R_t の次元は $l = 1981$ であるため，R_t は正値定符号行列となり得ないからである．乱数の生成については付録 A.5 節を参照されたい．

8.6　一期先予測・フィルタ

以上の準備のもとで，アンサンブルカルマンフィルタを実施する．アンサンブルメンバー数は $N = 2048$ とした．メンバー数は多ければ多いほどよいのだが，ここでは，データ点数 1981 よりも多いことを目安とした．数学的には，観測データ点数よりもメンバー数を大きくとっておくとカルマンゲインの性質が悪くならないことがわかっている[54)]．全データが欠損しているサイクル 118 では，3.2.4 項に述べたように，フィルタの操作をスキップし，フィルタ分布は一期先予測分布と同じものとする．

図 8.10(a) に海面高度のフィルタ推定値を示す．アンサンブルの平均値を推定値として表している．シミュレーションモデル (図 8.4(b)) よりも 1997〜1998 年のエルニーニョ現象が明確に推定され，観測に見られる年変化も推定値に現れて

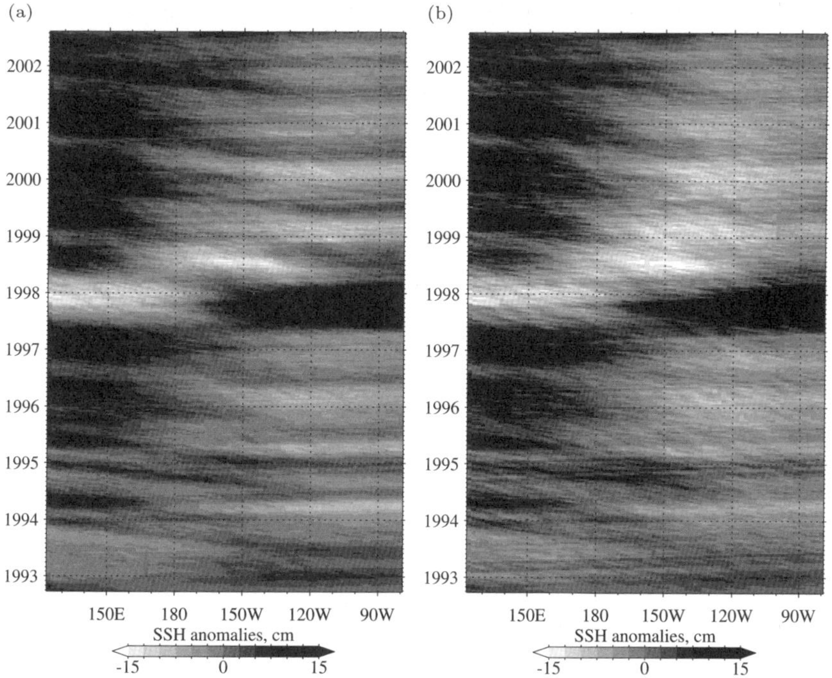

図 **8.10**　赤道に沿った海面高度の時間変化の (a) フィルタ推定値，(b) 平滑化推定値

いることがわかる．

8.7　平　滑　化

つづいて，アンサンブルカルマンスムーザを適用する．5.6 節で見たように，フィルタアンサンブル $X_{t|t}$ に行列 $Z_{t+1}, \cdots, Z_{t+L}$ を順に右側からかけ合わせ，

$$X_{t|t+L} = X_{t|t} \prod_{s=1}^{L} Z_{t+s} \tag{8.55}$$

を求めることで，ラグ幅を L としたときの固定ラグ平滑化アンサンブルが得られる．

ここでは，ラグ幅をフィルタ後の残りの時間ステップすべてとする．すなわち，t においては $L(t) = T - t$ とし，全データを使って平滑化アンサンブルを求める．全データを使って全時間ステップの平滑化アンサンブルを求めるという意味

では，固定区間平滑化と同じである．ただし，アルゴリズムの構成は固定ラグ平滑化をベースにしている．こうすると，

$$X_{t|t+L(t)} = X_{t|t} \prod_{s=1}^{L(t)} Z_{t+s} \tag{8.56}$$

は

$$X_{1|T} = X_{1|1} Z_2 Z_3 \cdots Z_T \tag{8.57}$$

$$X_{2|T} = X_{2|2} Z_3 \cdots Z_T \tag{8.58}$$

$$X_{T-1|T} = X_{T-1|T-1} Z_T \tag{8.59}$$

となる．あとの時間ステップで用いる Z_t は，それ以前の時間ステップでも用いられていることを利用すると，$t = T, \cdots, 1$ と逆順に $X_{t|T}$ を計算すると効率がよい．

図 8.10(b) に，得られた平滑化推定値として，平滑化アンサンブルの平均値を

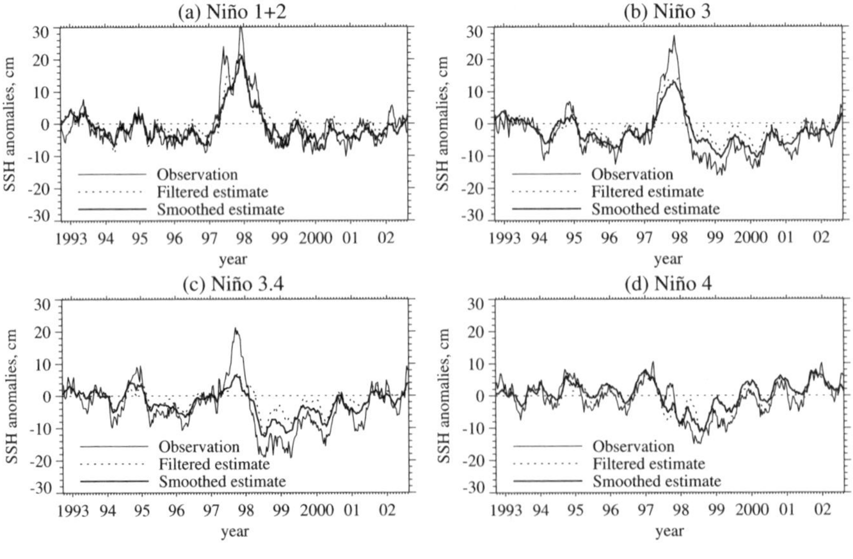

図 8.11 海面高度偏差の観測値 (細線)，フィルタ推定値 (破線)，平滑化推定値 (太線)
(a) ニーニョ 1+2 (0°〜10°S, 90°〜80°W)，(b) ニーニョ 3 (5°N〜5°S, 150°〜90°W)，(c) ニーニョ 3.4 (5°N〜5°S, 170°〜120°W)，(d) ニーニョ 4 (5°N〜5°S, 160°E〜150°W).

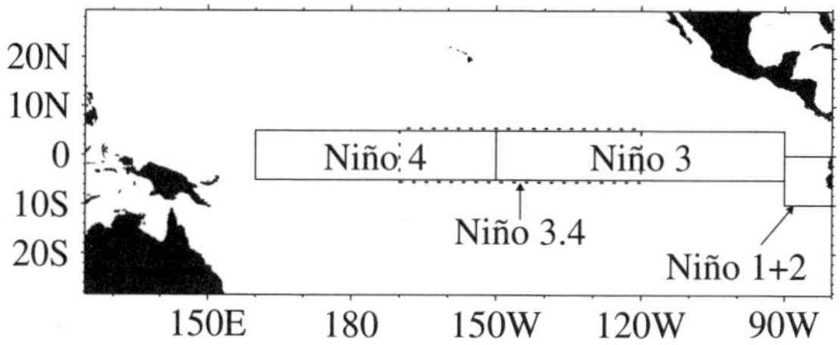

図 8.12　ニーニョ 1+2 (0°〜10°S, 90°〜80°W)，ニーニョ 3 (5°N〜5°S, 150°〜90°W)，ニーニョ 3.4 (5°N〜5°S, 170°〜120°W)，ニーニョ 4 (5°N〜5°S, 160°E〜150°W) の各領域

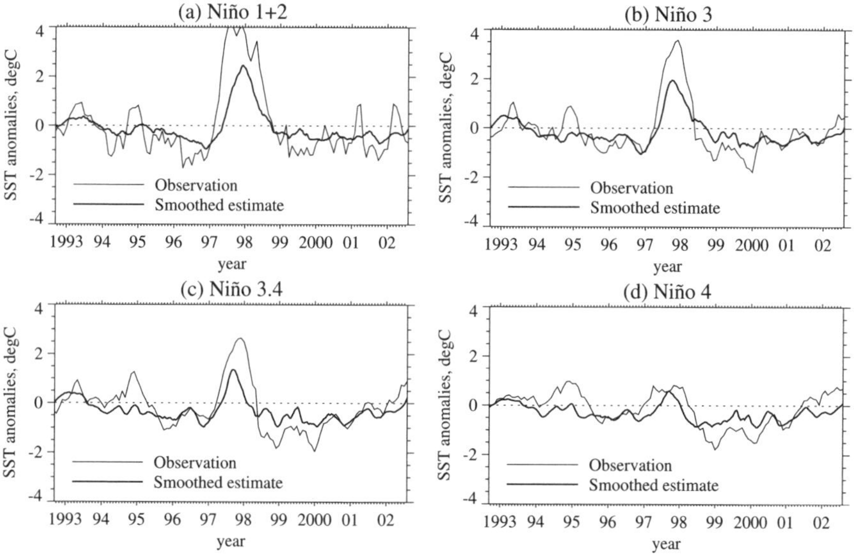

図 8.13　海面水温偏差の観測値 (細線) と海面高度データ同化による海面水温の推定値 (太線) (a) ニーニョ 1+2 (0°〜10°S, 90°〜80°W)，(b) ニーニョ 3 (5°N〜5°S, 150°〜90°W)，(c) ニーニョ 3.4 (5°N〜5°S, 170°〜120°W)，(d) ニーニョ 4 (5°N〜5°S, 160°E〜150°W).

示している．フィルタ推定値からの改善点は，1999〜2000 年の中央から東部で見られた負の偏差の再現性がよくなったことである．

図 8.11 では，ニーニョ 1+2*4), 3, 3.4, 4 領域 (図 8.12) 内での時系列の比較を示している．改善された負の偏差は，1995 年と 1998〜2000 年のニーニョ 3 と

*4)　ニーニョ 1+2 領域とは，5°〜10°S のニーニョ 1 領域と 0°〜5°S のニーニョ 2 領域をあわせた領域をいう．

ニーニョ 3.4 領域で明らかである．ニーニョ 4 領域では，フィルタ推定値と平滑化推定値はほとんど同じである．

同化したデータは海面高度だけであるが，ZC モデルは他の物理量の時間発展も解いているので，モデル内の変数のデータ同化による推定値を得ることができる．図 8.13 には，海面水温の推定値を，海面水温の観測値と比較したものである．4 つのパネルは ニーニョ 1+2, 3, 3.4, 4 領域内での平均を示している．平滑化推定値の主な変化は観測値と似ていることがわかる．ただし，振幅は若干小さい．

8.8 ま と め

アンサンブルカルマンフィルタ，アンサンブルカルマンスムーザの応用例を見てきた．シミュレーションモデルは，太平洋赤道域の海洋と大気の相互作用を解き，エルニーニョ現象を再現するものであり，同化するデータは衛星高度計による海面高度観測である．状態ベクトルは 5 万 4403 次元，観測点数は 1981 点という規模の設定で，アンサンブルメンバー数は 2048 としている．海面高度データの同化により，海面高度の推定値が得られるのはもちろん，海面水温の推定値も得られ，独立に得られた海面水温の観測値と合うことが確認できた．

9

粒子フィルタ応用：津波データ同化

本章では，データ同化における粒子フィルタ (PF) の適用例として，浅水波方程式に基づく津波シミュレーションモデルと沿岸潮位計データの情報を統合し，海底地形データの推定を行うモデリングと解析例を示す.

9.1 目的と背景

津波とは，急激に発生した海水面の高低差が，波として空間的に伝播していく現象である．その原因の多くは海底地震であり，海底地震に伴って急激な海底隆起や沈降といった変化が発生し，その変化が海水面を急激に変形させることで津波が発生する．津波は発生の原因となった地震の性質や規模にもよるが，その波長は数 km から数十 km にも及ぶ．そのため，沿岸での様相は風波 (いわゆる「波」) とは異なり，水塊が押しよせてくるかのような状態であるため，数 m の津波でもさまざまな災害を引き起こす．例えば，1993 年 7 月 12 日に日本海北部の奥尻島沖で発生した北海道南西沖地震津波では，奥尻島や北海道日本海沿岸を中心に 200 人を超える犠牲者が出るなどの多くの災害被害が発生している*1).

津波の研究では，観測データの取得と解析を柱とした研究がよく行われる．観測データをもとにした研究として，フィールドワークによる沿岸への津波の到達状況の調査，例えば最大波高の計測や，潮汐観測のために設置された検潮データの解析，過去の津波の痕跡に関する調査や研究[22] などが行われている．しかし，大規模な津波は発生頻度が低いために，観測データの取得は容易ではない．さらに，津波のような広い領域で起こる現象のフィールドデータの取得には多大な労

*1) 本書校正中の 2011 年 3 月 11 日に，東北地方太平洋沖地震に伴う大津波により，甚大な被害が発生した.

力がかかる．

一方，地球物理学や海岸工学などの分野において，物理過程から構成される数値シミュレーションモデルを用いて実際の津波を計算機上で再現し，その結果から現象を議論・研究するアプローチも幅広くなされている．また，既存の観測情報とシミュレーションモデルを融合して解析する研究に，津波初期波形の逆解析による同定がある[49]．この解析では，まず震源周辺に同一の高さの初期波源を複数用意し，その各々をシミュレーションモデルにより伝播させ，潮位観測点における応答を求める．この複数の応答の線形結合によって沿岸の潮位計が表現されるとして回帰モデルを当てはめ，得られた係数を用いて初期波形を推定する．

このような津波のシミュレーション解析では，津波の物理過程を表す偏微分方程式を数値的に解くが，その際に海底地形が境界条件となる．この海底地形は既知として扱われている．しかし，利用できる海底地形データセット間には差異があることがわかっている[17]．実際，日本海周辺についても，DBDBV (米海軍海洋学局)，ETOPO2 (米地球物理学データセンター)，MIRC (日本水路協会)，SKKU (韓国成均館大学) のデータを比較すると，大きな差異がある．図 9.1 の左側に，4 種類の水深データの平均値，右側に誤差率 (4 データセット間の各点における標準偏差を平均水深で除して規格化したもの) をそれぞれ示した．左図中心部に注目すると，日本海の中央部に周囲より水深の浅い海山の存在がわかる．この部分は大和堆と呼ばれる．右図の誤差率と比較すると，この大和堆領域のデータセット間のばらつきが，沿岸部と並んで大きい (300 m 程度の差がある領域がある) ことがわかる．

この誤差の違いが，シミュレーション結果の違いとなって現れる．図 9.2 は，DBDBV と SKKU の海底地形データを境界条件として北海道南西沖地震津波のシミュレーションを行い，図 9.1（左）中の点 A における到達状況を比較した図である．異なる海底地形データを境界条件として津波のシミュレーションを行うと，到達時刻や波高 (海水面高) が異なってくる．ここから，海底地形 (境界条件) 推定の必要性が見て取れる．

そこで，適切な海底地形データセットを得る方法を検討する．まず，実際の海底測定地点や回数を増やすことは，情報の直接的確認にもつながり重要であり，実際に測量船による測深も行われている．しかし，網羅的な観測のためには相当のコストがかかる．一方，現時点において手に入るデータの情報を用いて，海底地

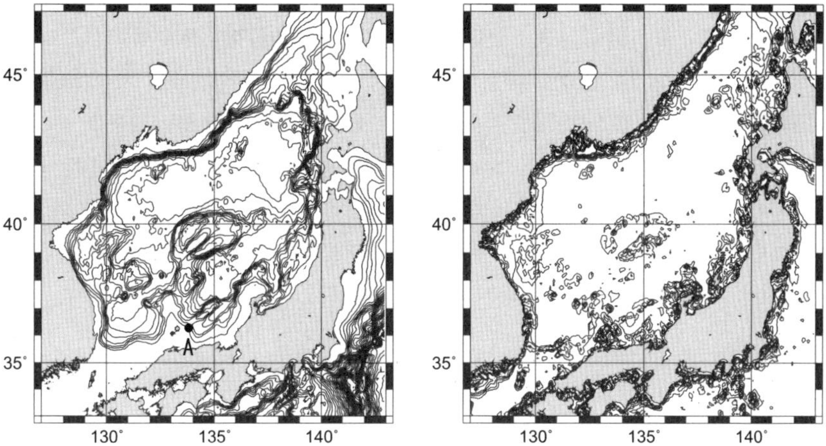

図 **9.1** 4 地形データセットの平均水深 (左，1000 m に 3 本ずつ等高線が引かれている) と平均水深で規格化したデータセット間の標準偏差 (右，10% 刻みに等高線が引かれている)

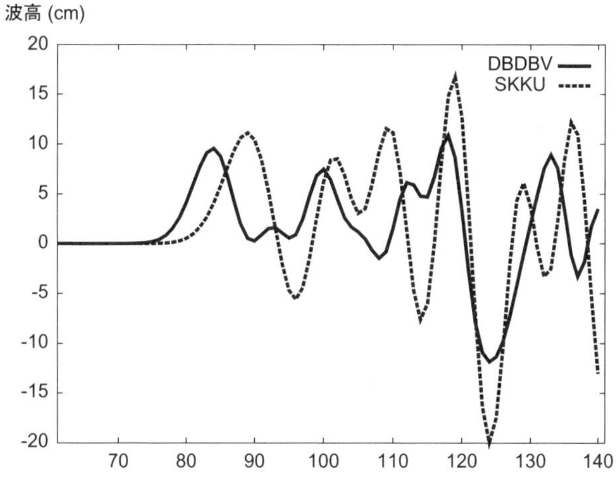

図 **9.2** 米海軍海洋学局 (DBDBV) と韓国成均館大学 (SKKU) のそれぞれのデータセットに基づく津波シミュレーション結果

図 9.1 (左) の点 A における到達状況を表す．縦軸が海水面高 (cm) で横軸が地震発生からの時間 (分) である．

形推定と誤差評価を行うことも有意義である．新たな観測を行わないこのようなアプローチにより，経済コストを抑えて適切な海底地形補正値が得られ，その結果，シミュレーション精度の向上だけでなく，他の海洋学的知見 (例えば新地形の発見など) への貢献が期待できる．以下では，このような海底地形データセットの推定を，津波のシミュレーションと観測情報を用いて行う．まず，データ同化モデルの構築と解析をどのような手続きで行うか，状態空間モデルによる定式化を通じて示す．ついで，実際の解析ではどのような手続きと推定結果となるか，双子実験と北海道南西沖地震津波の実データ解析の場合を用いて説明する．

9.2 状態空間モデルの構成

本節では，津波シミュレーションモデルと観測データの特徴を述べる．また，非線形・非ガウス状態空間モデルによる定式化についても記述する．

9.2.1 津波シミュレーションモデル

津波シミュレーションモデルは，浅水波方程式

$$\frac{\partial \eta}{\partial t} + \frac{1}{R\cos\theta}\left[\frac{\partial U}{\partial \lambda} + \frac{\partial}{\partial \theta}(V\cos\theta)\right] = 0 \tag{9.1}$$

$$\frac{\partial U}{\partial t} + \frac{gd}{R\cos\theta}\frac{\partial \eta}{\partial \lambda} = 2\omega V\sin\theta \tag{9.2}$$

$$\frac{\partial V}{\partial t} + \frac{gd}{R}\frac{\partial \eta}{\partial \theta} = -2\omega U\sin\theta \tag{9.3}$$

に基づいている[8)]．ただし，η は津波波高 (海水面高)，U, V はそれぞれ流速ベクトルの東西・南北成分，θ, λ はそれぞれ緯度と経度，ω は地球自転角速度，R は地球半径である．また，d は水深，g は重力加速度である．ただし，ω, R, g は定数である．(9.1)〜(9.3) 式について，時間・空間的に離散化することでシミュレーションモデルを得る．離散化格子には 図 9.3 に示す格子 (Arakawa C-grid[3)]) を用いており，以下ではその格子点数を M とする．時間離散化には有限差分法を用いている．津波シミュレーションモデルに含まれる主要変数は，各格子 m に海水面高 η_m，流速ベクトルの東西・南北成分 U_m ならびに V_m である．変数は，図に示すように各格子内部とその境界で定義される．

津波の伝播速度は，近似的に $\sqrt{gd}$ となることが知られている．すなわち，水深

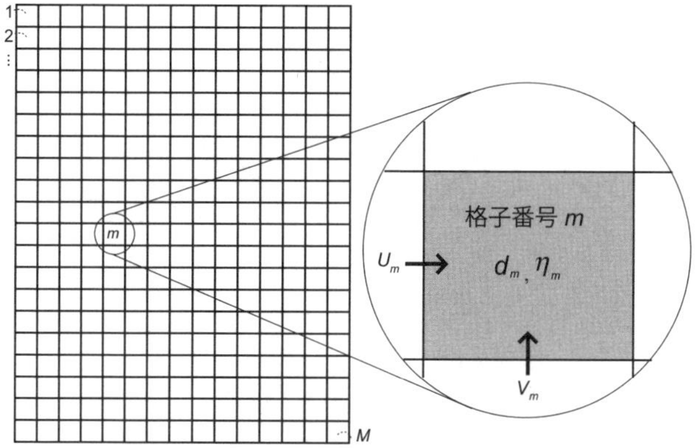

図 9.3 津波シミュレーションモデルにおける離散化格子と主要変数

d が深いほど伝播速度も大きくなる．したがって，波源から沿岸まで波が伝播する際に通過した経路の水深の履歴が，観測地点における津波の到達時刻に影響を与える．この性質を使い，沿岸での観測データを用いることで伝播途中の水深に関する推論が可能であると期待される．

9.2.2 システムモデルの構成

津波シミュレーションモデルにおける状態ベクトルを次で定義する：

$$\boldsymbol{x}_t = [\eta_{1,t}, U_{1,t}, V_{1,t}, d_{1,t}, \cdots, \eta_{M,t}, U_{M,t}, V_{M,t}, d_{M,t}]' \tag{9.4}$$

ここで，$\eta_{m,t}, U_{m,t}, V_{m,t}, d_{m,t}$ は，時刻 t，格子 m での海水面高，流速ベクトルの東西・南北成分，水深を表す (図 9.4)．水深 $d_{m,t}$ は (9.1)〜(9.3) 式での時変変数ではないが，推定するために状態ベクトルに入っている．このように状態ベクトルを定義すると，シミュレーションモデルは，2 章の (2.37) 式にある状態空間モデルのシステムモデル

$$\boldsymbol{x}_t = \boldsymbol{f}_t(\boldsymbol{x}_{t-1}) + \boldsymbol{v}_t \tag{9.5}$$

で表現できる．データ同化を行うには，システムノイズ $\boldsymbol{v}_t$ と初期状態 $\boldsymbol{x}_0$ をどのような分布にするかを決定する必要がある．システムノイズ $\boldsymbol{v}_t$ は，常に $\mathbf{0}$ とする．津波伝播中の海底地形が不変であるから，(9.4) 式中の $d_{m,t}$ に対応するシステムノイズは $\mathbf{0}$ とし，その他の津波のダイナミクスに関するシステムノイズも $\mathbf{0}$

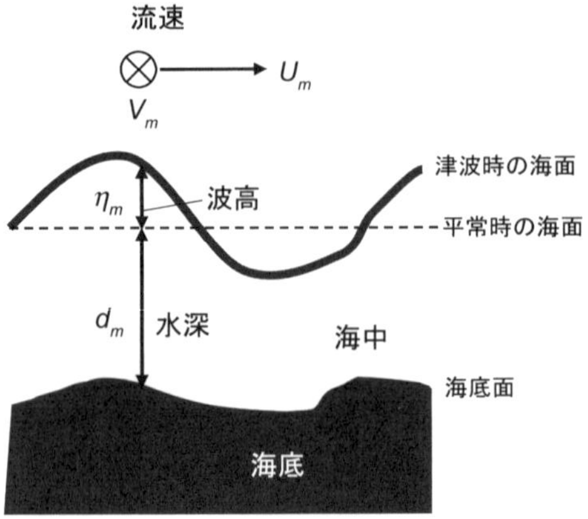

図 **9.4** 各格子番号 m ごとの物理変数
津波波高 (海水面高) η_m，平常時の海面からの水深 d_m，流速ベクトル U_m，V_m が各格子ごとに定義される．

とする．

初期状態については以下の通りとした．時刻 0 での流速ベクトルの成分 $U_{m,0}$ ならびに $V_{m,0}$ は，すべての m について 0 で固定した．波源すなわち時刻 0 での海水面高 $\eta_{m,0}$ は，地震計波形の逆解析により求められる震源パラメータ (位置，長さ，幅，すべり量，走向，傾斜，すべり角) から海水面高を決定するスキームを利用した[8, 36]．水深 $d_{m,0}$ については問題に応じて設定をする．具体的な設定は 9.3 節以降に記述する．以上の初期状態とシステムモデルの設定により，$\boldsymbol{x}_0$ の水深部分に不確実性が与えられ，状態ベクトル $\boldsymbol{x}_t$ の推定を通じて，水深の推定値が更新される．

9.2.3 同化用データセットの作成

用いる観測データは，沿岸に設置されている潮位計データである．データのサンプリング間隔は，30 秒〜2 分である．潮位計は，潮汐による海水面変動を記録することを目的として沿岸に設置されている．図 9.5 に北海道南西沖地震津波の潮位計データの一例を示す．津波は数分以上の周期を持つので，潮位計による計測でも十分な時間分解能があり，津波による海水面変動をとらえることが可能である．

潮位計で観測される時系列には，天文潮 (1 日 2 回の周期を持つ，いわゆる「潮

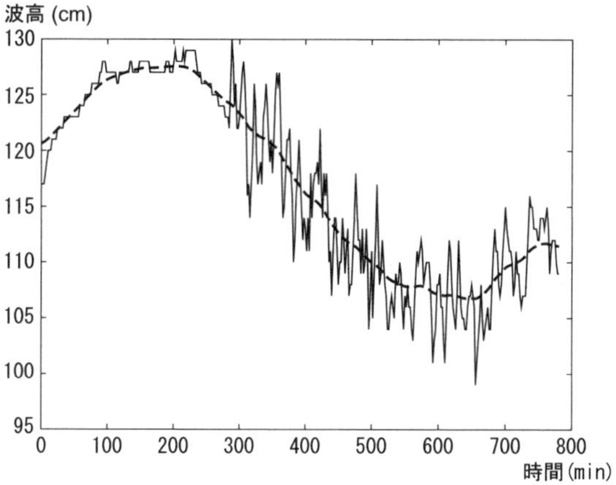

図 **9.5** 潮位計データ例
実線が観測系列，破線が推定されたトレンドである．

の満ち引き」)，気象潮 (気圧の変動や風の影響などで発生する海水面変動) といった他の要因による変動も記録される．津波シミュレーションモデルにこれらは含まれていないため，取り除く必要がある．例えば，図 9.5 に現れている潮位観測時系列を見ると，津波成分に加えて他の変動成分も確認できる．一番大きく現れているのは天文潮であり，津波よりも周期が長く変動が緩やかである．そこで，適切な時系列解析手法を適用することにより，津波以外の長周期成分を取り除くことにし，除去された残差系列を津波に関する観測時系列として用いる (8.5.2 項も参照).

実際の除去法は，各観測点ごとに 1 階トレンドモデル (4.3.4 項参照)

$$\zeta_t = \zeta_{t-1} + v_t \tag{9.6}$$

$$s_t = \zeta_t + w_t \tag{9.7}$$

をもとの観測時系列に当てはめ，その残差系列を使用する方法を用いる．ただし，ζ_t は長周期のなめらかな (トレンド) 成分，s_t は観測時系列であり，v_t, w_t は平均がともに 0，分散がそれぞれ τ^2, ξ^2 の正規分布である．(9.6),(9.7) 式は線形・ガウス状態空間モデルとなっているため，当てはめには 4 章の固定区間平滑化を用いることができる．v_t と w_t の分散の比 τ^2/ξ^2 の値は，目的に即したトレンド成分が抽出できるように小さい値に設定する．当てはめの結果得られた平滑化推定値 $\zeta_{t|T}$ により，残差

$$y_t = s_t - \zeta_{t|T} \tag{9.8}$$

を津波の観測に対応する 1 次元観測時系列であるとして扱う.

9.2.4 観測モデルの構成

同化のための観測モデルの設定は以下のようにする. $i(i = 1, 2, \cdots, l)$ 番目の観測地点のシミュレーションモデル格子上での格子番号を k_i とし, 各観測点 i における 1 次元の残差時系列を $y_{i,t}(t = 1, \cdots, T)$ とする. あらかじめ, 各地点に津波が到達する前の残差時系列 (図 9.6 の場合では, 時刻 0 から 290 までの間に対応する) が観測ノイズ成分 $w_{i,t}$ であるとして, そのサンプル分散を計算して観測ノイズの分散 ${\sigma_i}^2$ を得る. ここで $y_{i,t}$ は, 各地点の海水面高 $\eta_{k_i,t}$ と観測ノイズ $w_{i,t}$ を用いて

$$y_{i,t} = \eta_{k_i,t} + w_{i,t} \tag{9.9}$$

と定義される. この $y_{i,t}$ を l 次元観測ベクトル $\boldsymbol{y}_t$ にまとめると, 観測モデル

$$\boldsymbol{y}_t = H\boldsymbol{x}_t + \boldsymbol{w}_t \tag{9.10}$$

を得る. ただし H は, i 行 $\bigl(4(k_i - 1) + 1\bigr)$ 列に 1 が入り残りが 0 の行列, $\boldsymbol{w}_t$ は $N(\mathbf{0}, \mathrm{diag}({\sigma_1}^2, {\sigma_2}^2, \ldots, {\sigma_l}^2))$ に従う観測ノイズである.

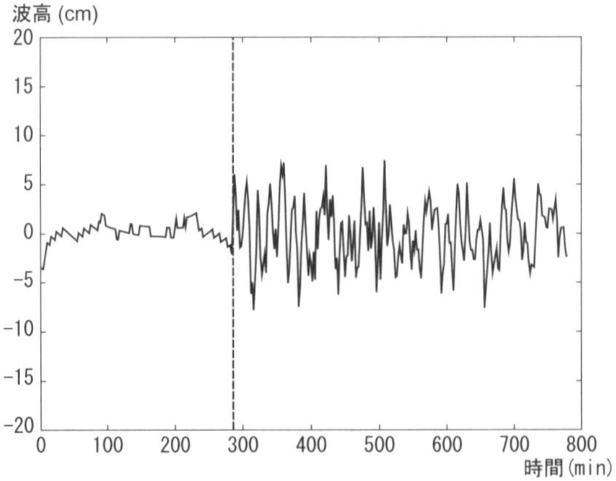

図 9.6　図 9.5 のトレンド除去例

9.2.5　データ同化による推定手続

以上の定式化により，データ同化モデルが非線形状態空間モデルの形で表現され，フィルタを適用することが可能となった．今回はフィルタとして粒子フィルタを用いている．粒子フィルタは実装が容易であり，かつ理論的には粒子数を増やすことで，非線形モデルでも任意に，精度向上可能であるという利点がある．津波データ同化の場合，大規模並列計算機上で複数のシミュレーションを分散・協調しながら計算することになるが，粒子フィルタを適用すると，分散計算ユニット (**processing element**; PE) 間での通信負荷が低くなるので，他の手法 (例えばアンサンブルカルマンフィルタ) よりも有利である．そのため，粒子フィルタを選択した．

図 9.7 は，本節で示した状態空間モデルによる定式化と粒子フィルタの適用により，一期先予測ならびにフィルタの手続きで，各物理量 (シミュレーション変数) がどのように推定されるかを表している．一期先予測では，各点の水深は津波シミュレーションモデル上では変化しないので，$d_{m,t}$ は変化せず，海水面

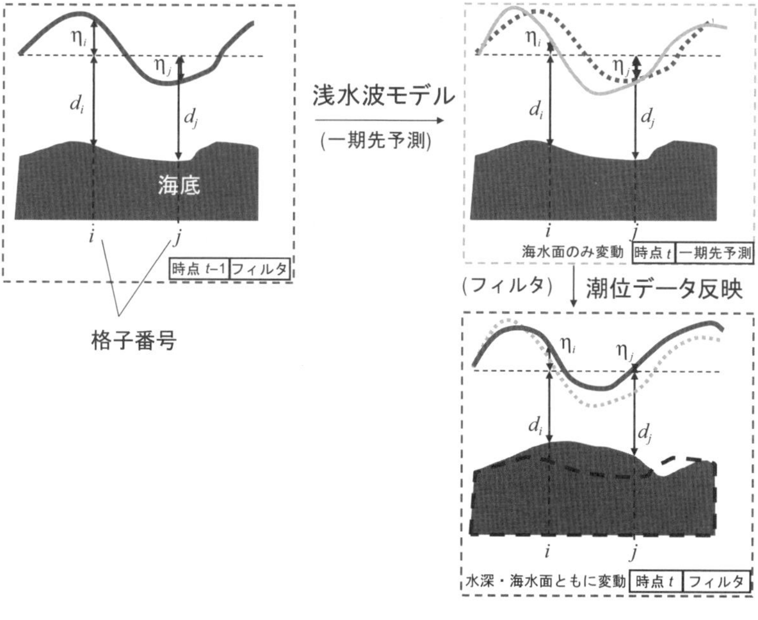

図 **9.7**　データ同化の手順と津波シミュレーションモデルの各物理量との関係

$(\eta_{m,t}, U_{m,t}, V_{m,t})$ の変化のみがモデルに基づいて計算される．フィルタの手続きにおいては，観測地点の潮位計データと各粒子の海水面高 $\eta_{m,t}$ について，観測モデルを通じて尤度が計算されて，リサンプリングによって，水深 $d_{m,t}$ も含む全状態変数が同時に修正される．フィルタの手続きで，海底地形も変動して修正される．

9.3 双子実験

導入した枠組の妥当性を検証するため，双子実験を行う．図 9.8 に，津波シミュレーションモデルと潮位計データの逐次データ同化の場合の双子実験の手順を示した．まず，ある海底地形 (これを真の地形とする) と潮位計設置点ならびに観測モデルを仮定する．この設定下で津波シミュレーションを 1 回行う (TE-1 ステップ．ここで TE は twin experiment を表す略称である)．次に TE-2 ステップとして，観測モデルに従って模擬観測記録を作成し，潮位計データとする．ただし，この観測時系列には津波成分と観測ノイズ以外は含まれないので，9.2.4 項に示したトレンド除去は不要である．TE-3 ステップで，真の地形とは異なる海底地形を用意し，初期分布に設定する．TE-4 ステップで，シミュレーションモデルと潮位計データをもとにデータ同化を行う．データ同化の結果，もとの真の地形に近いものが復元されるかどうかを調べ (TE-5 ステップ)，もとの地形に近

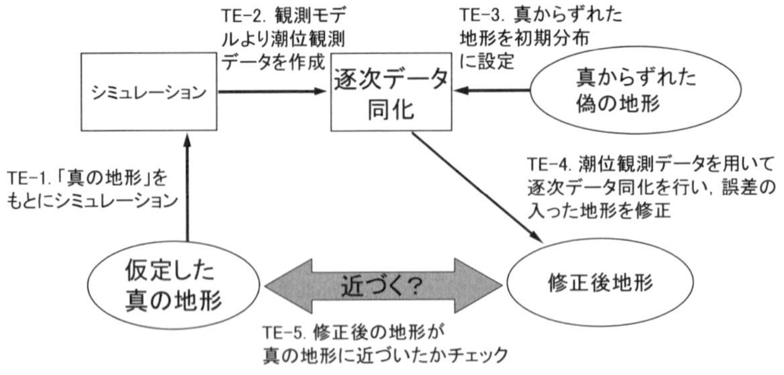

図 9.8　津波シミュレーションモデルと潮位計データの逐次データ同化における双子実験の手順

い地形が復元されていれば，導入した定式化が有効であることを示している．

9.3.1 双子実験・人工地形

第一の実験として，人工地形に対する双子実験を行った．図 9.9 に仮定した真の地形と断面図を表す．中央部の海底を平らにし，それを取り囲むように 8 個の海山がある．海山のない部分の水深が 600 m，海山の頂上部分の水深が 400 m である．用いるシミュレーションモデルの格子数は 192 (左右) × 200 (上下) である．観測点は，図の左岸に示した 4 点である．観測ノイズの分散は各点で $(1\ \text{cm})^2$ とした．沿岸で観測される波高は 10 cm 程度である．図 9.9 の A 点に津波波源を設定する．以上が図 9.8 の TE-1 ステップである．

TE-2 ステップとして，シミュレーションを実行して観測点 4 点に対応する 4 次元の観測時系列を作成する．TE-3 ステップでは，初期状態ベクトル $\boldsymbol{x}_0$ のうち，中央部の水深に該当する要素に偽の水深情報を初期値として与える．ここでは，中央部に周囲と同等の高さの海山がある (すなわち水深が 400 m となっている) と仮定する．具体的には，初期ベクトルのうち，中央部分の水深について

$$d_{m,0} \sim N_{\text{trunc}}(d_m^{\text{guess}}, (1.5 \times (600 - d_m^{\text{guess}}))^2, 50) \tag{9.11}$$

とし，それ以外の部分については

$$d_m = d_m^{\text{guess}} \tag{9.12}$$

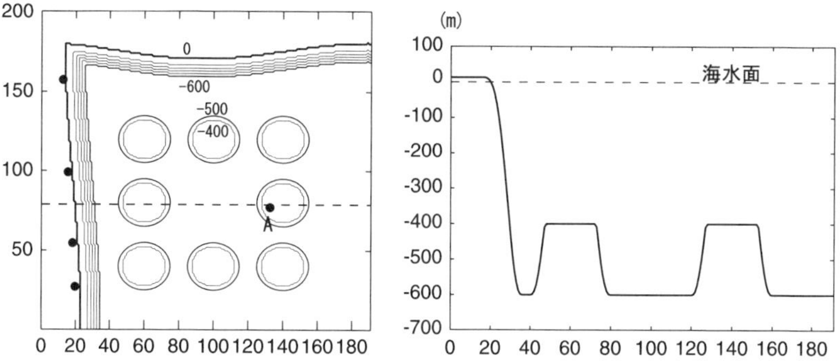

図 9.9 人工地形の水深 (左) と左図破線に沿った断面図 (右)
左図の 4 つの黒点が観測地点であり，点 A が波源である．

とする．ただし，$N_{\mathrm{trunc}}(\mu, \sigma^2, \alpha)$ は α 以下の値をとらない，平均 μ，分散 σ^2 の打ち切り正規分布，d_m^{guess} は時刻 0 において仮定する水深である．(9.11) 式において $600 - d_m^{\mathrm{guess}}$ の部分が海山の高さになる．以上の設定のもとで，TE-4,5 ステップを行う．粒子フィルタの粒子数は 100 である．

双子実験の結果を図 9.10 に示す．図 9.10 には，津波の伝播に伴い海底地形が推定されていく様子を示した．各小図左側に津波伝播の様子を，右側には左側の白線に沿った断面における海底地形の推定の様子を示した．断面図において，上から順に海水面高 (強調のためスケール変換済)，粒子フィルタの粒子中で最も浅い粒子の水深 (以下，最浅水深)，推定水深，真の水深，粒子中で最も深い粒子の水深 (最深水深) である．推定水深には全粒子の平均値を用いた．津波が沿岸の

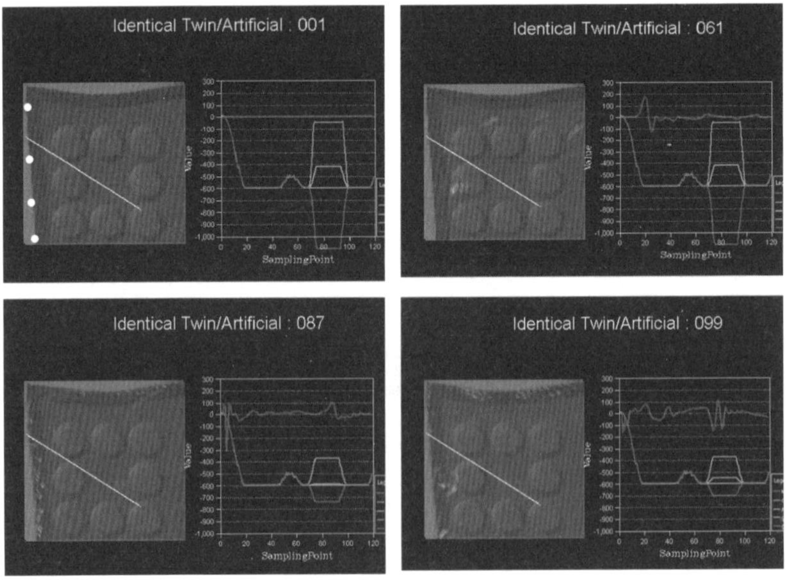

図 **9.10**　海底地形推定の様子

図内の左側には津波伝播の様子を，右側には，左側の白線に沿った断面における海底地形推定の様子を表す断面図を示した．右断面図の横軸 70〜100 の間において，各プロットは上から順に，海水面高 (強調のためスケール変換済)，粒子フィルタの粒子中で最も浅い粒子の水深 (以下，最浅水深)，推定水深，真の水深，粒子中で最も深い粒子の水深 (最深水深) である．それ以外の領域では，誤差を入れていないため，水深に関するプロットはすべて重なっている．

観測地点に到達するまで (図 9.10 の右上パネルに示された時点 61) は水深の推定値はそのままであるが，沿岸到達前後から推定水深が真の水深に近づき，また最浅水深と最深水深の間の幅が狭まる，すなわち分布の誤差幅が小さくなっている (図 9.10 の下パネルに示された時点 87, 99) ことが確認できる．

9.3.2 双子実験・日本海地形

次に，日本海の実際の海底地形データセットを用いて行った双子実験について示す．ここでは，水深に一定割合のバイアスを仮定し，データ同化によって修正されるかどうかを見る．

まず真の地形を SKKU データセットとし，これに基づいて，北海道南西沖地震津波のシミュレーションを行う．観測点は，図 9.11 に示す 4 点とし，各点での観測時系列を作成する (図 9.8 の TE-1,2 ステップ)．

次に，海底地形が一定割合のバイアスを持つ初期地形を作成する (TE-3)：

$$d_{m,0} = \max\left(\kappa d_m^{\mathrm{SKKU}}, 50\right), \quad \kappa \sim N(1.1, 0.25^2) \tag{9.13}$$

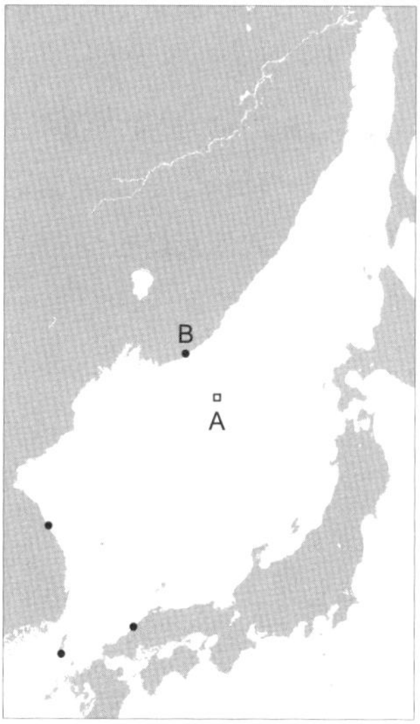

図 **9.11** 双子実験を行った領域と観測点
観測点は黒点 (4 点) で示してある．点 A は，図 9.12 で水深の推定値を確認する点である．

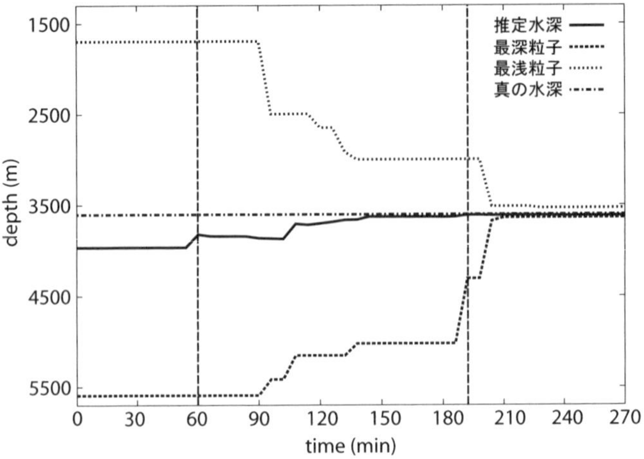

図 **9.12**　図 9.11 の点 A における水深の推定の様子
津波発生時からの真値 (鎖線)・推定値 (実線) と最浅・最深粒子 (各点線) の変動が示してある.

ただし，m は格子番号，d_m^{SKKU} は SKKU データセットの水深である．水深の初期分布 $d_{m,0}$ について，シミュレーション計算での破綻を避けるために，max をとることによって 50 m よりも浅くならないような制約をつけている．また，κ の平均値を 1.1 にすることにより，領域全体の初期水深の平均が 0.1 倍だけ大きく (深く) なるように設定してある．分散の値は，水深の推定が可能であるよう，十分大きい値を選択した．この地形と，真の地形に基づく観測時系列を用いてデータ同化を行い，その結果得られた地形データと SKKU データとを比較する (TE-4,5). 用いた粒子数は 100 である.

結果を示したのが図 9.12 である．これは，図 9.11 の点 A における水深の推定値の変動を表したものである．推定値には，粒子の平均値を用いている．初期状態の水深の推定値である粒子の平均は，真の海底地形から一定の割合で深い方向にずれている．その後波が伝播し，点 B に波が最初に到達する時点である 60 分の時点から，徐々に真の地形に近づいている．また，200 分前後までに波がすべての観測点に伝わり，さらに真の地形に近づくとともに，誤差幅が小さくなっている.

9.4　潮位計データを用いた解析

本節では，北海道南西沖地震津波の潮位計データを用いて，実際の地形データセットを用いたデータセットの修正 (水深推定) をデータ同化により行う．9.1 節で述べた通り，日本海海域において DBDBV, ETOPO2, MIRC, SKKU の 4 データセットを比較して誤差の大きい場所を調べると，日本海中央部の大和堆と呼ばれる海山においてデータセット間の差が大きいことが確認できる (図 9.1) ので，この誤差が大きい領域の水深を推定する．図 9.13 は，解析の範囲とデータ観測地点 (黒点) を表した図である．図中の点 C は津波波源 (震源) を表す．領域 S は，日本海中央部の誤差が大きい部分を含むように設定してあり，この領域の修正水深を推定することになる．

まず，水深の初期分布を決める必要がある．水深は，誤差の大きい領域 S については 4 つのデータセットの水深の重み付き線形和で，それ以外の領域については平均値で表現されると仮定した．重みは正規分布に従うものとする．式では次のように表現される：

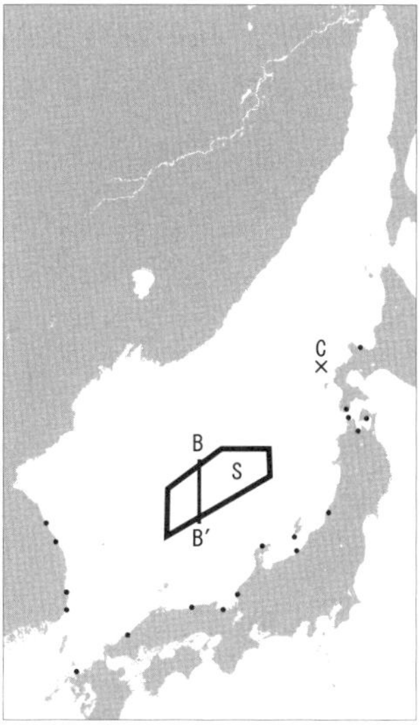

図 **9.13**　解析範囲ならびにデータ観測地点 (黒点)
点 C は津波波源 (地震発生点)，領域 S は水深について誤差を仮定する範囲を表す．

$$d_{m,0} = \begin{cases} \max(\kappa_1 d_m^{\mathrm{DBDBV}} + \kappa_2 d_m^{\mathrm{ETOPO2}} + \kappa_3 d_m^{\mathrm{MIRC}} + \kappa_4 d_m^{\mathrm{SKKU}}, 50), \\ \qquad \kappa_j \sim N(0.25, 0.1^2),\ (j = 1, 2, 3, 4) \\ \qquad\qquad (m \text{ が領域 S に入っている場合}) \\ 0.25 d_m^{\mathrm{DBDBV}} + 0.25 d_m^{\mathrm{ETOPO2}} + 0.25 d_m^{\mathrm{MIRC}} + 0.25 d_m^{\mathrm{SKKU}} \\ \qquad\qquad (\text{それ以外}) \end{cases} \tag{9.14}$$

(9.14) 式の仮定により，水深の初期分布の平均値は，どの場所においても 4 地形データセットの平均値となっている．また，領域 S の水深に対して，各データセットの値をどの程度の割合で反映させるかを表す係数 κ_j には，格子番号 m が含まれないことに注意する．すなわち，水深についてのデータセットの反映度は場所によらず一定となる．本来であればこの値は格子ごとに変え，その結果得られる水深も各格子ごとに推定するべきであるが，観測点が 18 点と少なく，安定した推定を得るために自由度を減らす必要があるので，今回はこのような定式化としている．この結果，自由度は 4 まで減少している．

一方，観測点は図 9.13 に示した日本海沿岸ならびに韓国沿岸の 18 点，シミュレーションモデルの格子刻み幅は，前節の解析と同様，5 分刻みに経度方向に 192 点，緯度方向に 240 点とした．観測モデルは，9.2.4 項に書いたものを用いている．

推定結果が図 9.14 である．すべての時点の時系列データを用いてデータ同化を行った後の，図 9.13 の BB′ に沿った断面上の水深の推定結果をプロットした．この図より，以下の 2 点が確認できる．1 点目は，もとの 4 地形データセットの平均である実線よりも，破線で示される推定値が多くの部分で上にきており，浅くなっている点である．2 点目は，大和堆南斜面 (図 9.14 の横軸の 45 から 49 にかけての領域) について，その他の部分と異なり，推定結果がもとのデータセットの平均値よりも深くなっている点である．すなわち，大和堆南斜面についてはデータセットの平均よりも高低差のある急峻な斜面となっていることがわかる．

9.5 ま　と　め

津波シミュレーションモデルにおいて重要な境界条件である海底地形データの誤差を修正するために，状態空間モデルを構成し，粒子フィルタを適用した．双

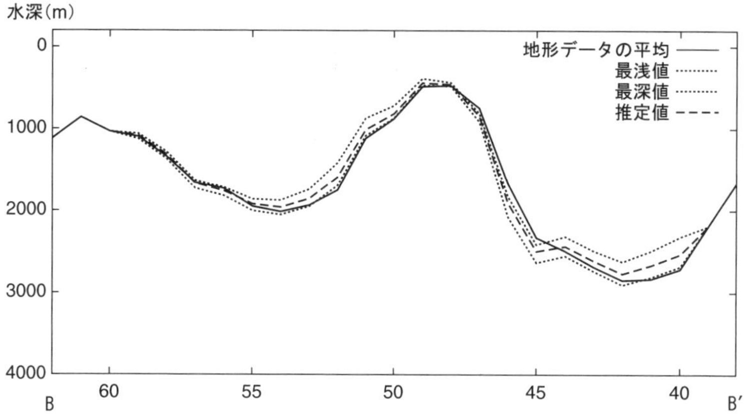

図 **9.14** 水深の推定結果
大和堆の東経 134° での南北方向断面 (図 9.13 の BB′) を表示したもので，右側が南である．横軸は格子番号，縦軸は水深である．実線が 4 地形データセットの平均値，破線が推定値，各点線が最浅の粒子と最深の粒子の表す水深である．

子実験ならびに実データの解析から，海底地形の中で誤差が大きい部分に着目し，適切なモデル化による自由度の削減を行い，データ同化の枠組みに載せることで，海洋学分野において重要な海底地形の誤差に関する推論が可能であることが確認できた．

なお，本書校正中の 2011 年 3 月 11 日に，東北太平洋沖大地震に伴う大津波が発生し，東日本の太平洋沿岸を中心に大きな被害を及ぼした．すでに地球物理学や海岸工学を中心とした幅広い分野において活発な研究が始まっており，数値シミュレーションも現象解明のための強力な道具の一つとして用いられている．本書に示した，不確かさを含むシミュレーション変数やパラメータを推定するアプローチは，これら数値シミュレーションを補強し，津波波源の状況や沿岸域における複雑な津波伝播の挙動などを明らかにする，新たな研究手段となると考えられ，今後のさらなる発展が望まれる．

10

融合粒子フィルタ応用：宇宙科学への適用例

本章では，融合粒子フィルタ (MPF) の適用例として，宇宙空間の中でも地球磁気圏と呼ばれる領域を対象とした物理モデルに対してデータ同化を行った例を紹介する．

10.1　宇宙科学におけるデータ同化

地球大気は高度が上がるにつれて希薄になっていくが，高度数千 km 以上の宇宙空間でも完全に真空というわけではなく，きわめて希薄な気体が存在している．この高度の気体は，気体粒子どうしの衝突の頻度がきわめて少なく，またかなりの割合の粒子が電離している (すなわち電荷を持った状態で存在している)．このような電離した粒子 (荷電粒子) で構成される気体をプラズマと呼ぶが，プラズマ中の荷電粒子の運動は，主として電場・磁場による電磁気的な作用によって決まっており，また逆に電場・磁場もプラズマ・荷電粒子の運動の影響を受けて変化する．したがって，宇宙空間の諸現象においては，地表近くの大気の現象と異なり，電場・磁場が本質的に重要な役割を果たすことになる．

このうち磁場についていえば，地上高度数万 km くらいまでの領域においては，地球そのものが持つ磁場の影響が支配的となっている．この地球起源の磁場が支配的な領域のことを地球磁気圏と呼んでいる．さらに地球から離れると，ある境界を境に太陽から吹き出されるプラズマの流れ (太陽風と呼ぶ) の影響が支配的な領域になってくるのだが，ここでは，地球磁気圏の中に焦点を当てる．地球磁気圏は，広い宇宙空間の中のごく限られた範囲でしかないが，それでも地球そのものの体積よりもよりはずっと広大な領域を占めており，静止軌道を飛ぶ気象衛星

や放送衛星 (高度約 3 万 5000 km)，それよりも低い高度を飛ぶ GPS 衛星などの測位衛星 (高度約 2 万 km) といった多数の人工衛星が飛んでいる領域でもある．

地球磁気圏では，プラズマ (あるいはそれを構成する荷電粒子) が地球磁場中を運動することに伴ってさまざまな物理現象が引き起こされる．特に顕著な現象の一つに磁気嵐がある．磁気嵐とは地上で強い磁場の変動が観測される現象であるが，その原因は，磁気圏内の正の電荷を持った比較的エネルギーの高い荷電粒子が負の電荷を持った荷電粒子とは別々の動きをすることで電流が発生し，その電流によって地上に磁場の変動がつくられることにあると理解されている．しかし，そのような電流をつくる荷電粒子が，磁気圏の中でどのように増大し，またどのように減少してもとの状態に戻っていくのかということが，詳しくわかっているわけではなく，その物理過程については未解決の問題も多く残されている．

地球磁気圏に関して，我々が得ている知見のほとんどは，人工衛星で直接その場所の観測を行って取得したデータに基づいている．過去数十年にわたって多数の衛星が磁気圏で観測を行っており，大量のデータが蓄積されているため，磁気圏の平均的な構造についてはかなりよくわかっている．しかし，直接観測によって得られるのは，人工衛星の飛んでいる場所の情報のみにすぎない．したがって，ある一瞬に着目してみれば，広大な地球磁気圏の中のほんの数箇所の情報しか得られないことになる．一方，荷電粒子の空間分布に関しては，近年，遠隔観測 (リモートセンシング) によって，広い範囲にわたる情報を一度に取得できるようになりつつある．遠隔観測では荷電粒子の空間分布が直接観測できるわけではないが，いくつかの仮定をおくことで，荷電粒子の空間分布が推定できる．しかし，遠隔観測データだけでは，電場や磁場などといった荷電粒子の動きを支配する重要な物理量については，何も情報が得られない．このように，地球磁気圏について観測データから得られるのは，ごく限られた部分的な情報でしかなく，データのみからさまざまな物理過程に迫ろうとしても限界がある．

地球磁気圏の研究にデータ同化を適用する意義の一つは，こうした観測の情報の不足を数値シミュレーションモデルによって補うということにある．数値シミュレーションモデルは，近似的にではあるが，さまざまな物理量の相互の関係や時空間変動を支配する物理法則を記述したものである．データ同化により，観測可能な限られた情報と物理的に矛盾のないシナリオを探索することで，観測できない物理量についても，ある程度合理的な推定ができる可能性がある．以下で紹介する例は，Fok and Moore[13)] によって開発された磁気圏の荷電粒子分布の時間発展を扱うシミュレーションモデルに対してデータ同化を行ったものであるが，遠隔観測によって得られた荷電粒子密度の空間分布についての情報に物理モデルを組み合わせることで，観測からは得られない物理量の推定を試みている．

10.2 地球磁気圏荷電粒子分布モデル

地球磁気圏にはさまざまな種類の荷電粒子が存在するが，ここでは磁気圏プラズマ中の主要成分である陽子 (プロトン; H^+) に焦点を当て，さらにその中でも比較的エネルギーの高いおよそ数 keV〜数百 keV のものを対象とする．ここで「keV」というのは荷電粒子のエネルギーを測るのによく用いられる単位である．1 eV は，電子 1 個が 1 V の電位差によって得るエネルギーであり，1 keV はその 1000 倍のエネルギーに対応する．この数 keV〜数百 keV のエネルギー帯の荷電粒子は磁気嵐の主要因と考えられており，磁気嵐時に増大して地球の周りに強い電流を形成し，地上に強い磁場変動を引き起こす．

磁気圏中の高エネルギー荷電粒子の運動は，基本的に以下の 3 つの成分に分解して理解することができる．一つ目は磁力線に沿って南北を往復するような運動，二つ目はローレンツ (Lorentz) 力[*1)]と呼ばれる力により磁力線の周りを磁場と垂直にクルクルと旋回する運動，三つ目はその旋回運動の中心を磁場に垂直に移動させるような比較的ゆっくりとした運動 (ドリフト運動と呼ぶ) である．この 3 つの運動のうち，南北を往復する運動とローレンツ力による旋回運動は，ドリフト運動と比べて速度が圧倒的に大きく，個々の荷電粒子の速度 $\boldsymbol{v}$ を見た場合には，この 2 つの運動の寄与が支配的である．そのため，各荷電粒子の運動エネルギー W もこの 2 つの運動の速度でほぼ決まる．しかし，荷電粒子のマクロスケールな動きを考える場合に重要なのは，むしろドリフト運動の方である．なぜなら，南北を往復する運動も旋回運動も基本的に同じ経路を繰り返しめぐり続ける運動であるため，長い時間スケールで見ると同じ場所にとどまっているのと変わらず，長時間にわたって平均した速度が 0 になってしまうからである．この 2 つの運動の速度は，多数の荷電粒子について平均しても 0 になるということがいえ，結局，

[*1)] ローレンツ力に名前を残す Hendrik Lorentz はカオス理論で知られる気象学者の Edward Lorenz とは綴りが違うので注意．

荷電粒子のマクロスケールの動きには直接寄与しないと見なせる.

荷電粒子のドリフト運動の速度 $\boldsymbol{v}_d$ は, その粒子の持つ電荷を q, 運動エネルギーを W, その場所の電位 (電場ポテンシャル) を Φ, 磁場 (磁束密度) を $\boldsymbol{B}$ と与えたとき,

$$\boldsymbol{v}_d = -\frac{\nabla\Phi \times \boldsymbol{B}}{|\boldsymbol{B}|^2} + \frac{\boldsymbol{B} \times \nabla W}{q|\boldsymbol{B}|^2} \tag{10.1}$$

となる. 高エネルギー荷電粒子の空間分布をモデリングする場合には, 個々の粒子の運動を追跡する必要はなく, 多数の粒子をまとめてドリフト速度 $\boldsymbol{v}_d$ で動く流体のように扱ってよい. ただし, 注意すべきことは, (10.1) 式に示すように, ドリフト速度 $\boldsymbol{v}_d$ が粒子の運動エネルギー W に依存するということである. 磁気圏では, 粒子どうしが衝突してエネルギーを交換するということはほとんど起こらないので, 同じ場所にある同じ陽子でも, 運動エネルギーが異なれば, 磁気圏内の別々の経路を動いていくことになる. そこで, こうした運動エネルギー依存を考慮できるようにするために, 荷電粒子の位相空間密度 (phase space density) $f(\boldsymbol{r}, \boldsymbol{v})$ というものを考える. $\boldsymbol{r}$ は位置, $\boldsymbol{v}$ は速度を表しており, f は空間 3 次元に速度空間 3 次元を加えた 6 次元の位相空間 (phase space) における粒子密度を意味している. ここでいう速度 $\boldsymbol{v}$ は, 先にも述べたようにほとんどが南北を往復する運動と旋回運動の二種類の運動による寄与である. 運動エネルギー W もこの二種類の運動によってほぼ決まるので, 荷電粒子の動きの W への依存も $\boldsymbol{v}$ を考えることで表現できる.

位相空間密度 $f(\boldsymbol{r}, \boldsymbol{v})$ 自体は, 6 次元の位相空間で定義される量であるが, 実際には 6 つの次元すべてを考慮する必要はない. まず, 上述の旋回運動により, 速度 3 成分のうち磁場に垂直な 2 成分に対する分布は互いにほぼ等しくなるため, 速度 3 成分のうちの 1 成分を落としても問題ない. さらに, 空間構造についても, 磁場に平行な方向については, 南北を往復する運動が繰り返されることで均一化されるので, 磁力線に沿って平均した位相空間密度 $\bar{f}$ を考えることにより, 空間 3 成分のうちの磁場に平行な方向の成分についても落とすことができる. したがって, シミュレーションを行う際には, 空間 2 次元, 速度空間 2 次元の 4 次元位相空間における陽子の密度 $\bar{f}$ を考えることになる.

この磁力線上で平均した位相空間密度 $\bar{f}$ の時間発展は, 磁力線上で平均したボルツマン (Boltzmann) 方程式

$$\frac{\partial \bar{f}}{\partial t} + \boldsymbol{v}_d \cdot \frac{\partial \bar{f}}{\partial \boldsymbol{r}} = -\sigma n v \bar{f} - \Lambda \tag{10.2}$$

で記述される．ここで，(10.2) 式の右辺の 2 つの項は，高エネルギー陽子が時間とともに失われていく効果を表している．その中でも $\sigma n v \bar{f}$ という項は高エネルギー陽子が中性の (すなわち電離せず電荷を持っていない) 低エネルギーの粒子と電荷交換反応を起こすことによって失われることを表現しており，n は地球起源の低エネルギー中性気体粒子の密度，v は上でも述べた高エネルギー陽子の速度の絶対値，それに掛かっている係数 σ は電荷交換断面積と呼ばれる量である．電荷交換反応とは，ある粒子から別の粒子へと電荷が引き渡される反応のことで，2 つの粒子が接近した場合にときどき起こる．地球磁気圏中では，地球大気起源のエネルギーの低い中性粒子が高エネルギー荷電粒子と共存している．磁気圏中の高エネルギー荷電粒子は，上述のローレンツ力によって運動が拘束されるため，磁力線の周りの旋回運動や磁力線に沿った往復運動を繰り返しながら，長い時間スケールで見るとドリフト運動によるゆっくりとした動きしか示さない．しかし，高エネルギー荷電粒子が低エネルギー中性粒子に接近して電荷交換反応を起こすと，図 10.1 で示すように，低エネルギー中性粒子だった粒子は低エネルギーの荷電粒子に，高エネルギー荷電粒子だった粒子は高エネルギーの中性粒子に変化する．高エネルギー中性粒子は，いったん生成されるともはやローレンツ力を受けることはなく高速で直進するので，すみやかに磁気圏の外に飛んでいってしまう．かくして，磁気嵐を起こす電流をつくる高エネルギーの荷電粒子の量は減少していくことになる．ただし，高エネルギーの荷電粒子の散逸には，電荷交換反応以外の要因もある．詳しい説明は省略するが，(10.2) 式の右辺第 2 項の Λ は電荷交換反応以外の要因による高エネルギーの陽子の消失を表している．

本章で扱うシミュレーションモデル[13] は，(10.2) 式に従って，空間 2 次元，速度空間 2 次元の 4 次元位相空間における高エネルギー陽子の位相空間密度 $\bar{f}$ の時間発展を計算するモデルである．このシミュレーションモデルにおいて，空間格子点数は 48×48，速度空間格子点数は 35×28 であり，全体での格子点数は 225 万 7920 になる．

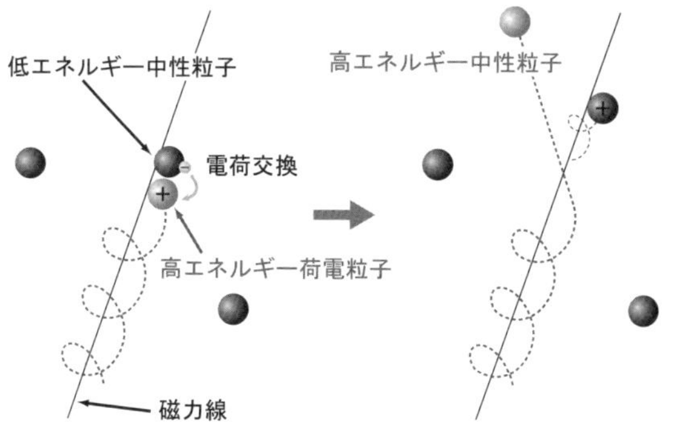

図 10.1 電荷交換反応

10.3 システムモデル

10.3.1 入力パラメータ

高エネルギー陽子の位相空間密度 $\bar{f}$ の時間発展を推定するためには，(10.2) 式に含まれるいくつかの物理量の値を入力パラメータとしてあらかじめ与えておく必要がある．まずあげられるのは，電荷交換断面積 σ，低エネルギー中性気体密度 n である．また，(10.2) 式に含まれる陽子のマクロスケールの速度 $\boldsymbol{v}_d$ については，(10.1) 式によって計算できるが，(10.1) 式に含まれる電位 Φ，磁場 $\boldsymbol{B}$ は入力として与える必要がある．この Φ，$\boldsymbol{B}$ は，$\bar{f}$ の時間発展に大きく影響する，たいへん重要なパラメータである．

シミュレーションで現実の現象を再現するには，こうした物理量の空間構造が刻一刻どのように変化しているかをなるべく精確に与える必要があるが，観測のみからそれを決定することは事実上不可能である．もっとも，ある程度安定した構造を持っているものについては，何らかの仮定によって与えることができる．例えば，磁場の分布については，地球磁気圏では地球起源の安定した磁場が支配的であるということもあり，これまでに蓄積された大量の衛星観測に基づく経験的モデル[51, 52] がおおむね信頼できる．また，低エネルギー中性気体密度 n については，それほど変動が激しいとは考えられていないため，別の数値シミュレーション[19] から得られたモデル値を用いることにして特に問題はない．電荷交換断面積 σ については，実験的に得られた値[4] があるので，これを用いることが可能である．しかしながら，電位分布に関しては，比較的空間的・時間的変動が大きく，またそもそも電場を観測すること自体が難しいため，信頼に堪えるモデルが存在していないのが現状である．そこで，電位分布は未知変数として扱い，データ同化によって推定することを考える．

そうは言っても，各格子点の電位の値をすべて独立な未知変数としてしまうと，自由度が大きくなりすぎて推定が困難になってしまう．そこで，磁気赤道面 (地球の磁軸と垂直かつ地球中心を通る面) における電位を

$$\Phi = \Phi_0 \left[\left(\frac{r}{R} \right)^2 \sin\phi + \sum_{i=0}^{3} \sum_{j=1}^{3} \mathcal{J}_i \left(\xi_{ij} \frac{r}{R} \right) (a_{ij} \cos i\phi + b_{ij} \sin i\phi) \right] \tag{10.3}$$

のような形で表現することにする．ただし，r は地心距離，ϕ は真夜中の方向 (つまり太陽と反対の方向) を基準とした方位角，R は磁気赤道面でのシミュレーション領域の外側境界，$\mathcal{J}_i$ は i 次のベッセル関数，ξ_{ij} は $\mathcal{J}_i(\xi_{ij}) = 0$ の解であり，$0 < \xi_{i1} < \xi_{i2} < \cdots$ を満たすようにおく．(10.3) 式は，磁気赤道面における電位を与えるだけだが，磁力線に沿った方向については電位が変化しない (すなわち等電位である) と見なしてほぼ問題ないため，シミュレーションで対象としている領域全体の 3 次元的な電位分布がこの式で表現できることになる．(10.3) 式の右辺の括弧の中は，第 1 項が電位分布の基本パターンを与える項であり，第 2 項が基本パターンからのずれを表現する円筒関数の級数になっている．円筒関数の級数の高次の項を無視しているので，細かいスケールの空間構造を無視し，大規模な電場構造のみを考慮した形になっている．(10.3) 式のような表現を用いると，シミュレーション領域全体の電位分布は，全体の電位の大きさを与える Φ_0 と，円筒関数に掛かる係数 a_{ij}, b_{ij} という少数の未知パラメータのみで決まる．つまり，電位分布を推定するという問題が，Φ_0, a_{ij}, b_{ij} というパラメータの値を推定する問題に簡約化されたことになるのである．

一方，(10.2) 式には明示的には表れていないが，シミュレーション領域の外側境界から流入する陽子の量も，シミュレーションモデルへの入力として与える必要がある．とはいえ，実際にどのくらいの量の陽子が流入してくるのかを観測的に知ることは難しい．そこで，シミュレーション領域の外側境界において，陽子の速度分布がマクスウェル (Maxwell) 分布になると仮定した上で，その密度と温度は未知パラメータとし，データ同化によって推定することにする．外側境界の

どの場所でも陽子の密度・温度が同じであると仮定すると，シミュレーション領域外側境界の陽子に関しては，2つのパラメータのみで表現できることになるので，この2つのパラメータを推定すればよいことになる．

10.3.2 状態変数

逐次データ同化では，シミュレーションモデル中で用いられる変数・パラメータのうち，不確定性を持つものは基本的に状態変数として扱う．例えば，電位 Φ を表現する (10.3) 式に含まれる係数 Φ_0, a_{ij}, b_{ij} は，未知パラメータすなわち不確定性を持つパラメータとして扱うことにしたので，状態変数に含める必要がある．一方，磁場 $\boldsymbol{B}$ については，経験的モデルによって曖昧さなしに与えられ，不確定性はないものとしたので，状態変数として扱う必要はない．電荷交換断面積 σ，低エネルギー中性気体密度 n についても，曖昧さなしに与えられるものとして扱うので，状態変数には含めなくてよい．シミュレーション領域の外側境界における陽子の密度，温度は未知パラメータとしたので，状態変数に含める．これに加えて，シミュレーションで時間発展を計算している陽子の位相空間密度 $\bar{f}$ が状態変数に含まれる．以上をまとめると，状態ベクトルは

$$\boldsymbol{x}_t = (\bar{\boldsymbol{f}}'_t, \Phi_{0,t}, a_{01,t}, \cdots, a_{33,t}, b_{11,t}, \cdots, b_{33,t}, n_{b,t}, T_{b,t})' \tag{10.4}$$

のような形になる．ただし，$\bar{\boldsymbol{f}}_t$ は時刻 t における各格子点の $\bar{f}$ の値をまとめた $48 \times 48 \times 35 \times 28 = 225$ 万 7920 次元のベクトル，$n_{b,t}$, $T_{b,t}$ はそれぞれ時刻 t におけるシミュレーション領域外側境界における陽子の密度，温度を表す．

どの変数を状態変数に含めるのかが決まったので，次に状態の時間発展を記述するシステムモデルを構築する．状態変数に含めた変数のうち，位相空間密度 $\bar{f}$ については，電場を表現するパラメータ Φ_0, a_{ij}, b_{ij} とシミュレーション領域の外側境界における陽子の密度 $n_{b,t}$，温度 $T_{b,t}$ を与えれば (10.2) 式で時間発展が記述できる．したがって，それをそのままシステムモデルに取り入れればよい．一方，(10.2) 式への入力パラメータである Φ_0, a_{ij}, b_{ij} や外側境界における陽子の密度，温度の時間発展を表現する物理モデルが存在しない．しかし，Φ_0 については，太陽から地球磁気圏に向かって吹く太陽風が保持している電場に強く影響されることがわかっている．太陽風は米国 NASA(National Aeronautics and Space Administration) の ACE (Advanced Composition Explorer) という探

査機によってほぼ常時観測が行われているので，このデータから Φ_0 の変動を見積もることができる．そこで，Φ_0 については，初期値 $\Phi_{0,0}$ だけを推定し，時間変化については，太陽風の電場に連動して変化するものと仮定し，

$$\Phi_{0,t} = \frac{E_{\mathrm{sw},t}}{E_{\mathrm{sw},0}} \Phi_{0,0}$$

とする．ただし，$E_{\mathrm{sw},t}$ は太陽風の電場の強さを表す．残るは円筒関数の係数 a_{ij}, b_{ij} ということになるが，時間発展を表現するモデルが存在しない場合，例えば v_t をシステムノイズとして，

$$a_t = a_{t-1} + v_t$$

のようなランダムウォークモデルを仮定するなどの手段がある．ただし，1 時間以下の時間スケールの電場の変動は陽子の位相空間密度 $\bar{f}$ にあまり影響せず，推定も難しいことから，a_{ij}, b_{ij}, n_b, T_b については 1 時間以下の細かい時間変化は無視し，変化のトレンドが 1 時間ごとに折れ線状に変化するようなモデルをここでは仮定する．このとき，各変数の状態遷移は，トレンドが変化しない時刻において，

$$a_t = a_{t-1} + \dot{a}_{t-1}\,\Delta t \tag{10.5a}$$

$$\dot{a}_t = \dot{a}_{t-1} \tag{10.5b}$$

トレンドが変化する時刻において，

$$a_t = a_{t-1} + \dot{a}_{t-1}\,\Delta t \tag{10.6a}$$

$$\dot{a}_t = \dot{a}_{t-1} + v_t \tag{10.6b}$$

のように記述できる．ただし，Δt はデータが得られる時間間隔，ドット $\dot{}$ は変数の変化のトレンドを表す．以上のようにシステムモデルを構築すると，Φ_0 に関しては時間変化を考える必要がなくなり，かわりに a_{ij}, b_{ij}, n_b, T_b の変化のトレンドを状態変数として保持しておく必要が出てくる．そこで，(10.4) 式の状態ベクトルを，

$$\begin{aligned}\boldsymbol{x}_t = \Big(&\bar{\boldsymbol{f}}'_t, \Phi_{0,0}, a_{01,t}, \dot{a}_{01,t}, \cdots, a_{33,t}, \dot{a}_{33,t},\\ &b_{11,t}, \dot{b}_{11,t}, \cdots, b_{33,t}, \dot{b}_{33,t}, n_{b,t}, \dot{n}_{b,t}, T_{b,t}, \dot{T}_{b,t}\Big)'\end{aligned} \tag{10.7}$$

と定義しなおす．このうち，$\bar{\boldsymbol{f}}_t$ に関しては (10.2) 式に基づくシミュレーションモデルで，$\bar{\boldsymbol{f}}_t$ と $\Phi_{0,0}$ 以外の変数は (10.5), (10.6) 式のような形で，それぞれ時刻 $t-1$ から t までの状態遷移が記述でき，これにより (2.53) 式の形でシステムモデルが表現できる．

10.4　高エネルギー中性粒子観測データ

次に，前節で述べたシステムモデルに同化する遠隔観測データについて説明する．遠隔観測の手段といえば，可視光，紫外光などによる光学観測や電波観測が多いのだが，ここで用いる遠隔観測データは，高エネルギーの中性粒子 (energetic neutral atom; ENA) のデータである．ENA は，前節で少し触れたように，磁気圏中の高エネルギー荷電粒子が電荷交換反応によって変化したものである．磁気圏中の高エネルギーの荷電粒子は，南北を往復する運動や旋回運動を繰り返して長く同じ領域にとどまっているが，いったん中性粒子 (ENA) に変化してしまうと，もはやローレンツ力を受けることはなく高速で直進するので，遠隔からでも観測できるようになる．

2000 年に米国 NASA によって打ち上げられた人工衛星 IMAGE (Imager for Magnetopause-to-Aurora Global Exploration) は，ENA を遠隔から観測することを実現した衛星の一つである．図 10.2 に示すように，IMAGE は地球の周りを楕円軌道で回りながら，ENA の観測を行っていた．ENA はその起源となる荷電粒子が多数存在する領域ほどそこから放出される数も多くなる．そこで，直進してくる ENA がどの方向からどのくらい飛んできたのかを，地球から遠ざかった場所で測定することにより，どのあたりにどのくらいの荷電粒子が存在しているのかについての情報を一度に取得することができる．図 10.3 は，実際に IMAGE によって得られた水素 ENA のデータを 2 次元画像の形で表示したもので，ここでは，2000 年 8 月 12 日に発生した磁気嵐のときに得られたデータを例としてあげている．図 10.3 (a) には 16〜27 keV の ENA フラックス，図 10.3 (b) には 39〜50 keV の ENA フラックスをそれぞれグレースケールで示している．上段，下段はそれぞれ世界時の 9 時および 12 時に得られたデータである．各画面の中央には白色で地球の絵が小さく描かれているが，これは，どの方向から粒子が飛来してきたのかをわかりやすくするために実際の地球の位置，スケールを表示した

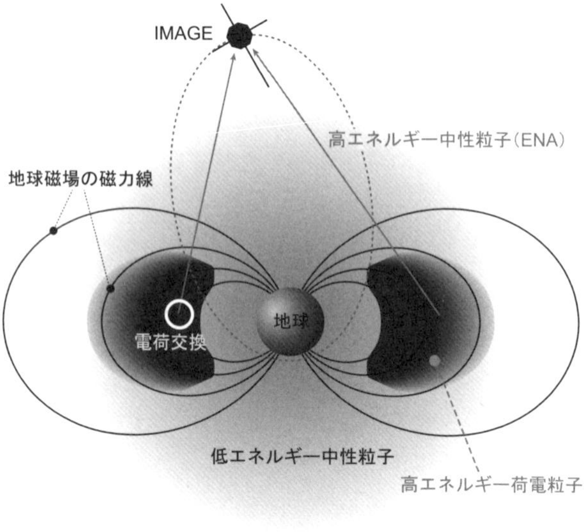

図 10.2　人工衛生 IMAGE による高エネルギー中性粒子 (ENA) の観測

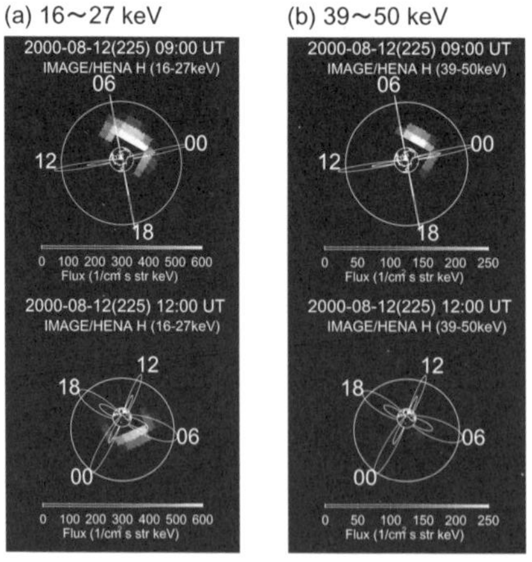

図 10.3　2000 年 8 月 12 日に人工衛星 IMAGE によって撮られた高エネルギー中性粒子 (ENA) のデータ

ものである．なお，地球近傍の方向から飛来するENAは，データとしては存在するが，ここで用いているモデルでうまく表現できないため，この図でも表示していない．

図10.3に示すようなENAフラックスの画像は，IMAGEが1スピンするごとに1枚ずつ得られる．この衛星のスピン周期は約2分なので，約2分に1回ずつ，このようなデータが得られていることになる．ただし，ここではあまり高い時間分解能は必要としないので，2分ごとのデータを6スピンで平均して12分平均値としたものを用いる．さらに，IMAGEでは複数のエネルギー帯の中性粒子を観測しているが，ここでは16〜27 keV, 39〜50 keVの2つのエネルギー帯のデータを用いることにする．つまり，この2つのエネルギー帯で得られる中性粒子フラックスの画像の各画素の値を，観測ベクトル $\boldsymbol{y}_t$ の各成分として定義するわけである．ENAフラックス画像の解像度は $6^\circ \times 6^\circ$ であり，観測の視野角は $120^\circ \times 120^\circ$ である．したがって，画像1枚あたりに，20×20 画素のデータがあり，2つのエネルギー帯のデータを用いるので，$\boldsymbol{y}_t$ の次元 (すなわち1回の観測で得られるデータの量) はあわせて800ということになる．

10.5 観測モデル

衛星IMAGEによって観測される水素ENAフラックスのデータをシミュレーションモデルに同化するためには，シミュレーション中で計算される陽子の位相空間密度 $\bar{f}$ とENAフラックス J_{ENA} との対応付けを行うための観測モデルを立てる必要がある．つまり，ENAの生成過程から，観測の過程までをモデル化することにより，$\bar{f}$ の空間・速度空間分布が与えられた場合の J_{ENA} の確率密度分布を設定する．以下では，観測モデルの構築を，$\bar{f}$ の値が与えられた場合の J_{ENA} の期待値 (これは2章 (2.51) 式の観測演算子 $\boldsymbol{h}_t(\boldsymbol{x}_t)$ に対応する)，期待値からのばらつきの部分 ((2.51) 式の観測ノイズ $\boldsymbol{w}_t$ に対応する) のモデリングを順に説明する．

ENAは磁気圏のいたるところで生成されて四方八方に飛んでいるが，観測されるENAフラックス J_{ENA} は，観測器の視野の範囲から飛んでくるENAをすべて集めたものに相当する．すなわち，観測器が見ている視線上の各点で生成されるENAのうち，観測器に向かって飛んでくるものをすべてたし合わせたものが観測されることになる．したがって，観測される ENA フラックスの期待値を得るには，位相空間密度の空間分布から各点で生成される ENA の量を計算し，それを観測器の視線方向に沿って積分する．シミュレーションモデル上の位相空間密度 $\bar{f}$ は，磁力線方向の情報をつぶした 2 次元空間で定義される量であるのに対して，この ENA フラックスの計算に必要なのは位相空間密度 f の 3 次元空間上の分布であるが，これについては，陽子が磁力線上に偏りなく分布していることなどを仮定することによって容易に計算できる．ただし，実際に J_{ENA} を算出するには，f そのものではなく，$\bar{f}$ から f への変換の過程で得られる微分フラックス J_{P} と呼ばれる量を使う．この微分フラックス J_{P} は，3 次元空間上の位相空間密度 f との間に

$$J_{\mathrm{P}}\big(\boldsymbol{r}, W(\boldsymbol{v}), \boldsymbol{\alpha}(\boldsymbol{v})\big) = \frac{v^2}{m_{\mathrm{p}}} f(\boldsymbol{r}, \boldsymbol{v}) \tag{10.8}$$

のような関係を持つ量である．この式で，m_{p} は陽子の質量，$\boldsymbol{\alpha}$ は J_{P} がどの向きのフラックスなのかを示す方向ベクトルである．この微分フラックスと，前節でも出てきた低エネルギー中性粒子の密度 n，および電荷交換断面積 σ を与えれば，任意の点 $\boldsymbol{r}$ で生成される ENA のフラックスが $n\,\sigma(W)\,J_{\mathrm{p}}(\boldsymbol{r}, W, \boldsymbol{\alpha})$ のように得られる．ある方向 $-\boldsymbol{\alpha}$ から衛星 IMAGE に向かってやってくる ENA のフラックス J_{ENA} を得るには，各点で生成される ENA のフラックスをその方向に沿って積分すればよい．したがって，

$$J_{\mathrm{ENA}}(W, \boldsymbol{\alpha}) = \int_L n\big(\boldsymbol{r}(s)\big)\,\sigma(W)\,J_{\mathrm{p}}\big(\boldsymbol{r}(s), W, \boldsymbol{\alpha}\big)\,ds \tag{10.9}$$

となる．(10.9) 式には低エネルギー中性粒子の密度 n や電荷交換断面積 σ が出てくるが，これは前節と同様にそれぞれモデル値[19]，実験値[4] で与える．2 章 (2.51) 式のような形の観測モデルを立てる際には，全状態変数 $\boldsymbol{x}_t$ から陽子の位相空間密度 $\bar{f}$ を抽出し，以上で述べたようにして $\bar{f}$ から各エネルギーの各方向から来る ENA のフラックス J_{ENA} ($\boldsymbol{y}_t$ の各成分に相当する) の予測値を計算するまでの一連の手続きを観測演算子 $\boldsymbol{h}_t$ と見なすことになる．

次に観測ノイズについて考える．本来，観測ノイズには，シミュレーションモデルで計算されている位相空間密度 $\bar{f}$ と観測される ENA とを関連づける際に現れるすべての不確定要素が含まれる．例えば，(10.9) 式に含まれる中性粒子密度 n は，別の数値モデルから与えているが，必ずしも実際の値と一致するわけでは

ない．この n に関するモデル値と実際の値との間の齟齬は，観測ノイズとして扱う必要がある．また，実際の ENA データは，カウント値 (つまり観測器で検知された粒子の個数) として得られるため，ポアソン分布に従うゆらぎを持っており，これも観測ノイズに含まれる．さらに，数値シミュレーションモデル自体の表現能力の限界についても考えておく必要がある．ここで用いる数値シミュレーションモデルでは，時空間に連続的に分布する位相空間密度を離散化したり，電場構造を有限個のパラメータで表現したりといったさまざまな近似を用いている．したがって，パラメータや変数の値をいくら改善しても，現実を完璧に表現できるわけではない．この現実をうまく表現できない部分も，観測ノイズに含めることになる．

しかし，こうした観測ノイズの要因をすべて考慮しながら観測モデルを構築するのは容易ではない．そこで，ここではかなり単純化した観測モデルを考えることにする．まず，(10.9) 式を離散化し，時刻 t の陽子の微分フラックスを表すベクトル $\boldsymbol{J}_{\mathrm{P},t}$ から ENA のフラックス $\boldsymbol{J}_{\mathrm{ENA},t}$ への変換を行列 C_t で

$$\boldsymbol{J}_{\mathrm{ENA},t} = C_t \boldsymbol{J}_{\mathrm{P},t} \tag{10.10}$$

のように記述する．演算子 C_t は，(10.9) 式の $J_{\mathrm{P},t}$ に $n(\boldsymbol{r}(s))\,\sigma(W)$ を乗じて L に沿って積分するまでの操作を表現したものであるが，この操作は，$J_{\mathrm{P},t}$ を離散化して $\boldsymbol{J}_{\mathrm{P},t}$ の形にしたことにより，このような線形演算子で記述することができる．一方，シミュレーションモデルから得られる陽子の微分フラックス $\tilde{\boldsymbol{J}}_{\mathrm{P},t}$ と実際の微分フラックス $\boldsymbol{J}_{\mathrm{P},t}$ とを，確率変数 $\boldsymbol{\delta}_t$ を導入して

$$\boldsymbol{J}_{\mathrm{P},t} = \tilde{\boldsymbol{J}}_{\mathrm{P},t} + \boldsymbol{\delta}_t \tag{10.11}$$

のように関連づける．上述のように，実際にシミュレーションモデルで解いているのは，位相空間密度 $\bar{f}$ であるが，(10.8) 式などから容易に $\tilde{\boldsymbol{J}}_{\mathrm{P},t}$ は求まる．(10.11) 式を (10.10) 式に代入すると，

$$\boldsymbol{J}_{\mathrm{ENA},t} = C_t\big(\tilde{\boldsymbol{J}}_{\mathrm{P},t} + \boldsymbol{\delta}_t\big) \tag{10.12}$$

を得る．これで，ENA フラックスの観測 $\boldsymbol{J}_{\mathrm{ENA},t}$ とシミュレーションモデルの出力とが関連づけられたことになる．

(10.12) 式で観測ノイズに相当するのは，$\boldsymbol{\delta}_t$ (あるいは $C_t\boldsymbol{\delta}_t$) であり，この $\boldsymbol{\delta}_t$

の確率分布を与えれば，観測モデルが構成できたことになる．ここでは，$\boldsymbol{\delta}_t$ がガウス分布に従い，平均は $\mathbf{0}$，分散共分散行列は対角行列 $\eta^2 I$ で与えられるものとする．(10.12) 式を 2 章の (2.54) 式

$$\boldsymbol{y}_t = \boldsymbol{h}_t(\boldsymbol{x}_t) + \boldsymbol{w}_t$$

の形に書き直すとすると，$\boldsymbol{y}_t = \boldsymbol{J}_{\mathrm{ENA},t}$，$\boldsymbol{h}_t(\boldsymbol{x}_t) = C_t\tilde{\boldsymbol{J}}_{\mathrm{P},t}$，$\boldsymbol{w}_t = C_t\boldsymbol{\delta}_t$ となる．このうち，観測ノイズに相当する $\boldsymbol{w}_t$ の分散共分散行列 R_t は，

$$R_t = E\left(C_t\boldsymbol{\delta}_t\boldsymbol{\delta}_t'C_t'\right) = \eta^2 C_t C_t' \tag{10.13}$$

となる．この R_t を用いると，尤度関数は以下のようになる．

$$p(\boldsymbol{y}_t|\boldsymbol{x}_t) = \frac{1}{\sqrt{(2\pi)^l|R_t|}}\exp\left[-\frac{1}{2}(\boldsymbol{y}_t - \boldsymbol{h}_t(\boldsymbol{x}_t))'R_t^{-1}(\boldsymbol{y}_t - \boldsymbol{h}_t(\boldsymbol{x}_t))\right] \tag{10.14}$$

ただし，l は $\boldsymbol{y}_t$ の次元である．

実際に観測される ENA フラックスは，(10.9) 式が示すように低エネルギー中性粒子の密度 n が高い領域からくるものほど強くなる傾向が出る．ここで，微分フラックス $J_{\mathrm{P},t}$ の推定に誤差がある場合，低エネルギー中性粒子の密度 n が高い領域ほど，その誤差の $\boldsymbol{J}_{\mathrm{ENA},t}$ への影響が増幅，強調される．したがって，n が高い方向からくる ENA のフラックスは，その分，ノイズの分散も大きくなる．(10.13) 式の分散共分散行列 R_t は，その点が考慮されたものになっている．なお，(10.11) 式で $\boldsymbol{\delta}_t$ は，形式上，数値シミュレーションモデルの出力と現実の世界とのずれを表現しているが，実際には，中性粒子密度 n の誤差やポアソン分布に従うゆらぎなど，さまざまなノイズが $\boldsymbol{\delta}_t$ に包含されることになる．

ここで，これまでに述べた変数の依存関係をまとめておく．図 10.4 に示すように，磁気圏内の高エネルギー荷電粒子の空間分布を決めるのは，磁場，電場，および外側境界の荷電粒子の密度・温度である．このうち，磁場に関しては経験的モデルを採用することにし，既知のものとして扱う．一方，電場，外側境界の荷電粒子の密度・温度は未知であるものとし，パラメトリックなモデルを仮定する．したがって，電場および外側境界の荷電粒子の密度・温度を決めるパラメータの値が与えられると，高エネルギー荷電粒子の空間分布が決まることになる．高エネルギー荷電粒子分布が与えられると，低エネルギー中性大気密度分布について

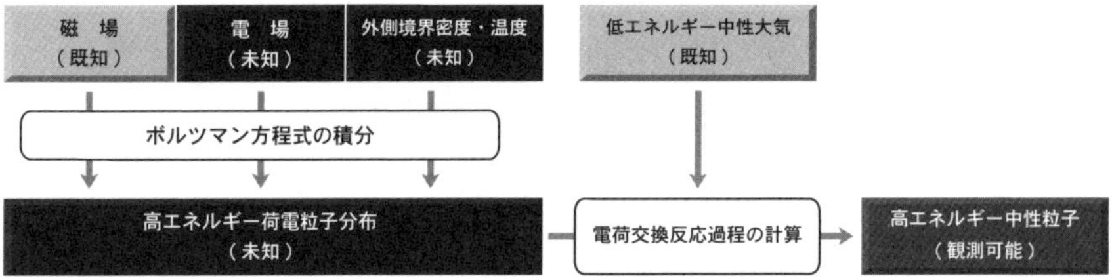

図 **10.4** 本章で扱う各変数の依存関係

はモデル値で与えることにしたので，衛星で観測されるべき高エネルギー中性粒子 (ENA) のフラックスが計算できる．そこで，このような変数の依存関係を用いて，実際に観測される ENA フラックスの値に適合するような高エネルギー荷電粒子分布，そしてそれを支配する電場，外側境界の荷電粒子の密度・温度をデータ同化によって推定するわけである．

10.6 融合粒子フィルタによる推定

ここで推定しようとする電場分布や対象領域の外側における荷電粒子の密度・温度などの物理量の値は，観測から直接わかるものではない．そこで，磁気圏内の荷電粒子の振る舞いをシミュレーションする場合，こうした物理量については，経験的に妥当と思われる値が従来用いられてきた．特に電場に関しては，観測が容易ではないため十分なデータがなく，

$$\Phi = \Phi_0 \left(\frac{r}{R}\right)^2 \sin\phi \tag{10.15}$$

のようなかなり単純な形で与えられることも少なくない．そこで，実際に (10.15) 式のような電場分布を与え，シミュレーション領域外側境界の荷電粒子密度・温度についても平均的な値を用いて，シミュレーションを行った結果を図 10.5 に示す．実は，(10.15) 式は (10.3) 式の係数 a_{ij}, b_{ij} の値をすべて 0 に設定したものであり，この結果は，ここで用いているモデルにおいて，データの情報を全く取り入れていない事前分布の期待値に対応している．

図 10.5 (a) において，左側でグレースケールで示したのが，シミュレーションによって得られた 16〜27 keV のエネルギーを持つ荷電粒子の分布で，白い線で示しているのは，このシミュレーションで与えた電場の等ポテンシャル線である．

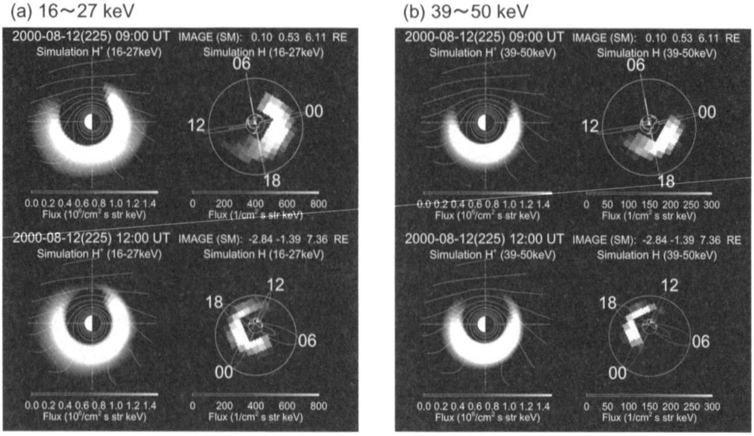

図 **10.5**　経験的なパラメータ設定でのシミュレーション結果
(a) 16〜27 keV, (b) 39〜50 keV.

なお，ここで示しているのは，地球を北側から見た場合の赤道面上の値で，左側を太陽方向としている．上段は 2000 年 8 月 12 日 UT (世界時) 9 時，下段は UT 12 時における値である．一方，右側には，その荷電粒子分布が与えられた場合に対応するエネルギーの ENA が衛星でどのように観測されると期待されるかを示している．やはり上段，下段は，それぞれ 2000 年 8 月 12 日 UT 9 時，UT 12 時における予測値である．同様に図 10.5 (b) は，39〜50 keV の荷電粒子分布のシミュレーション結果，および ENA の観測の予測値を示している．16〜27 keV の粒子，39〜50 keV についてシミュレーション結果を実際の観測データ (図 10.3) と比較してみると，それぞれフラックスのピークの位置や強さなどが大きく異なることがわかる．

では実際に観測された ENA データの情報を用いるとどうなるか，ということを示したのが，図 10.6 である．ここで示しているのは，図 10.3 でも示した 2000 年 8 月 12 日の磁気嵐のときに得られたデータを同化した結果で，ここでは，衛星 IMAGE の観測条件のよかった UT 9 時から 12 時までの 3 時間分のデータを同化している．ただし，実際にデータを同化する際には，モデルの計算自体はモデル上の UT 6 時で初期化してスタートさせており，9 時まではデータを同化せずに走らせ，9 時以降 12 時までの間について 12 分ごとに ENA データを同化している．

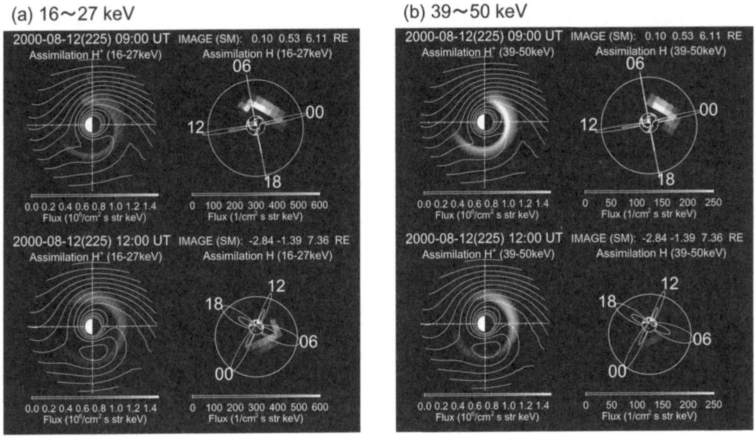

図 **10.6** データ同化の結果

なお，このENAデータの同化には，融合粒子フィルタを用いており，粒子数は1024としている．図10.5と同様に，図10.6 (a) において，左側では，実際にENAデータを同化して推定された16〜27 keVの荷電粒子の分布をグレースケールで，同時に推定される電位の等電位線を白線で示している．また，右側には，推定された荷電粒子分布のもとで，対応するエネルギーのENAのフラックスが衛星でどのように観測されるべきかを示している．一方，図10.6 (b) に示しているのは，39〜50 keVの荷電粒子分布，電場分布の推定結果，およびその荷電粒子分布のもとで観測されるべきENAフラックスである．

ここで行ったデータ同化では，図10.3のENAデータが図10.6の各画面の右側の画像と一致するように，シミュレーションモデル中のパラメータを推定したことになる．一般に，定式化に問題があったり，システムノイズ，観測ノイズの設定が不適切だったり，あるいは粒子数が少なすぎたりなどして，データ同化がうまくいっていない場合，図10.3と図10.6の各画面の右側とが大きくかけ離れたものになってしまう場合もある．両者を比較することで，期待通りにデータ同化が機能しているのかどうかを確認することができる．

データ同化による推定結果と図10.5のデータの情報を使わないシミュレーション結果と比較してみると，データ同化結果では荷電粒子分布，電場分布が大幅に修正されていることがわかる．図10.5と比較すると，図10.6の推定結果では，荷電粒子密度が全体的に小さくなっており，また地球近くの領域に集中して粒子が分布している．また，経度方向の分布に着目してみると，分布の形状が図 10.5 の結果を反時計回りに 90 度近く回転させたようなものになっている．磁気圏内の高エネルギー荷電粒子は，その周りに電流をつくるが，ここで推定された荷電粒子の経度方向の分布の特徴は，従来の多数の衛星磁場観測から推定された平均的な電流の空間分布[32]ともよく合っており，ここで推定された荷電粒子密度分布は，定性的には妥当なものであるといえる．次に，電場について着目すると，シミュレーションで与えたよりもデータ同化による推定結果の方が，かなり電場が強くなっている (白線は電場の等ポテンシャル線なので，線が密になっているほど強い電場がかかっていることになる)．先に荷電粒子がシミュレーションで想定したよりも地球近くに集中して分布していることを述べたが，このような荷電粒子分布の特徴はシミュレーションで想定したよりも強い電場がかかっていたことと関係していると考えている．また，電場の空間構造も，シミュレーションで与えたよりもかなり歪んだ形状になっているが，これが荷電粒子の経度分布を決める本質的な要因になっていると考えられる．

10.7 ま と め

本章では，地球磁気圏の荷電粒子分布を計算するシミュレーションモデルに人工衛星による高エネルギー中性粒子 (ENA) の遠隔観測データを統合し，磁気圏の荷電粒子分布だけでなく，直接観測できない電場の分布も同時に推定した例を示した．

磁気嵐中の電場のグローバルな空間構造については，電場自体が観測の困難な物理量であるということもあって，十分なデータがなく，必ずしもよくわかっていないのが現状である．しかし，広範囲の情報を一度に取得できる遠隔観測データを物理モデルに同化することで，グローバルな電場の構造が推定できた．このように観測可能なものと物理モデルでうまく関連づけることができれば，観測から直接知ることが困難なものであっても，データ同化で推定できる可能性がある．

11

粒子スムーザ応用：遺伝子発現調節モデルのデータ同化

生体内分子の定量的測定値が得られたもとで，データに対する再現性が担保された生化学反応シミュレーションモデルを構築する．細胞の生化学的制御を理解する上で，生体内分子が構成する相互作用ネットワークの構造とその動作原理を明らかにすることが求められる．ここでいうネットワークとは，細胞内外で段階的に起こる生化学反応経路を表す多義的な用語である．具体例としては，転写調節 (mRNA の合成) に関与する一連の生化学反応やタンパク質どうしの相互作用系，代謝反応経路などがあげられる．生化学反応をモデル化する際，システムの複雑性やモデル変数・細胞の多様性，および系に関する知識の不完全性が原因となり，反応速度係数の設定など，モデリングの過程でさまざまな誤りが起こりうる．また，観測データにも測定誤差が含まれる．ここでは，遺伝子発現の時系列観測値から転写調節シミュレータのモデルパラメータを効率的に推定するために，粒子スムーザ (6 章参照) に基づくデータ同化技法を適用する．

11.1　生体分子相互作用ネットワーク

細胞内のタンパク質発現やその生化学機能の決定には，タンパク質や核酸など，生体内分子どうしの相互作用メカニズムが大きな役割を果たしている．生化学反応系において最も基本的な役割を担う分子は，DNA (deoxyribonucleic acid) と RNA (ribonucleic acid)，そしてタンパク質である．DNA のコード領域に記された ATGC[*1)]からなる塩基配列の情報は，転写と呼ばれる過程を経て mRNA (messenger ribonucleic acid) に変換される．転写が終わると，mRNA の塩基配

[*1)] DNA 配列はアデニン (A)，チミン (T)，グアニン (G)，シトシン (C) の 4 種類の有機塩基からなる．

列に則してアミノ酸が重合され，ポリペプチド鎖が合成される．ポリペプチド (タンパク質) の合成過程は翻訳と呼ばれる．細胞の分化や増殖，抗ウイルス免疫応答など，生命現象の多くはこのような段階的に起こる生化学反応カスケードを介して制御されている．

タンパク質や RNA 分子の相互作用の有無を模式的に表すと，細胞内外を張る因果ダイアグラム，すなわちネットワーク (パスウェイ) が形成される．システム生物学のマイルストーンは，ネットワークの全体象の把握とその動的特性を明らかにすることである．生体内の分子間相互作用ネットワークといってもさまざまなものがあるが，ここでは DNA–タンパク質相互作用が構成する転写制御ネットワーク*2) と主にタンパク質どうしの相互作用系を介したシグナル伝達機構について概観してみよう*3)．

転写の最終制御因子は，転写因子と呼ばれるタンパク質の複合体である．転写因子は，遺伝子の上流配列に埋め込まれたプロモータ領域に結合する．この DNA–タンパク質間の相互作用が標的遺伝子の転写開始を制御している．実際の転写過程は段階的かつ複合的である．コアとなる転写因子がプロモータに結合すると，細胞内に存在する RNA ポリメラーゼと呼ばれる酵素や転写調節因子を呼び寄せ，DNA 鎖上で転写因子複合体を形成する．転写因子の活性・不活性型への変換には，転写因子複合体の組み合わせに応じた選択的なオン・オフ調節機構が主要な役割を担っている．また，転写効率の調節には，細胞内に存在する転写因子の組み合わせとそれらの濃度変化が関与している (図 11.1)．細胞の分裂や増殖を制御する細胞周期関連分子による生体内反応や体内時計遺伝子が刻む転写レベルの概日周期変動は，転写制御ネットワークが本質的な役割を担う典型的な生命現象である．

転写因子の活性・不活性型への変換には，もう一つのコアシステムであるタンパク質相互作用ネットワークを介したシグナル伝達機構がトリガー的な機能を担っている．細胞は自身の制御のためにさまざまなシグナル伝達経路を利用している．とりわけ重要な役割を担うのが，細胞膜に局在する受容体タンパク質 (レセプター) と呼ばれる膜貫通型タンパク質とリガンドの結合である．リガンドは

---

*2) mRNA の転写スイッチのオン・オフに関わる制御メカニズム．

*3) その他にも，代謝や miRNA (micro-RNA) と呼ばれるノンコーディング RNA (タンパク質へ翻訳されない 20～25 塩基ほどの 1 本鎖 RNA 分子) による RNA どうしの相互作用がある．

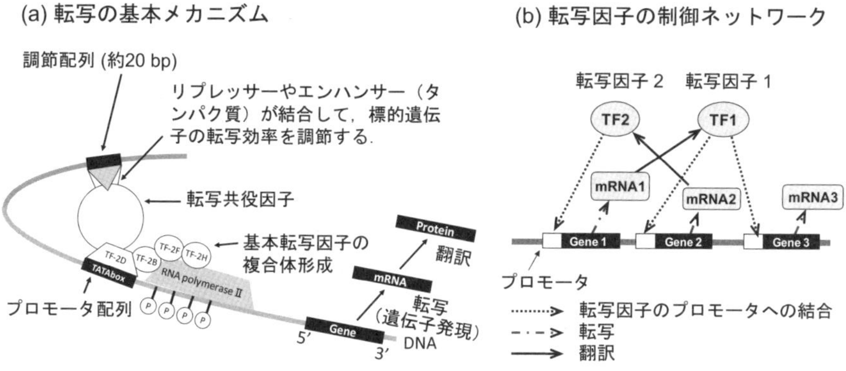

図 11.1 (a) 転写制御の分子メカニズムと，(b) 転写因子による遺伝子制御ネットワークの模式図

(a) 基本転写因子，転写共役因子，およびエンハンサー/リプレッサータンパク質からなる転写因子群が遺伝子プロモータや調節領域に結合会合することで，RNA ポリメラーゼ II (RNA polymerase II) とともに巨大複合体を形成する．基本転写因子がプロモータ上の特異的な配列を認識することで標的遺伝子の発現開始を制御している．(b) 転写因子の標的遺伝子プロモータへの結合，mRNA の転写と翻訳から構成される[81]．

隣接する細胞が発信する細胞外シグナル分子である．細胞の増殖に関わる増殖因子やウィルス感染に対する免疫応答など，生命現象のさまざまな局面において特異的に機能するリガンドとレセプターの組み合わせが同定されている．リガンドは，シグナルの受信先であるレセプターとの結合を介して，生体内化学反応の連鎖，すなわちシグナル伝達を誘導する．代表的なシグナル伝播のメカニズムとしては，G タンパク質の活性・不活性変換やタンパク質間相互作用によるチロシンキナーゼリン酸化カスケードがよく知られている．誘発された化学反応の連鎖は，やがて転写因子の活性・不活性型変換につながり，標的遺伝子の転写を間接的に制御している．図 11.2 は EGF (epidermal growth factor，上皮細胞増殖因子) と呼ばれる増殖因子と EGF レセプター (EGF receptor) の結合から誘導される MAPK (mitogen-activated protein kinase) タンパク質のリン酸化シグナル伝達経路を示したものである．MAPKKK, MAPKK, MAPK という 3 段階のチロシンキナーゼリン酸化カスケードを介して EGF の持つ増殖シグナルが核内に伝達され，標的遺伝子の転写が促進される．この過程を経て転写される dusp (dual specificity phosphatase) と呼ばれる mRNA は，タンパク質に翻訳された後 (Dusp)，MAPK のセリン・スレオニンアミノ酸ドメインに結合することで，

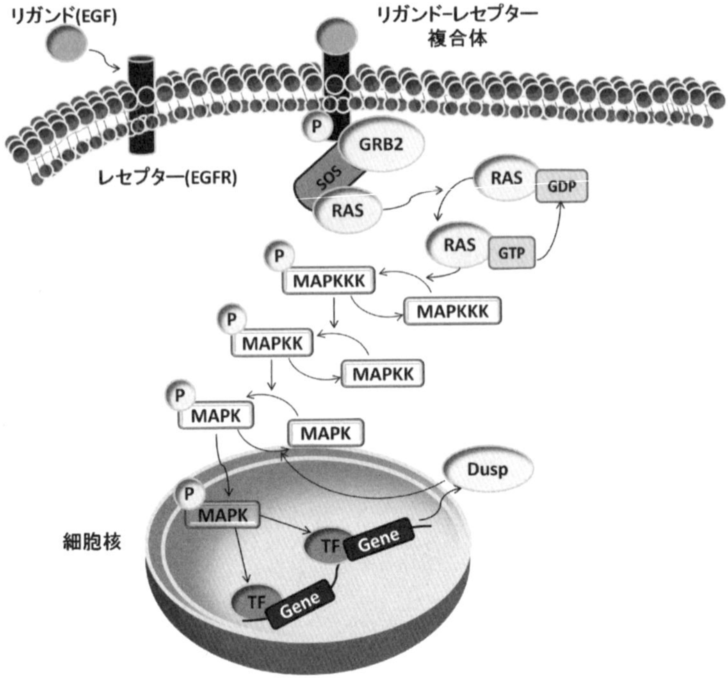

図 11.2 MAPK カスケードのリン酸化シグナル伝達
増殖因子 (リガンド) が細胞膜上の受容体タンパク質 (レセプター) に結合すると，アダプタータンパク質や低分子量 G タンパク質 (RAS) の分子メカニズムを経由して，MAPKKK, MAPKK, MAPK のチロシンキナーゼリン酸化活性型変換に結びつく．活性型 MAPK は核内に移行して転写因子の活性を促進する．また，MAPK はさまざまなホスファターゼによって負の制御を受けている．MAPK の標的遺伝子であるセリン/スレオニン/チロシンホスファターゼ (dual specificity phosphatase; Dusp) はネットワークの負のフィードバックを形成している．

MAPK の脱リン酸化不活性を促す．その結果，カスケードの負のフィードバックループが形成される．

11.2 モデリング

一般に，生体内分子相互作用ネットワークのモデルは，質量作用則や酵素反応速度理論から導かれる常微分方程式の組み合わせによってつくられる．一般化質量作用則の近似モデルである S-system[50] と呼ばれる非線形常微分方程式[24, 25, 62]

エンティティ	プロセス	コネクタ
連続エンティティ ◎	連続プロセス ▭	プロセスコネクタ ⟶
離散エンティティ ○	離散プロセス ▬	補助コネクタ ┄┄▸
		抑制コネクタ ─┤

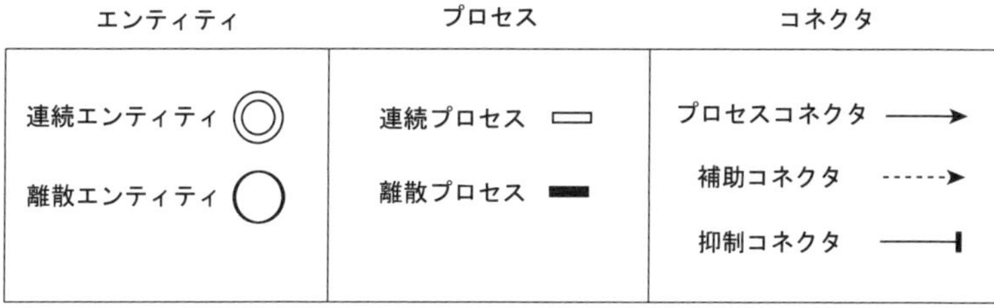

図 11.3 HFPN の基本構成要素

やミカエリス–メンテン反応速度式がよく使われる.

ここでは,ハイブリッド関数ペトリネット (hybrid functional Petri net; HFPN) を利用したパスウェイモデリングについて紹介する.ペトリネット (Petri net) はもともと離散事象システムを数学的に表現するためのモデリング言語である.ペトリネットを生化学反応系のような連続事象のモデリングに適用範囲を拡張したものが HFPN である.これはシステム生物学の分野で提唱された新しいモデリング言語である[41,42].現在では,システム生物学の研究に広範に利用されており,代謝反応経路,シグナル伝達,転写制御ネットワークなどさまざまな生化学反応系のモデルが HFPN の設計概念に基づいて開発されている[9,10,37].ペトリネットは,エンティティ (entity),コネクタ (connector),プロセス (process) という 3 つの基本構成要素に基づく (図 11.3).エンティティはグラフ理論の用語のノード (node) に相当するもので,mRNA やタンパク質などの反応物質が割り当てられる.コネクタはエンティティ間の反応の有無および方向を表す.プロセスは,反応速度方程式を記述するもので,エンティティを結ぶ 2 つのコネクタの隣接点に配置されたボックスで表現される.実際には,図 11.3 に示すように,これら 3 つの要素はその役割に応じてさらに細分化される.

HFPN によるモデリングを理解するために,2 つの制御タンパク質 (p_1, p_2) による mRNA (r) の転写過程のモデリングについて概説しよう.図 11.4 (左) は,2 つのタンパク質が遺伝子 r のプロモータ領域を認識・結合した後,遺伝子 r の発現 (転写) を促進する様子を模式的に示したものである.時点 t でのそれぞれの発現量を $x_{p_1,t}, x_{p_2,t}, x_{r,t}$ と表し,発現量の変化を次のようにモデル化する.

図 **11.4**　HFPN によるモデリングの例
2 つの制御タンパク (p_1, p_2) は協調的に mRNA (r) の転写を促進する (左). 右図は, 左図の転写反応を HFPN によって表現したものである ((11.1) 式). それぞれのプロセス (t_i) には以下のような反応式が与えられる：t_1: $k_{d_{p_1}} x_{p_1}$, t_2: $k_{d_{p_2}} x_{p_2}$, t_3: $f_1(x_{p_1}) f_2(x_{p_2})$, t_4: $k_{d_r} x_r$, t_5: $k_{c_{p_1}}$, t_6: $k_{c_{p_2}}$[59].

$$\begin{aligned}
\Delta_h x_{r,t} &= f_1(x_{p_1,t}) f_2(x_{p_2,t}) - k_{d_r} x_{r,t} \\
\Delta_h x_{p_1,t} &= k_{c_{p_1}} - k_{d_{p_1}} x_{p_1,t} \\
\Delta_h x_{p_2,t} &= k_{c_{p_2}} - k_{d_{p_2}} x_{p_2,t}
\end{aligned} \tag{11.1}$$

左辺の $\Delta_h x_t = (x_{t+1} - x_t)/h$ は微小時間 h における発現量の変化率 (前進差分) を表す. k_{d_*} と k_{c_*} は各分子の分解速度係数 (degradation rate) および定数項を表す. f_1 と f_2 は r の転写効率を規定する制御関数である. モデル (11.1) を HFPN の表記ルールに従い表現したものが図 11.4 (右) である. (11.1) 式の右辺の各項は分割され, 3 つのエンティティを結ぶプロセスに割り付けられる. HFPN は, 単なるグラフィカルモデルの視覚的な記述方式にすぎない. しかしながら, このようなシステム (ネットワーク) のグラフ表現は, 生物学者が知識を表現・整理する上で有益なツールとなりうる. 現在では, 離散・連続事象が混在するハイブリッド型モデルや確率的事象をシステムに組み込むための多種多様な方法論が整備されている[15, 37, 57]. さらに, シミュレーションモデルの構築を目的としたアプリケーション開発も充実してきており[70], HFPN のモデル設計ツールとしての有用性は着実に増しつつある.

次に, より実践的なモデルの例として, 哺乳動物の体内時計調節に関わる転写制御モデルについて見てみよう. 生物に備わる概日周期と呼ばれる約 24 時間のリズムは, 時計遺伝子の mRNA 転写量が刻む周期変動によって支配されている. 近年のトランスクリプトーム研究によって, 時計遺伝子の転写制御に関わる因子とその制御機構が明らかになりつつあるが, 依然として全体像の把握には至っていない. *CLOCK* と *BMAL* と呼ばれるタンパク質は複合体を形成した後, 標的

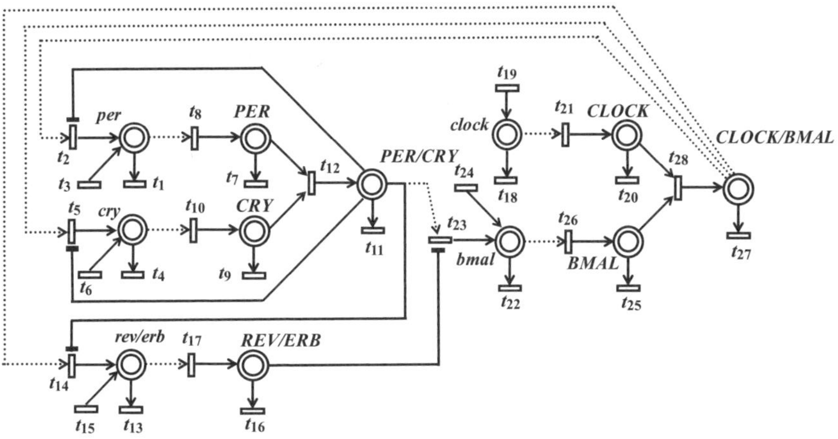

図 11.5　HFPN による哺乳動物の体内時計遺伝子制御メカニズムのグラフ表現[38)]
5 種類の mRNA と 7 種類の制御タンパク質の制御関係を表現した仮説モデルである.

表 11.1　体内時計遺伝子制御ネットワークモデル (図 11.5) のプロセス

$t_1 : k_{d_1} x_{1,t}$	$t_2 : k_{tc_1} I(x_{5,t} < s_{1,5}) I(x_{12,t} > s_{1,12})$
$t_3 : k_{c_1}$	$t_4 : k_{d_3} x_{3,t}$
$t_5 : k_{tc_2} I(x_{5,t} < s_{3,5}) I(x_{12,t} > s_{3,12})$	$t_6 : k_{c_3}$
$t_7 : k_{d_2} x_{2,t}$	$t_8 : k_{tl_2} x_{1,t}$
$t_9 : k_{d_4} x_{4,t}$	$t_{10} : k_{tl_4} x_{3,t}$
$t_{11} : k_{d_5} x_{5,t}$	$t_{12} : k_{b_{2,4}} x_{2,t} x_{4,t}$
$t_{13} : k_{d_6} x_{6,t}$	$t_{14} : k_{tc_6} I(x_{5,t} < s_{6,5}) I(x_{12,t} > s_{6,12})$
$t_{15} : k_{c_6}$	$t_{16} : k_{d_7} x_{7,t}$
$t_{17} : k_{tl_7} x_{6,t}$	$t_{18} : k_{d_8} x_{8,t}$
$t_{19} : k_{c_8}$	$t_{20} : k_{d_9} x_{9,t}$
$t_{21} : k_{tl_9} x_{8,t}$	$t_{22} : k_{d_{10}} x_{10,t}$
$t_{23} : k_{tc_{10}} I(x_{5,t} > s_{10,5}) I(x_{7,t} < s_{10,7})$	$t_{24} : k_{c_{10}}$
$t_{25} : k_{d_{11}} x_{11,t}$	$t_{26} : k_{tl_{11}} x_{10,t}$
$t_{27} : k_{d_{12}} x_{12,t}$	$t_{28} : k_{b_{9,11}} x_{9,t} x_{11,t}$

遺伝子である period (*per*) や cryptochrome (*cry*) のプロモータに結合した後, 遺伝子発現を活性化することが知られている. また, *per* と *cry* から生成されたタンパク質である *PER* と *CRY* は自己の転写活性を抑制することで, 転写回路のネガティブフィードバックシステムを形成する[21, 38, 53, 56)].

図 11.5, 表 11.1 は Matsuno et al.[38)] の報告に基づき作成した転写制御回路の仮説モデルである. 5 種類の mRNA (*per*, *cry*, *rev*/*erb*, *clock*, *bmal*) と 7 種類のタンパク質 (*PER*, *CRY*, *PER*/*CRY*, *REV*/*ERB*, *CLOCK*, *BMAL*,

CLOCK/BMAL) からなる計 12 分子の制御関係が表現されている．反応表現の差分方程式は，*per*, *PER*, *cry*, *CRY*, *PER/CRY*, *rev/erb*, *REV/ERB*, *clock*, *CLOCK*, *bmal*, *BMAL*, *CLOCK/BMAL* の順に，以下のように記述される．

$$
\begin{aligned}
\Delta_h x_{1,t} &= -k_{d_1} x_{1,t} + k_{tc_1} I(x_{5,t} < s_{1,5}) I(x_{12,t} > s_{1,12}) + k_{c_1} \\
\Delta_h x_{2,t} &= -k_{d_2} x_{2,t} + k_{tl_2} x_{1,t} - k_{b_{2,4}} x_{2,t} x_{4,t} \\
\Delta_h x_{3,t} &= -k_{d_3} x_{3,t} + k_{tc_3} I(x_{5,t} < s_{3,5}) I(x_{12,t} > s_{3,12}) + k_{c_3} \\
\Delta_h x_{4,t} &= -k_{d_4} x_{4,t} + k_{tl_4} x_{3,t} - k_{b_{2,4}} x_{2,t} x_{4,t} \\
\Delta_h x_{5,t} &= -k_{d_5} x_{5,t} + k_{b_{2,4}} x_{2,n} x_{4,n} \\
\Delta_h x_{6,t} &= -k_{d_6} x_{6,t} + k_{tc_6} I(x_{5,t} < s_{6,5}) I(x_{12,t} > s_{6,12}) + k_{c_6} \\
\Delta_h x_{7,t} &= -k_{d_7} x_{7,t} + k_{tl_7} x_{6,t} \\
\Delta_h x_{8,t} &= -k_{d_8} x_{8,t} + k_{c_8} \\
\Delta_h x_{9,t} &= -k_{d_9} x_{9,t} + k_{tl_9} x_{8,t} - k_{b_{9,11}} x_{9,t} x_{11,t} \\
\Delta_h x_{10,t} &= -k_{d_{10}} x_{10,t} + k_{tc_{10}} I(x_{5,t} > s_{10,5}) I(x_{7,t} < s_{10,7}) + k_{c_{10}} \\
\Delta_h x_{11,t} &= -k_{d_{11}} x_{11,t} + k_{tl_{11}} x_{10,t} - k_{b_{9,11}} x_{9,t} x_{11,t} \\
\Delta_h x_{12,t} &= -k_{d_{12}} x_{12,t} + k_{b_{9,11}} x_{9,t} x_{11,t}
\end{aligned}
\tag{11.2}
$$

各方程式の右辺第 1 項に現れる k_{d_i} $(i = 1, \cdots, 12)$ は分解速度係数を表す．すべての分子は発現量の線形式に従い分解されると仮定した $(-k_{d_i} x_{i,t})$．mRNA からタンパク質への翻訳は係数 k_{tl_i} の線形式，タンパク質 i, j の結合は発現量の 2 次式に結合定数 $k_{b_{i,j}}$ を乗じたものを用いた．転写因子の制御に関しては，定義関数*4) $I(x_{i,t} > s)$ あるいは符号を逆にした $I(x_{i,t} < s)$ (s は閾値パラメータ) の組み合わせによって AND/OR の関係が表現されている．これは，転写因子 (活性・抑制因子) の核内濃度の上昇や低下に伴い，急速に転写レベルが変化するという現象を模倣したものである[1, 40]．転写過程のモデルとして，他のシグモイド状の関数を用いる方法も提案されている．例えば，Chen et al.[7] は，出芽酵母の細胞周期のモデル化の際，Goldbeter-Koshland 関数を用いている．その他には，S-system やミカエリス–メンテン方程式に基づく転写制御モデルを使っている研究もある[1, 40, 48]．

---

*4) 引数の条件式が真であれば 1，そうでなければ 0 をとる関数．

11.3 状態空間表現とパラメータ推定

システム生物学におけるシミュレーションの役割は，タンパク質や mRNA などの相互作用ネットワークが織り成す複雑な挙動を計算機上で実現することで，現在得られている科学的知識と観測データの間の不整合性を見つけ出すことである．不整合性が見つかれば，仮説モデルの不完全性を補うための因子をさらにモデルに取り込む．このような試行錯誤の繰り返しから高機能のモデルをつくり上げていく．また，対象となるシステムの時間スケールをある程度の精度で再現できるシミュレーションモデルがあれば，時系列データ測定時のサンプリング時間の設定など，実験計画立案の指針としても活用できる．ただし，シミュレーション実験を行うには，未知のパラメータや初期状態を設定しなくてはならない．従来のシステム生物学では，経験や試行錯誤によって得られたパラメータ値を用いてシミュレーション実験を行ってきたが，もし観測データを利用できるのであれば，それによって正当化されたパラメータ値を用いるべきである．あるいは，生化学反応に関する分子メカニズムや，何らかの実験結果から合理的なパラメータ値を絞り込むこともできるかもしれない．しかしながら，実験費用や研究体制上の制約，そして何より，実験そのものの難しさが障壁となり，現時点において実験ベースのパラメータ探索は現実的な解決策とはなり得ない．

現在の分子生物学において，パラメータ推定のために比較的低コストで利用できる情報源は，mRNA やタンパク質の発現量である．**DNA** マイクロアレイや質量分析計を利用した mRNA やタンパク質の発現量の網羅的計測は，今や世界中のラボで標準的に行われている．実験技術の誕生以来，産学の垣根を越えた品質改善努力が実を結び，今や実用上十分な精度で発現量の網羅的測定値が入手できるようになり，分子生物学や医学の研究形態は大きく変容を遂げた．とりわけ近年に至っては，発現量の時間変化を観測した時系列データから，生体情報系の動的特性を理解しようという試みがなされている．

時点 t における k 種類の生体分子の濃度ベクトルを $\boldsymbol{x}'_t = (x_{1,t} \quad \cdots \quad x_{k,t})$ と表す．各要素には正値制約が課される．ここで，$\boldsymbol{x}_t$ を部分的に観測した l 次元観測値ベクトルを $\boldsymbol{y}'_t = (y_{1,t} \quad \cdots \quad y_{l,t})$ と表し，状態空間表現を用いてデータとモデルを次のような形で結びつける．

$$\boldsymbol{x}_t = \boldsymbol{f}(\boldsymbol{x}_{t-1}, \boldsymbol{\theta}) + \boldsymbol{v}_t \qquad (t \in \mathcal{T} = \{1, \cdots, T\}) \tag{11.3}$$

$$\boldsymbol{y}_t = H\boldsymbol{x}_t + \boldsymbol{w}_t \qquad (t \in \mathcal{T}_{\mathrm{obs}}) \tag{11.4}$$

$\boldsymbol{x}_t$ は潜在確率変数 (状態ベクトル) である．システムモデル (11.3) は，状態ベクトルの時間発展を記述するもので，マルコフ性を持つシミュレーションモデル $\boldsymbol{f}(\cdot)$ と擬似的に付加された加法ノイズ $\boldsymbol{v}_t$ によって構成される．$\boldsymbol{\theta}$ は未知のモデルパラメータを要素に持つベクトルである．(11.2) 式の転写制御モデルでは，速度パラメータ k_* や閾値パラメータ s_* など，時間に依存しない未知量が $\boldsymbol{\theta}$ の要素となる．(11.2) 式の転写制御モデルの場合，いったん左辺と右辺をそれぞれ $(\boldsymbol{x}_t - \boldsymbol{x}_{t-1})/h$, $\boldsymbol{g}(\boldsymbol{x}_{t-1}, \boldsymbol{\theta})$ と置き，$\boldsymbol{x}_t$ について陽に書き下したものが $\boldsymbol{f}(\cdot)$ に相当する ($\boldsymbol{f}(\boldsymbol{x}_{t-1}, \boldsymbol{\theta}) \stackrel{\mathrm{def}}{=} \boldsymbol{x}_{t-1} + h\boldsymbol{g}(\boldsymbol{x}_{t-1}, \boldsymbol{\theta})$).

観測モデル (11.4) は，非観測変数 $\boldsymbol{x}_t$ と観測量 $\boldsymbol{y}_t$ の関係を記述する．観測行列 H の (i, j) 要素は，$x_{j,t}$ が $y_{i,t}$ によって計測される場合に値 1 をとり，そうでなければ 0 となる二値行列とする．$\boldsymbol{w}_t$ は観測ノイズである．観測モデルは，観測可能な変数に対してのみ定義されることに注意が必要である．DNA マイクロアレイ実験など，トランスクリプトーム解析で計測されるデータは mRNA の測定値であり，タンパク質の測定データを同時に観測できるケースはまれである．(11.2) 式で示した概日周期の転写ネットワークの場合，12 種類の物質のうち，5 種類の mRNA に対してのみ時系列データが与えられる．一方，プロテオーム解析でも，mRNA とタンパク質濃度の同時計測は，コストおよび技術面の制約上，きわめて難しい．

また，システムモデル (11.3) と観測モデル (11.4) の時間集合 ($\mathcal{T}$, $\mathcal{T}_{\mathrm{obs}}$) は一致しない点にも注意が必要である (時間積分と観測の頻度の不一致に関する取り扱いは 3.2.4 項を参照)．一般に観測時点集合 $\mathcal{T}_{\mathrm{obs}}$ はシミュレーション時間 $\mathcal{T}$ の部分集合となる．例えば，常微分方程式の離散近似から導かれる状態空間表現では，(11.3) 式は微小時間内に起こる発現量の変化を記述したものに相当する．典型的な場合，シミュレーションの総ステップ数は数百～数万オーダーになりうる ($|\mathcal{T}| = O(10^2) \sim O(10^4)$)．後述の概日周期転写ネットワークの解析例では，44 時間を 700 ステップの時間間隔に区切ってモデル化している (1 ステップは 3 分弱に相当)．これに対して，この分野で典型的な観測データの時点数はきわめて少なく，$\mathcal{T}_{\mathrm{obs}}$ と $\mathcal{T}$ のサイズには深刻な不均衡が生じる．例えば，マイクロアレイ実

験から得られる遺伝子発現データの観測時点数は 44 時間で高々10〜20 程度である[18].

11.4 粒子スムーザの適用

状態空間表現によってシミュレーションモデルと観測データの関係式が得られると，さまざまな統計的推測が可能となる．例えば，パラメータのベイズ推定を行う場合，あらゆる推定量は次の事後分布から導かれる (状態変数のマルコフ性を利用した事後分布の導出については，3.1.3 項を参照).

$$p(\boldsymbol{\theta}, \boldsymbol{x}_{0:T}|\boldsymbol{y}_{\mathrm{obs}}) \propto p(\boldsymbol{x}_0)p(\boldsymbol{\theta}) \prod_{t\in\mathcal{T}_{\mathrm{obs}}} p(\boldsymbol{y}_t|\boldsymbol{x}_t) \prod_{t\in\mathcal{T}} p(\boldsymbol{x}_t|\boldsymbol{x}_{t-1}, \boldsymbol{\theta}) \quad (11.5)$$

ここで，$\boldsymbol{y}_{\mathrm{obs}} = \{\boldsymbol{y}_t : t \in \mathcal{T}_{\mathrm{obs}}\}$ は全観測ベクトルからなる集合を表す．$p(\boldsymbol{x}_0)$ と $p(\boldsymbol{\theta})$ は，初期状態と未知パラメータの事前分布である．以下では，事前分布は既知として取り扱う．$p(\boldsymbol{x}_t|\boldsymbol{x}_{t-1}, \boldsymbol{\theta})$ は状態 $\boldsymbol{x}_{t-1}$ とパラメータ $\boldsymbol{\theta}$ に条件づけられた $\boldsymbol{x}_t$ の分布である．この条件付き分布はシステムモデル (11.3) によって規定される．例えば，(11.3) 式のノイズ $\boldsymbol{v}_t$ に対して平均 $\mathbf{0}$，分散共分散行列 Q のガウス分布を仮定すれば，$p(\boldsymbol{x}_t|\boldsymbol{x}_{t-1}, \boldsymbol{\theta})$ は平均ベクトル $\boldsymbol{f}(\boldsymbol{x}_{t-1}, \boldsymbol{\theta})$，分散共分散行列 Q の多変量正規分布の密度関数となる．$p(\boldsymbol{y}_t|\boldsymbol{x}_t)$ は，観測モデルから導かれる $\boldsymbol{x}_t$ が与えられたもとでの観測ベクトル $\boldsymbol{y}_t$ の条件付き分布である．

あらゆる推定量と先述したが，一概にベイズ推定量といっても，さまざまな推定方式がある．その中でも最も自然で，広範に用いられる推定量は **MAP** 推定量と事後平均である．MAP 推定量は事後分布 (11.5) の最大値 $(\boldsymbol{\theta}^*, \boldsymbol{x}^*_{0:T}) = \arg\max_{\boldsymbol{\theta},\boldsymbol{x}_{0:T}} p(\boldsymbol{\theta}, \boldsymbol{x}_{0:T}|\boldsymbol{y}_{\mathrm{obs}})$ によって定義される (1.3.6 項参照)．一方，事後平均は，事後分布の条件付き期待値

$$E[\boldsymbol{\theta}|\boldsymbol{y}_{\mathrm{obs}}] = \int\int \boldsymbol{\theta} p(\boldsymbol{\theta}, \boldsymbol{x}_{0:T}|\boldsymbol{y}_{\mathrm{obs}}) d\boldsymbol{\theta} d\boldsymbol{x}_{0:T}$$

$$E[\boldsymbol{x}_t|\boldsymbol{y}_{\mathrm{obs}}] = \int\int \boldsymbol{x}_t p(\boldsymbol{\theta}, \boldsymbol{x}_{0:T}|\boldsymbol{y}_{\mathrm{obs}}) d\boldsymbol{\theta} d\boldsymbol{x}_{0:T} \qquad (t = 0, \cdots, T)$$

である．

粒子スムーザの目的は，$p(\boldsymbol{\theta}, \boldsymbol{x}_{0:T}|\boldsymbol{y}_{\mathrm{obs}})$ からのモンテカルロサンプリングである．ここで，最も素朴な計算アルゴリズムについて概観してみよう．

1) $\boldsymbol{x}_0$ を事前分布 $p(\boldsymbol{x}_0)$ からサンプリングする：$\{\boldsymbol{x}_0^{(i)}\}_{i=1}^N \sim p(\boldsymbol{x}_0)$.

2) $\boldsymbol{\theta}$ を事前分布 $p(\boldsymbol{\theta})$ からサンプリングする：$\{\boldsymbol{\theta}^{(i)}\}_{i=1}^N \sim p(\boldsymbol{\theta})$.

3) $t = 1, \cdots, T$ について，以下の手順を実行する．

 3-1) $\boldsymbol{x}_t$ の一期先予測分布を構成する：$\boldsymbol{x}_t^{(i)} \sim p(\boldsymbol{x}_t|\boldsymbol{x}_{t-1}^{(i)}, \boldsymbol{\theta}^{(i)})$ $(i = 1, \cdots, N)$.

 3-2) もし時点 t においてデータが観測されれば $(t \in T_{\mathrm{obs}})$，現時点から初期時点のすべての状態列 $\{\boldsymbol{x}_{0:t}^{(i)}\}_{i=1}^N$ とパラメータ $\{\boldsymbol{\theta}^{(i)}\}_{i=1}^N$ を重み $p(\boldsymbol{y}_t|\boldsymbol{x}_t^{(i)})$ に比例するようにリサンプリングする．

最終的に得られた N 個の粒子の履歴 $\{\boldsymbol{x}_t^{(i)}\}_{i=1}^N (t = 0, \cdots, T)$ と $\{\boldsymbol{\theta}^{(i)}\}_{i=1}^N$ は事後分布 $p(\boldsymbol{\theta}, \boldsymbol{x}_{0:T}|\boldsymbol{y}_{\mathrm{obs}})$ から独立に生成されたモンテカルロサンプルと見なされる．これは 6 章で示した粒子スムーザのアルゴリズムにおいて，状態変数を $(\boldsymbol{x}_t, \boldsymbol{\theta})$ として，平滑化ラグを $L = T$ とおいたものに相当する．

アルゴリズムは非常に簡潔である．初めに事前分布から初期状態とパラメータのモンテカルロサンプルを生成して (ステップ 1 と 2)，サンプルごとにノイズを混入させながら，状態ベクトルの更新を行う (ステップ 3-1)．3-2 のリサンプリングのステップでは，時点 t でデータが観測されていれば，t から 0 時点までの状態列とパラメータのモンテカルロサンプルを，データへの適合度 $p(\boldsymbol{y}_t|\boldsymbol{x}_t^{(i)})$ に応じて，選択あるいは淘汰する．最終的に生き残った粒子が，事後分布 $p(\boldsymbol{\theta}, \boldsymbol{x}_{0:T}|\boldsymbol{y}_{\mathrm{obs}})$ の近似となる．

ここで，パラメータ $\boldsymbol{\theta}$ と初期状態 $\boldsymbol{x}_0$ のサンプリングは初期ステップにおいてのみ実行されることに注意してほしい．アルゴリズムが時間方向に前進するにつれ $(t = 1, \cdots, T)$，ステップ 1 と 2 で生成された $\{\boldsymbol{\theta}^{(i)}\}_{i=1}^N$ や $\{\boldsymbol{x}_0^{(i)}\}_{i=1}^N$ に対して繰り返しリサンプリングが適用される．したがって，$\{\boldsymbol{\theta}^{(i)}\}_{i=1}^N$ や $\{\boldsymbol{x}_0^{(i)}\}_{i=1}^N$ の多様性は計算が進む過程において単調に失われていくことになる (粒子の退化の問題については 6.3 節を参照)．リサンプリングの試行回数が多い場合 (すなわち，データ数が多い場合) や，計算の途中で極端に不均一な重みが出現すると，リサンプリングによって生き残る粒子に大きな偏りが生じる．最悪の場合，アルゴリズムの初期段階で $\{\boldsymbol{\theta}^{(i)}\}_{i=1}^N$ や $\{\boldsymbol{x}_0^{(i)}\}_{i=1}^N$ がすべて同一のものに収束してしまうと，その後の更新される粒子は二度と多様性を取り戻せない．

粒子の退化は，粒子スムーザが提案された初期の頃 (1990 年代中盤) から指摘されてきた問題である．この問題に対して Kitagawa[26] は $\boldsymbol{\theta}$ に対する擬似的なダイナミクスを導入して，粒子の急速な退化を緩和することを提案している．例えば，$\boldsymbol{\theta}$ に対して仮想的なランダムウォークを仮定したもとで，きわめて小さいノイズ分散を設定すれば，時間に対して不変なパラメータ $\boldsymbol{\theta}$ の代替となりうるかもしれない．あくまで形式的な対処法ではあるが，$\boldsymbol{\theta}$ の多様性を生み出すことができる．しかしながら，いくら分散が小さくとも，ランダムウォークに従う $\boldsymbol{\theta}$ はあくまで時間変化するパラメータである．

この問題に対する最も直接的な解決手段は，大量の粒子を生成することである．100 万個の粒子を生成して得られた分布が退化するのであれば，1000 万，さらに 1 億というように粒子数を増やす．ただし，粒子数があまりにも多くなりすぎると，計算機のメモリ不足や計算量の増加など実装上の問題が生じることになるが，解決手段はある．例えば，1 億粒子のアルゴリズムを実装したいが，一度に計算することは困難であれば，1 億粒子を 500 万個の粒子 20 セットに分割して，それぞれ独立にフィルタの操作を実行する．その後，20 セットの粒子を併合して，事後平均などの推定量を計算することができる．次節では，実際のデータ解析例に沿って，この素朴な手法の有効性について検証する．

11.5 概日周期の転写回路

時計遺伝子の転写回路と遺伝子発現データの同化実験を行う．Ueda et al.[53] は，マウスの視交叉上核*5)から RNA を抽出した後，DNA マイクロアレイ (Affymetrix, GeneChip) を用いて遺伝子発現の時系列プロファイルを作成した．DNA マイクロアレイは，遺伝子の 1 次転写産物である mRNA の発現量を計測するためのシリコン基盤である．実験では，12 時間ごとに人工的につくり出された明/暗の環境下で 44 時間 (概日周期 2 に相当) にわたって遺伝子発現量が計測された．データの観測時刻は，4 時間間隔の計 12 時点からなる ($\mathcal{N}_{\mathrm{obs}} = \{0, 4, 8, 12, 16, 20, 24, 28, 32, 36, 40, 44\}$ (時間))．モデル (11.2) の計 12 変数のうち，4 種類の mRNA (*per*, *cry*, *rev*/*erb*, *bmal*) の発現量が観測されているが，残りの変数は未知である．シミュレーションの総ステップ数

*5) suprachiasmatic nucleus (SCN)．哺乳動物のマスタークロックは，脳の視交叉上核という細胞内に存在する．

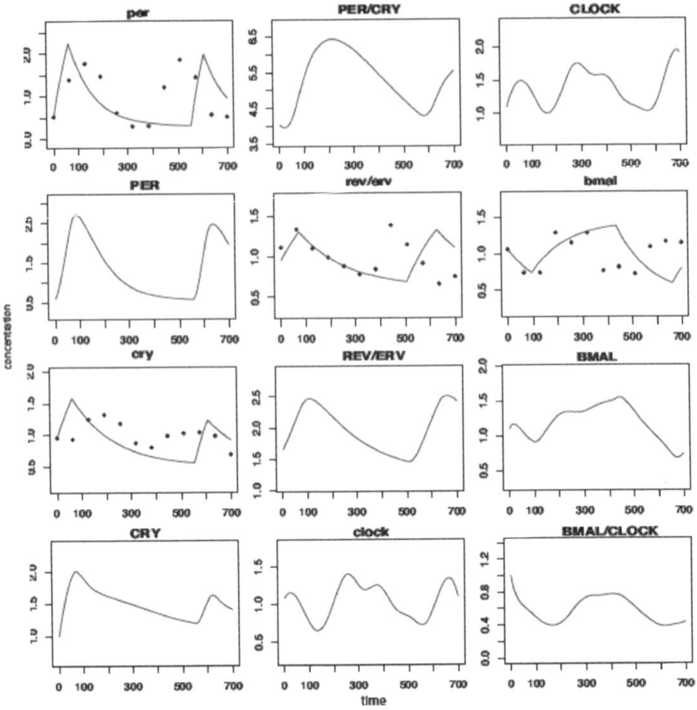

図 **11.6**　事前分布の平均を用いて実行したシミュレーション実験
実線はシミュレーション値，点は観測データを表す．

を $|\mathcal{T}| = 700$ として，実観測時間 $\mathcal{N}_{\rm obs}$ との一致をとって，観測時点の集合 $\mathcal{T}_{\rm obs} = \{1, 64, 128, 191, 255, 318, 382, 445, 509, 572, 636, 700\}$ を設定した．

パラメータと初期濃度の事前分布にはガウス分布を仮定した．事前分布の平均と分散の設定方法は，基本的には生化学的根拠に基づいているが，ある程度恣意的である．例えば，mRNA はタンパク質に比べて分子的に不安定であることが知られており，mRNA の分解速度はタンパク質に比べて十分に速いという事実を反映した．ただし，事前分布の誤設定の影響を検証するために，事前分布の平均に人工的なバイアスを持たせている．図 11.6 は事前平均を用いて実行したシミュレーションの結果である．観測データが示す概日周期に比べて長い周期性を示し，シミュレーションの再現性が低いことが確認できる．

図 11.7 (右) は 10 万個のモンテカルロサンプルを用いて描いた近似事後分布で

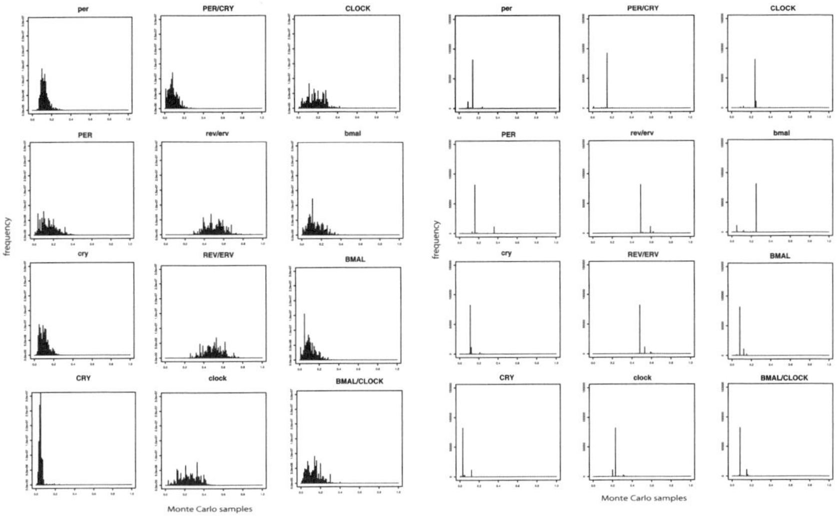

図 11.7 粒子スムーザを利用した事後分布からのサンプリング
左図および右図は，12 種類の分解定数 $k_{d_i}(i=1,\cdots,12)$ に相当するモンテカルロサンプルをヒストグラム化したものである (粒子数はそれぞれ，$N=10^8$ (左) および $N=10^5$ (右)).

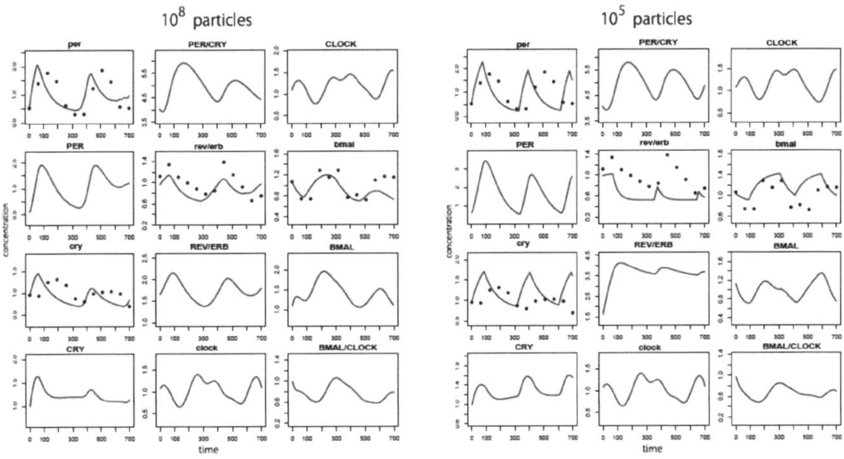

図 11.8 粒子スムーザから計算された事後推定値を用いて生成したシミュレーション結果
左図と右図は，それぞれ粒子数を $N=10^8$, $N=10^5$ に設定した結果である．黒点はデータ点を表す．

ある．粒子の多様性が致命的に失われており，推定値の計算には全く使い物にならないことは明らかである．そこで試験的に，1 億個のモンテカルロサンプルを用いて再度推定を行ってみた．実装方法は至って単純で，500 万粒子の粒子フィルタを単コアで 20 回計算して，1 億個の粒子 ($N = 10^8$) を生成した．図 11.7 (左) は近似事後分布のヒストグラムであるが，10 万粒子の推定と比較して，退化の問題が大幅に改善していることが確認できる．事実，1 億粒子と 10 万粒子のサンプル平均値をパラメータに設定したシミュレーションの結果を比較すると (図 11.8)，周期特性の検出力において明らかな優劣が確認できる．これまで退化の問題に対して数多くの緩和策が提案されてきたが，このスケールの問題においてこれほどの推定性能を示す手法は存在しないであろう．現在，粒子スムーザは多岐にわたる応用領域で用いられているが，大抵の場合，生成されるモンテカルロサンプル数は高々数万オーダー程度であった．これを 1 億個に増やすという最も正攻法なアプローチによって方法論のポテンシャルが飛躍的に高まったのである．

11.6 その他の話題

11.6.1 並列粒子フィルタ

前節の 1 億粒子を用いた粒子スムーザの計算は，あらかじめ粒子の集合を分割した後，1 コアの計算を段階的に実行し，最終的に全粒子を併合するという原始的なものである．しかしながら，粒子スムーザは，並列性が非常に高いという利点があり，計算の大規模化が比較的低コストで実現可能である．ここでは詳述しないが，並列粒子フィルタ (parallel particle filter)，あるいは分散型粒子フィルタ (distributed particle filter) と呼ばれる並列計算の実装方法が主に工学の分野で開発されている[5,6]．アルゴリズムの基本形は，いたってシンプルである．まずはじめに，粒子群をいくつかのセットに分割し，各々を利用可能な **processing element** (PE) に割り振ったもとで，一期先予測 (シミュレーション)，フィルタ (リサンプリング) の操作を実行する．その後，複製された粒子を PE に再分配し，次のステップの予測とフィルタの操作を行う．分散型粒子フィルタの肝となる部分は，次ステップの予測とフィルタの計算時間を節約するために，複製された粒子の再分配計画を効率的に設計することにある．すなわち，粒子再配分に要する PE 間の通信量をいかに減らせるかが鍵となる．

11.6.2 ネットワークの構造予測，リモデリング

生化学反応系モデルのデータ同化では，パラメータ推定の問題は補助的なものであり，実のところネットワーク構造を推定あるいは予測することが主たる興味である．つまり，現在手元に複数の仮説モデルがあったとして，これらのモデルの優劣をデータと照らし合わせながら，モデルの不完全性を補うためのリモデリングにつなげるという手続きが必要不可欠になってくる．生化学反応系モデルの評価方法は多面的でなくてはならない．予測性能はもちろんのこと，ネットワーク構造がロバスト性を保持しているか，あるいは，別の研究で報告されているノックアウト実験のデータに対する再現性など，モデルの性能評価に関わる指標は実にさまざまである．我々は，Yoshida et al.[59] において，ベイズ周辺尤度に基づく仮説モデルの評価方法の有用性についてシステム生物学的観点から考察を行った．

$$p(\boldsymbol{y}_{\rm obs}) = \int\int p(\boldsymbol{x}_0)p(\boldsymbol{\theta}) \prod_{t\in\mathcal{T}_{\rm obs}} p(\boldsymbol{y}_t|\boldsymbol{x}_t) \prod_{t\in\mathcal{T}} p(\boldsymbol{x}_t|\boldsymbol{x}_{t-1},\boldsymbol{\theta})d\boldsymbol{\theta}d\boldsymbol{x}_{0:T} \qquad (11.6)$$

周辺尤度の定義式 (11.6) から明らかであるが，このモデル評価規準はネットワークのノイズ耐性を評価している．直観的には，擬似的なノイズ (システムノイズ) による摂動をシステムモデル $p(\boldsymbol{x}_t|\boldsymbol{x}_{t-1},\boldsymbol{\theta})$ に従いシミュレーションに与えたもとで，安定的に観測データを再現できるモデルに高いスコアが与えられる．この際，初期状態やパラメータに対しても，事前分布 $p(\boldsymbol{x}_0)$ と $p(\boldsymbol{\theta})$ を通して，擬似擾乱が加えられる．このような評価尺度は生化学反応経路の動的特性をとらえる上である意味整合的である．一般に，生化学反応ネットワークは外的変化に対して柔軟に対応することでロバスト性を保っていると考えられている．ネットワークのロバスト性を実現させる機構として，① 反応経路の冗長性，② 生化学物質の冗長性，③ ネットワークのモジュール構造などが明らかにされつつある[29,30]．実際の生命現象は速度パラメータのわずかな変化に対してさほど影響を受けないはずである．生命システムのベイズ的なモデル評価は，ここで論じたように，システムの頑強性の一側面を映し出す．パラメータ推定に比べて，モデルの評価方法やリモデリングの研究は遅延傾向にあり，今後最も期待される研究課題の一つでもある．

11.7 まとめ

本章の大部分は Nakamura et al.[45] に基づく．粒子スムーザのアルゴリズムを，固定パラメータ $\boldsymbol{\theta}$ や初期状態 $\boldsymbol{x}_0$ のような非時間依存的なパラメータの推定に適用することは，決して筋のよいアプローチではない．本章で示されたように，アルゴリズムの初期ステップで生成した $\boldsymbol{\theta}$ や初期状態 $\boldsymbol{x}_0$ のモンテカルロサンプルは，リサンプリングの反復によって，その多様性が失われてしまい，最終的に得られた近似事後分布は退化してしまう．退化の問題は，生命科学にかかわらず，多岐にわたる分野で問題視され，多くの緩和策が講じられてきたが，決定的な解決に至っていない．実際，我々は Nagasaki et al.[43] において，同じ問題に 10 万粒子規模の粒子スムーザを適用したが，許容精度で推定できたパラメータ数は高々 10 程度であった．これが「粒子数を 1 億個に増やす」というある意味安易なアイデアによって方法論のポテンシャルが飛躍的に高まったのである．本章で示した 1 億粒子のアルゴリズムでは，単コアによる計算時間が実時間で 8 日程度かかったが (Opteron 2200，およそ 5 ギガフロップス)，中規模の PC クラスタを使えば，この処理が数時間程度で完了する．

A

付　　　　録

A.1　多変量ガウス分布 (多変量正規分布)

本節では，ガウス分布 (正規分布) の多変量版である多変量正規分布を導出する．

多変量を扱う前に，1 変量のガウス分布を復習しよう．x を 1 次元ベクトルとする．x が平均 μ，分散 σ^2 のガウス分布に従うとき，$x \sim N\left(\mu, \sigma^2\right)$ と書く．確率密度関数は

$$p\left(x|\mu, \sigma^2\right) = \frac{1}{\sqrt{2\pi\sigma^2}} \exp\left[-\frac{1}{2\sigma^2}\left(x-\mu\right)^2\right] \tag{A.1}$$

と書ける．

続いて，多変量に移ろう．$\boldsymbol{x}$ を k 次元ベクトルとする．1 変量の正規分布を多変量に拡張したものは多変量ガウス分布 (多変量正規分布) と呼ばれ，平均ベクトル $\boldsymbol{\mu}$，分散共分散行列 Σ により指定される．このとき $\boldsymbol{x} \sim N\left(\boldsymbol{\mu}, \Sigma\right)$ と書き，確率密度関数は

$$p\left(\boldsymbol{x}|\boldsymbol{\mu}, \Sigma\right) = \frac{1}{\left(2\pi\right)^{k/2}\left|\Sigma\right|^{1/2}} \exp\left[-\frac{1}{2}\left(\boldsymbol{x}-\boldsymbol{\mu}\right)'\Sigma^{-1}\left(\boldsymbol{x}-\boldsymbol{\mu}\right)\right] \tag{A.2}$$

となる．

さて問題は，なぜ多変量ガウス分布は (A.2) 式のように書けるかである．特に，行列式 $|\Sigma|$ や逆行列 Σ^{-1} の由来は 1 次元ガウス分布から自明に拡張できるものではない．

仮に，多変量のベクトル $\boldsymbol{z} = \left(z_1 \quad \cdots \quad z_k\right)'$ を考えるとしても，どの成分も独立に $N\left(0, 1\right)$ に従う，すなわち

$$z_1 \sim N(0,1) \tag{A.3}$$

$$\cdots$$

$$z_k \sim N(0,1) \tag{A.4}$$

であるような簡単な場合ならば，全体としての $\boldsymbol{z}$ の確率密度関数は次のように書ける．

$$p(\boldsymbol{z}) = \frac{1}{\sqrt{2\pi}} \exp\left[-\frac{1}{2}z_1^2\right] \cdot \cdots \cdot \frac{1}{\sqrt{2\pi}} \exp\left[-\frac{1}{2}z_k^2\right] \tag{A.5}$$

$$= \left(\frac{1}{\sqrt{2\pi}}\right)^k \exp\left[-\frac{1}{2}\boldsymbol{z}'\boldsymbol{z}\right] \tag{A.6}$$

これを基本として，多変量正規分布を導いてみよう．

ベクトル $\boldsymbol{\mu}$ だけの原点の移動と行列 A による座標変換

$$\boldsymbol{x} = A\boldsymbol{z} + \boldsymbol{\mu} \tag{A.7}$$

により，$\boldsymbol{z}$ が $\boldsymbol{x}$ と表されたとしよう．実は，この $\boldsymbol{x}$ で $\boldsymbol{z}$ の確率密度関数を表現すると，多変量ガウス分布が導出される．

以下では，2つの密度関数を区別するために，$\boldsymbol{z}$ の密度関数 (A.6) を $p_{\boldsymbol{z}}(\boldsymbol{z})$ と書き，$\boldsymbol{x}$ の密度関数を $p_{\boldsymbol{x}}(\boldsymbol{x})$ と書く．$\boldsymbol{x}$ と $\boldsymbol{z}$ は (A.7) 式の関係で結ばれ，かつ，どちらの密度関数も積分値は一致する (確率密度関数なので，この積分値は 1 となる)．多変量の微積分が教えるところによれば，積分変数変換においてはヤコビアンの絶対値をかける．すなわち，

$$p_{\boldsymbol{x}}(\boldsymbol{x}) = p_{\boldsymbol{z}}\left(A^{-1}(\boldsymbol{x}-\boldsymbol{\mu})\right) \left\|\frac{\partial \boldsymbol{z}}{\partial \boldsymbol{x}'}\right\| \tag{A.8}$$

$$= \left(\frac{1}{\sqrt{2\pi}}\right)^k \exp\left[-\frac{1}{2}(\boldsymbol{x}-\boldsymbol{\mu})'\left(A^{-1}\right)' A^{-1}(\boldsymbol{x}-\boldsymbol{\mu})\right] \left\|A^{-1}\right\| \tag{A.9}$$

$$= \left(\frac{1}{\sqrt{2\pi}}\right)^k \frac{1}{\|A\|} \exp\left[-\frac{1}{2}(\boldsymbol{x}-\boldsymbol{\mu})'\left(A^{-1}\right)' A^{-1}(\boldsymbol{x}-\boldsymbol{\mu})\right] \tag{A.10}$$

となる．$\Sigma = AA'$ とおくと，(A.10) 式は

$$p_{\boldsymbol{x}}(\boldsymbol{x}) = \frac{1}{(2\pi)^{k/2}|\Sigma|^{1/2}} \exp\left[-\frac{1}{2}(\boldsymbol{x}-\boldsymbol{\mu})'\Sigma^{-1}(\boldsymbol{x}-\boldsymbol{\mu})\right] \tag{A.11}$$

となり，多変量ガウス分布 (A.2) が得られた．この式は，座標変換を施さない $A = I,\ \boldsymbol{\mu} = \mathbf{0}$ の場合も含むので，これを一般的に多変量ガウス分布として用いる．

A.2 行列の公式

補題 1 (逆行列補題). $V,\ H,\ R$ をそれぞれ $k \times k,\ l \times k,\ l \times l$ 行列とするとき，

$$\left(V^{-1} + H'R^{-1}H\right)^{-1} = V - VH'\left(R + HVH'\right)^{-1}HV \tag{A.12}$$

$$\left(V^{-1} + H'R^{-1}H\right)^{-1}H'R^{-1} = VH'\left(R + HVH'\right)^{-1} \tag{A.13}$$

が成り立つ．ただし，$V,\ R$ は正則とする．

証明. ((A.13) 式の証明)　成立が自明な恒等式

$$H'R^{-1}\left(R + HVH'\right) = \left(V^{-1} + H'R^{-1}H\right)VH' \tag{A.14}$$

に対して，左から $\left(V^{-1} + H'R^{-1}H\right)^{-1}$，右から $\left(R + HVH'\right)^{-1}$ をかけると，

$$\left(V^{-1} + H'R^{-1}H\right)^{-1}H'R^{-1} = VH'\left(R + HVH'\right)^{-1} \tag{A.15}$$

が得られる．

((A.12) 式の証明)　(A.12) 式の右辺に (A.13) 式を用いると，

$$\begin{aligned}
&V - VH'\left(R + HVH'\right)^{-1}HV \\
&= V - \left(V^{-1} + H'R^{-1}H\right)^{-1}H'R^{-1}HV \\
&= \left(V^{-1} + H'R^{-1}H\right)^{-1}\left[\left(V^{-1} + H'R^{-1}H\right)V - H'R^{-1}HV\right] \\
&= \left(V^{-1} + H'R^{-1}H\right)^{-1}
\end{aligned} \tag{A.16}$$

となる．□

定理 1. $A,\ B$ をそれぞれ $m \times n,\ n \times m$ 行列とすると，

$$|I_m - AB| = |I_n - BA| \tag{A.17}$$

が成り立つ．I_m, I_n は $m \times m, n \times n$ の単位行列である．

証明．　次の恒等式

$$\begin{pmatrix} I_m - AB & A \\ O_{n\times m} & I_n \end{pmatrix} \begin{pmatrix} I_m & O_{m\times n} \\ B & I_n \end{pmatrix} = \begin{pmatrix} I_m & O_{m\times n} \\ B & I_n \end{pmatrix} \begin{pmatrix} I_m & A \\ O_{n\times m} & I_n - BA \end{pmatrix} \tag{A.18}$$

の両辺の行列式をとると，

$$|I_m - AB|\,|I_n|\,|I_m|\,|I_n| = |I_m|\,|I_n|\,|I_m|\,|I_n - BA|$$

すなわち

$$|I_m - AB| = |I_n - BA| \tag{A.19}$$

を得る．　□

A.3　カルマンフィルタの導出に用いる積分計算

補題 2.　$\boldsymbol{\theta} \sim N\left(\bar{\boldsymbol{\theta}}, V\right)$, $\boldsymbol{x}|\boldsymbol{\theta} \sim N\left(F\boldsymbol{\theta}, R\right)$ ならば，$\boldsymbol{x} \sim N\left(F\bar{\boldsymbol{\theta}}, FVF' + R\right)$ が成り立つ．

証明．　仮定より，$\boldsymbol{\theta}, \boldsymbol{x}$ をそれぞれ m, l 次元ベクトルとすると，

$$p\left(\boldsymbol{\theta}\right) = \left(\frac{1}{\sqrt{2\pi}}\right)^m |V|^{-1/2} \exp\left[-\frac{1}{2}\left(\boldsymbol{\theta} - \bar{\boldsymbol{\theta}}\right)' V^{-1}\left(\boldsymbol{\theta} - \bar{\boldsymbol{\theta}}\right)\right] \tag{A.20}$$

$$p\left(\boldsymbol{x}|\boldsymbol{\theta}\right) = \left(\frac{1}{\sqrt{2\pi}}\right)^l |R|^{-1/2} \exp\left[-\frac{1}{2}\left(\boldsymbol{x} - F\boldsymbol{\theta}\right)' R^{-1}\left(\boldsymbol{x} - F\boldsymbol{\theta}\right)\right] \tag{A.21}$$

である．$\boldsymbol{x}$ の確率密度関数は

$$p\left(\boldsymbol{x}\right) = \int p\left(\boldsymbol{x}|\boldsymbol{\theta}\right) p\left(\boldsymbol{\theta}\right) d\boldsymbol{\theta} \tag{A.22}$$

と与えられるので，被積分関数に (A.20), (A.21) 式を代入すると，

$$p(\boldsymbol{x}|\boldsymbol{\theta})\,p(\boldsymbol{\theta}) = \left(\frac{1}{\sqrt{2\pi}}\right)^{l+m} |V|^{-1/2}\,|R|^{-1/2} \times \exp\left[-\frac{1}{2}\left(\boldsymbol{\theta}-\bar{\boldsymbol{\theta}}\right)' V^{-1}\left(\boldsymbol{\theta}-\bar{\boldsymbol{\theta}}\right) - \frac{1}{2}\left(\boldsymbol{x}-F\boldsymbol{\theta}\right)' R^{-1}\left(\boldsymbol{x}-F\boldsymbol{\theta}\right)\right] \tag{A.23}$$

となる．exp の引数を -2 倍したものを $\boldsymbol{\theta}$ について平方完成すると，

$$\begin{aligned}
&\left(\boldsymbol{\theta}-\bar{\boldsymbol{\theta}}\right)' V^{-1}\left(\boldsymbol{\theta}-\bar{\boldsymbol{\theta}}\right) + \left(\boldsymbol{x}-F\boldsymbol{\theta}\right)' R^{-1}\left(\boldsymbol{x}-F\boldsymbol{\theta}\right)\\
&= \boldsymbol{\theta}'\left(V^{-1}+F'R^{-1}F\right)\boldsymbol{\theta} - \boldsymbol{\theta}'\left(V^{-1}\bar{\boldsymbol{\theta}}+F'R^{-1}\boldsymbol{x}\right)\\
&\quad -\left(\bar{\boldsymbol{\theta}}'V^{-1}+\boldsymbol{x}'R^{-1}F\right)\boldsymbol{\theta} + \bar{\boldsymbol{\theta}}'V^{-1}\bar{\boldsymbol{\theta}} + \boldsymbol{x}'R^{-1}\boldsymbol{x}\\
&= \left(\boldsymbol{\theta}-\boldsymbol{\xi}\right)'\left(V^{-1}+F'R^{-1}F\right)\left(\boldsymbol{\theta}-\boldsymbol{\xi}\right) + \Delta
\end{aligned} \tag{A.24}$$

となる．ここで，$\boldsymbol{\theta}$ に依存しない変数として

$$\boldsymbol{\xi} \stackrel{\text{def}}{=} \left(V^{-1}+F'R^{-1}F\right)^{-1}\left(V^{-1}\bar{\boldsymbol{\theta}}+F'R^{-1}\boldsymbol{x}\right) \tag{A.25}$$

$$\Delta \stackrel{\text{def}}{=} -\boldsymbol{\xi}'\left(V^{-1}+F'R^{-1}F\right)\boldsymbol{\xi} + \bar{\boldsymbol{\theta}}'V^{-1}\bar{\boldsymbol{\theta}} + \boldsymbol{x}'R^{-1}\boldsymbol{x} \tag{A.26}$$

を導入した．(A.24) 式を (A.23) 式に代入すると，

$$\begin{aligned}
p(\boldsymbol{x}) &= \left(\frac{1}{\sqrt{2\pi}}\right)^{l+m} |V|^{-1/2}\,|R|^{-1/2} \exp\left(-\frac{1}{2}\Delta\right)\\
&\quad \times \int \exp\left[-\frac{1}{2}\left(\boldsymbol{\theta}-\boldsymbol{\xi}\right)'\left(V^{-1}+F'R^{-1}F\right)\left(\boldsymbol{\theta}-\boldsymbol{\xi}\right)\right] d\boldsymbol{\theta}\\
&= \left(\frac{1}{\sqrt{2\pi}}\right)^{l+m} |V|^{-1/2}\,|R|^{-1/2} \exp\left(-\frac{1}{2}\Delta\right)\\
&\quad \times \left(\sqrt{2\pi}\right)^{m} \left|V^{-1}+F'R^{-1}F\right|^{-1/2}
\end{aligned} \tag{A.27}$$

となる．2 番目の等号では，多変量ガウス分布の密度関数を変数に関して積分すると 1 となる性質を利用している．(A.25), (A.26) 式を用いて，Δ を $\boldsymbol{x}$ の関数として陽に表し，$\boldsymbol{x}$ について平方完成すると，

$$
\begin{aligned}
\Delta = & -\left(V^{-1}\bar{\boldsymbol{\theta}} + F'R^{-1}\boldsymbol{x}\right)'\left(V^{-1} + F'R^{-1}F\right)^{-1}\left(V^{-1}\bar{\boldsymbol{\theta}} + F'R^{-1}\boldsymbol{x}\right) \\
& + \bar{\boldsymbol{\theta}}'V^{-1}\bar{\boldsymbol{\theta}} + \boldsymbol{x}'R^{-1}\boldsymbol{x} \\
= & \ \boldsymbol{x}'\left[R^{-1} - R^{-1}F\left(V^{-1} + F'R^{-1}F\right)^{-1}F'R^{-1}\right]\boldsymbol{x} \\
& - \bar{\boldsymbol{\theta}}'V^{-1}\left(V^{-1} + F'R^{-1}F\right)^{-1}F'R^{-1}\boldsymbol{x} \\
& - \boldsymbol{x}'R^{-1}F\left(V^{-1} + F'R^{-1}F\right)^{-1}V^{-1}\bar{\boldsymbol{\theta}} \\
& + \bar{\boldsymbol{\theta}}'V^{-1}\bar{\boldsymbol{\theta}} - \bar{\boldsymbol{\theta}}'V^{-1}\left(V^{-1} + F'R^{-1}F\right)^{-1}V^{-1}\bar{\boldsymbol{\theta}} \\
= & \ \boldsymbol{x}'\left(R + FVF'\right)^{-1}\boldsymbol{x} \\
& - \bar{\boldsymbol{\theta}}'V^{-1}VF'\left(FVF' + R\right)^{-1}\boldsymbol{x} \\
& - \boldsymbol{x}'\left(FVF' + R\right)^{-1}FVV^{-1}\bar{\boldsymbol{\theta}} \\
& + \bar{\boldsymbol{\theta}}'V^{-1}\bar{\boldsymbol{\theta}} - \bar{\boldsymbol{\theta}}'V^{-1}\left[V - VF'\left(FVF' + R\right)^{-1}FV\right]V^{-1}\bar{\boldsymbol{\theta}} \\
= & \left(\boldsymbol{x} - F\bar{\boldsymbol{\theta}}\right)'\left(FVF' + R\right)^{-1}\left(\boldsymbol{x} - F\bar{\boldsymbol{\theta}}\right) \qquad \text{(A.28)}
\end{aligned}
$$

となる．3 番目の等号では，逆行列補題 (A.12), (A.13) 式を用いた．また，(A.27) 式に現れる行列式を整理すると，

$$
\begin{aligned}
|V|\,|R|\left|V^{-1} + F'R^{-1}F\right| &= |R|\left|I_m + VF'R^{-1}F\right| \qquad \text{(A.29)} \\
&= |R|\left|I_l + R^{-1}FVF'\right| \qquad \text{(A.30)} \\
&= |R + FVF'| \qquad \text{(A.31)}
\end{aligned}
$$

と書ける．I_m, I_l はそれぞれ $m \times m$, $l \times l$ の単位行列を表し，2 番目の等号では定理 1 (A.17) 式を用いた．(A.28), (A.31) 式を (A.27) 式に代入して，

$$
\begin{aligned}
p(\boldsymbol{x}) = & \left(\frac{1}{\sqrt{2\pi}}\right)^{l}|FVF' + R|^{-1/2} \\
& \times \exp\left[-\frac{1}{2}\left(\boldsymbol{x} - F\bar{\boldsymbol{\theta}}\right)'\left(FVF' + R\right)^{-1}\left(\boldsymbol{x} - F\bar{\boldsymbol{\theta}}\right)\right] \qquad \text{(A.32)}
\end{aligned}
$$

を得る．(A.32) 式は，$\boldsymbol{x} \sim N\left(F\bar{\boldsymbol{\theta}}, FVF' + R\right)$ であることを示す確率密度関数である．

□

補題 3.　$\boldsymbol{\theta} \sim N\left(\bar{\boldsymbol{\theta}}, V\right)$, $\boldsymbol{y}|\boldsymbol{\theta} \sim N\left(H\boldsymbol{\theta}, R\right)$, ならば，$\boldsymbol{\theta}|\boldsymbol{y} \sim N\left(\boldsymbol{\zeta}, U\right)$ が成り立つ．ただし，

$$\boldsymbol{\zeta} = \bar{\boldsymbol{\theta}} + VH'\left(HVH' + R\right)^{-1}\left(\boldsymbol{y} - H\bar{\boldsymbol{\theta}}\right) \tag{A.33}$$

$$U = V - VH'\left(HVH' + R\right)^{-1}HV \tag{A.34}$$

である．

証明.　仮定より，$\boldsymbol{\theta}, \boldsymbol{y}$ をそれぞれ m, l 次元ベクトルとすると，

$$p\left(\boldsymbol{\theta}\right) = \left(\frac{1}{\sqrt{2\pi}}\right)^{m}|V|^{-1/2}\exp\left[-\frac{1}{2}\left(\boldsymbol{\theta} - \bar{\boldsymbol{\theta}}\right)'V^{-1}\left(\boldsymbol{\theta} - \bar{\boldsymbol{\theta}}\right)\right] \tag{A.35}$$

$$p\left(\boldsymbol{y}|\boldsymbol{\theta}\right) = \left(\frac{1}{\sqrt{2\pi}}\right)^{l}|R|^{-1/2}\exp\left[-\frac{1}{2}\left(\boldsymbol{y} - H\boldsymbol{\theta}\right)'R^{-1}\left(\boldsymbol{y} - H\boldsymbol{\theta}\right)\right] \tag{A.36}$$

となる．$p\left(\boldsymbol{\theta}|\boldsymbol{y}\right)$ はベイズの定理から

$$p\left(\boldsymbol{\theta}|\boldsymbol{y}\right) = \frac{p\left(\boldsymbol{y}|\boldsymbol{\theta}\right)p\left(\boldsymbol{\theta}\right)}{\displaystyle\int p\left(\boldsymbol{y}|\boldsymbol{\theta}\right)p\left(\boldsymbol{\theta}\right)d\boldsymbol{\theta}} \tag{A.37}$$

と表される．(A.35), (A.36) 式を用いると，

$$\begin{aligned} p\left(\boldsymbol{y}|\boldsymbol{\theta}\right)p\left(\boldsymbol{\theta}\right) &= \left(\frac{1}{\sqrt{2\pi}}\right)^{l+m}|V|^{-1/2}|R|^{-1/2} \\ &\quad\times\exp\left[-\frac{1}{2}\left(\boldsymbol{\theta} - \bar{\boldsymbol{\theta}}\right)'V^{-1}\left(\boldsymbol{\theta} - \bar{\boldsymbol{\theta}}\right) - \frac{1}{2}\left(\boldsymbol{y} - H\boldsymbol{\theta}\right)'R^{-1}\left(\boldsymbol{y} - H\boldsymbol{\theta}\right)\right] \end{aligned} \tag{A.38}$$

となる．exp の引数を -2 倍したものを $\boldsymbol{\theta}$ について平方完成すると，

$$\begin{aligned} &\left(\boldsymbol{\theta} - \bar{\boldsymbol{\theta}}\right)'V^{-1}\left(\boldsymbol{\theta} - \bar{\boldsymbol{\theta}}\right) + \left(\boldsymbol{y} - H\boldsymbol{\theta}\right)'R^{-1}\left(\boldsymbol{y} - H\boldsymbol{\theta}\right) \\ &= \left(\boldsymbol{\theta} - \boldsymbol{\zeta}\right)'\left(V^{-1} + H'R^{-1}H\right)\left(\boldsymbol{\theta} - \boldsymbol{\zeta}\right) + \Delta \end{aligned} \tag{A.39}$$

となる．ここで，$\boldsymbol{\zeta}, \Delta$ は $\boldsymbol{\theta}$ には依存しない変数で，

$$\boldsymbol{\zeta} \stackrel{\text{def}}{=} \left(V^{-1} + H'R^{-1}H\right)^{-1}\left(V^{-1}\bar{\boldsymbol{\theta}} + H'R^{-1}\boldsymbol{y}\right) \tag{A.40}$$

$$\Delta \stackrel{\text{def}}{=} -\boldsymbol{\zeta}'\left(V^{-1} + H'R^{-1}H\right)\boldsymbol{\zeta} + \bar{\boldsymbol{\theta}}'V^{-1}\bar{\boldsymbol{\theta}} + \boldsymbol{y}'R^{-1}\boldsymbol{y} \tag{A.41}$$

と定義した．(A.39) 式を (A.37) 式に代入すると，

$$
\begin{aligned}
p(\boldsymbol{\theta}|\boldsymbol{y}) &= \frac{\exp\left[-\frac{1}{2}(\boldsymbol{\theta}-\boldsymbol{\zeta})'\left(V^{-1}+H'R^{-1}H\right)(\boldsymbol{\theta}-\boldsymbol{\zeta})-\frac{1}{2}\Delta\right]}{\int\exp\left[-\frac{1}{2}(\boldsymbol{\theta}-\boldsymbol{\zeta})'\left(V^{-1}+H'R^{-1}H\right)(\boldsymbol{\theta}-\boldsymbol{\zeta})-\frac{1}{2}\Delta\right]d\boldsymbol{\theta}} \\
&= \frac{\exp\left[-\frac{1}{2}(\boldsymbol{\theta}-\boldsymbol{\zeta})'\left(V^{-1}+H'R^{-1}H\right)(\boldsymbol{\theta}-\boldsymbol{\zeta})\right]}{\left(\sqrt{2\pi}\right)^m\left|\left(V^{-1}+H'R^{-1}H\right)^{-1}\right|^{1/2}} \\
&= \left(\frac{1}{\sqrt{2\pi}}\right)^m |U|^{-1/2}\exp\left[-\frac{1}{2}(\boldsymbol{\theta}-\boldsymbol{\zeta})'U^{-1}(\boldsymbol{\theta}-\boldsymbol{\zeta})\right] \qquad \text{(A.42)}
\end{aligned}
$$

となる．ただし，

$$
U \stackrel{\text{def}}{=} \left(V^{-1}+H'R^{-1}H\right)^{-1} \qquad \text{(A.43)}
$$

とおいている．(A.42) 式は，$\boldsymbol{\theta}|\boldsymbol{y}$ は平均が $\boldsymbol{\zeta}$，分散共分散行列が U のガウス分布に従うことを示している．(A.40), (A.43) 式で定義した $\boldsymbol{\zeta}, U$ は，逆行列補題 (A.12), (A.13) 式を用いると，以下のように表すことができる．

$$
\begin{aligned}
\boldsymbol{\zeta} &= \left(V^{-1}+H'R^{-1}H\right)^{-1}V^{-1}\bar{\boldsymbol{\theta}}+\left(V^{-1}+H'R^{-1}H\right)^{-1}H'R^{-1}\boldsymbol{y} \\
&= \left[V-VH'\left(HVH'+R\right)^{-1}HV\right]V^{-1}\bar{\boldsymbol{\theta}}+VH'\left(HVH'+R\right)^{-1}\boldsymbol{y} \\
&= \bar{\boldsymbol{\theta}}+VH'\left(HVH'+R\right)^{-1}\left(\boldsymbol{y}-H\bar{\boldsymbol{\theta}}\right) \qquad \text{(A.44)} \\
U &= V-VH'\left(HVH'+R\right)^{-1}HV \qquad \text{(A.45)}
\end{aligned}
$$

□

A.4 ガウス分布の周辺分布

定理 2. $\boldsymbol{x},\boldsymbol{y}$ の同時分布がガウス分布

$$
\begin{pmatrix}\boldsymbol{x}\\ \boldsymbol{y}\end{pmatrix} \sim N\left(\begin{pmatrix}\boldsymbol{\mu}_{\boldsymbol{x}}\\ \boldsymbol{\mu}_{\boldsymbol{y}}\end{pmatrix}, \begin{pmatrix}\Sigma_{\boldsymbol{xx}} & \Sigma_{\boldsymbol{xy}}\\ \Sigma_{\boldsymbol{yx}} & \Sigma_{\boldsymbol{yy}}\end{pmatrix}\right) \qquad \text{(A.46)}
$$

ならば，$\boldsymbol{x}$ の周辺分布もガウス分布であり，

$$\boldsymbol{x} \sim N(\boldsymbol{\mu}_{\boldsymbol{x}}, \Sigma_{\boldsymbol{xx}}) \tag{A.47}$$

である．

証明の方針． $\boldsymbol{x}$ の次元を k，$\boldsymbol{y}$ の次元を l とする．同時分布の密度関数

$$p(\boldsymbol{x}, \boldsymbol{y}) = \frac{1}{(2\pi)^{(k+l)/2}} \frac{1}{\left|\begin{pmatrix} \Sigma_{\boldsymbol{xx}} & \Sigma_{\boldsymbol{xy}} \\ \Sigma_{\boldsymbol{yx}} & \Sigma_{\boldsymbol{yy}} \end{pmatrix}\right|^{1/2}} \cdot \exp\left[-\frac{1}{2}\begin{pmatrix} \boldsymbol{x}' - \boldsymbol{\mu}'_{\boldsymbol{x}} & \boldsymbol{y}' - \boldsymbol{\mu}'_{\boldsymbol{y}} \end{pmatrix} \begin{pmatrix} \Sigma_{\boldsymbol{xx}} & \Sigma_{\boldsymbol{xy}} \\ \Sigma_{\boldsymbol{yx}} & \Sigma_{\boldsymbol{yy}} \end{pmatrix}^{-1} \begin{pmatrix} \boldsymbol{x} - \boldsymbol{\mu}_{\boldsymbol{x}} \\ \boldsymbol{y} - \boldsymbol{\mu}_{\boldsymbol{y}} \end{pmatrix}\right] \tag{A.48}$$

に対して，分割された行列の行列式，逆行列の公式

$$\left|\begin{pmatrix} \Sigma_{\boldsymbol{xx}} & \Sigma_{\boldsymbol{xy}} \\ \Sigma_{\boldsymbol{yx}} & \Sigma_{\boldsymbol{yy}} \end{pmatrix}\right| = |\Sigma_{\boldsymbol{xx}}| \left|\Sigma_{\boldsymbol{yy}} - \Sigma_{\boldsymbol{yx}}\Sigma_{\boldsymbol{xx}}^{-1}\Sigma_{\boldsymbol{xy}}\right| \tag{A.49}$$

$$\begin{pmatrix} \Sigma_{\boldsymbol{xx}} & \Sigma_{\boldsymbol{xy}} \\ \Sigma_{\boldsymbol{yx}} & \Sigma_{\boldsymbol{yy}} \end{pmatrix}^{-1} = \begin{pmatrix} \Sigma_{\boldsymbol{xx}}^{-1} + \Sigma_{\boldsymbol{xx}}^{-1}\Sigma_{\boldsymbol{xy}}D^{-1}\Sigma_{\boldsymbol{yx}}\Sigma_{\boldsymbol{xx}}^{-1} & -\Sigma_{\boldsymbol{xx}}^{-1}\Sigma_{\boldsymbol{xy}}D^{-1} \\ -D^{-1}\Sigma_{\boldsymbol{yx}}\Sigma_{\boldsymbol{xx}}^{-1} & D^{-1} \end{pmatrix} \tag{A.50}$$

$$D = \Sigma_{\boldsymbol{yy}} - \Sigma_{\boldsymbol{yx}}\Sigma_{\boldsymbol{xx}}^{-1}\Sigma_{\boldsymbol{xy}} \tag{A.51}$$

を用いて，周辺分布

$$p(\boldsymbol{x}) = \int p(\boldsymbol{x}, \boldsymbol{y})\, d\boldsymbol{y} \tag{A.52}$$

を計算する．

A.5 乱 数 生 成

実際に EnKF や PF を実行するには，ある確率分布に従うアンサンブルを自由に構成できなければならない．計算機でそのようなアンサンブルメンバーを生成するには，擬似乱数を用いる．擬似乱数は，できるだけ乱数としての性質がよ

くなるように設計された漸化式に基づいて生成され，出力は通常，整数かまたは $(0,1)$ 区間の一様分布からの乱数のいずれかとなる．以下では，$(0,1)$ 区間の一様分布からの乱数 $u^{(i)}$ が適宜発生可能であるとして，いかにして任意の分布からのサンプルを発生させるかについて説明する．

まず，確率変数 x がある確率密度関数 $p(x)$ に従うとする．このとき，確率分布関数 $\Phi(x)$ は次のように定義される：

$$\Phi(x) = \int_{-\infty}^{x} p(s)ds \tag{A.53}$$

$$\Phi(-\infty) = 0,\ \Phi(+\infty) = 1 \tag{A.54}$$

ここで重要なのは，$\Phi(x)$ が増加関数でその値域が $[0,1]$ であることである．もし $\Phi(x)$ の逆関数 $\Phi^{-1}(x)$ がわかれば

$$x = \Phi^{-1}\left(u^{(i)}\right) \tag{A.55}$$

を計算することにより，一様乱数のアンサンブル $\{u^{(i)}\}_{i=1}^{N}$ から任意の分布に従う乱数が生成可能となる．

ここでは一般の場合についての議論は避けて，ガウス分布 $N(0,1)$ に従う乱数（標準正規乱数）の発生法と，それをもとにした多変量ガウス分布 $N(\boldsymbol{\mu},\Sigma)$ に従う乱数発生について説明する．

1 次元標準正規乱数を構成する場合は，ボックス–ミュラー法が用いられる．これは，$u_1, u_2 \sim U(0,1)$ という 2 個の乱数を用いて，

$$v_1 = \sqrt{-2\ln u_1}\cos(2\pi u_2)$$
$$v_2 = \sqrt{-2\ln u_1}\sin(2\pi u_2)$$

を計算することで，ガウス分布 $N(0,1)$ に従う独立なサンプルを 2 個生成するものである．N 個の標準正規乱数を生成するには，この手続きを $N/2$ 回行えばよい．

次に，ボックス–ミュラー法により $N(0,1)$ に従う乱数が l 個 $(\{v_i\}_{i=1}^{l})$ 生成済みであったとする．多次元ガウス分布 $N(\boldsymbol{\mu},\Sigma)$ に従う l 次元乱数を 1 つ作成するには，以下の手順を行う：

- $\boldsymbol{v} = (v_1\ v_2\ \cdots\ v_l)'$ で $\boldsymbol{v}$ を定義する．
- $\Sigma = LL'$ とコレスキー分解[73)] を行う．

- $\boldsymbol{x} = \boldsymbol{\mu} + L\boldsymbol{v}$ を計算する．

　$\boldsymbol{x}$ が求める $N(\boldsymbol{\mu}, \Sigma)$ に従う乱数である．

ここで，固有値分解 $\Sigma = U\Lambda U'$ より得られる $U\Lambda^{1/2}$ を L のかわりに用いてもよい (8.5.2 項参照)．

A.6　逐次重点サンプリング (SIS)

6 章で述べた粒子フィルタは，確率分布の形状を素直に粒子で近似するという単純な発想に基づいたアルゴリズムであるが，そのせいか粒子フィルタにはさまざまな亜種が存在する．ここでは，その中でも粒子フィルタの仕組みを理解するのに有益であると思われ，かつ応用もしやすい逐次重点サンプリングと呼ばれるアルゴリズムを紹介しておく．

(6.5) 式は，フィルタ分布 $p(\boldsymbol{x}_t|\boldsymbol{y}_{1:t})$ が予測アンサンブル $\{\boldsymbol{x}_{t|t-1}^{(i)}\}_{i=1}^{N}$ の各粒子に (6.6) 式で得られる重み $\beta_t^{(i)}$ をつけたもので近似できるということを示している．通常の粒子フィルタでは，リサンプリングによって (6.8) 式のような近似を行うが，(6.5) 式のような重み付きのアンサンブル近似を使うと，形式上はリサンプリングを行わなくても時間 1 から T までの予測分布 $p(\boldsymbol{x}_t|\boldsymbol{y}_{1:t-1})$，フィルタ分布 $p(\boldsymbol{x}_t|\boldsymbol{y}_{1:t})$ を以下のように得ることができる．

まず，時間 $t-1$ のフィルタ分布が

$$p(\boldsymbol{x}_{t-1}|\boldsymbol{y}_{1:t-1}) \doteq \sum_{i=1}^{N} \gamma_{t-1}^{(i)}\, \delta\left(\boldsymbol{x}_{t-1} - \boldsymbol{x}_{t-1}^{(i)}\right) \tag{A.56}$$

とアンサンブル近似されていたとする．ただし，重み $\gamma_{t-1}^{(i)}$ は $\sum_i \gamma_{t-1}^{(i)} = 1$ となるように設定されているものとする．予測分布 $p(\boldsymbol{x}_t|\boldsymbol{y}_{1:t-1})$ については，5.4.1 項と同様にすれば，

$$p(\boldsymbol{x}_t|\boldsymbol{y}_{1:t-1}) \doteq \sum_{i=1}^{N} \gamma_{t-1}^{(i)}\, \delta\left(\boldsymbol{x}_t - \boldsymbol{x}_t^{(i)}\right) \tag{A.57}$$

と近似できる．この式において，$\boldsymbol{x}_t^{(i)}$ は $\boldsymbol{x}_t^{(i)} = \boldsymbol{f}_t(\boldsymbol{x}_{t-1}^{(i)}, \boldsymbol{v}_t^{(i)})$ によって得られる．ただし，5.4.1 項で出てきた (5.20) 式の近似のかわりに

$$p(\boldsymbol{x}_{t-1}, \boldsymbol{v}_t|\boldsymbol{y}_{1:t-1}) \doteq \sum_{i=1}^{N} \gamma_{t-1}^{(i)}\, \delta\left(\begin{pmatrix}\boldsymbol{x}_{t-1}\\ \boldsymbol{v}_t\end{pmatrix} - \begin{pmatrix}\boldsymbol{x}_{t-1}^{(i)}\\ \boldsymbol{v}_t^{(i)}\end{pmatrix}\right) \tag{A.58}$$

とおく必要がある．さて，(A.57) 式をもとにフィルタ分布の近似を得るには，式 (6.5) の導出と同様にすればよく，

$$p(\boldsymbol{x}_t|\boldsymbol{y}_{1:t}) \doteq \sum_{i=1}^{N} \gamma_t^{(i)}\,\delta\left(\boldsymbol{x}_t - \boldsymbol{x}_t^{(i)}\right) \tag{A.59}$$

となる．ただし，重み $\gamma_t^{(i)}$ は

$$\gamma_t^{(i)} = \frac{\gamma_{t-1}^{(i)}\,p(\boldsymbol{y}_t|\boldsymbol{x}_t^{(i)})}{\sum_j \gamma_{t-1}^{(j)}\,p(\boldsymbol{y}_t|\boldsymbol{x}_t^{(j)})} \tag{A.60}$$

という形になる．したがって，観測が得られるごとに重みを更新していけば各時間ステップのフィルタ分布を得ることができるということになる．このようなアルゴリズムは，逐次重点サンプリング(sequential importance sampling; SIS) と呼ばれる．

SIS では，リサンプリングをしないので，通常の粒子フィルタよりもさらに実装がしやすい．ただし，SIS では，何度かフィルタの操作を繰り返していくうちにごく一部の粒子を除いたほとんどの粒子の重みが 0 に近い無視できる値になってしまうという問題がよく起こる．こうなると，実質的にごく少数の粒子で確率分布を近似したのと同じことになるため，分布の形状を正しく表現できず，推定の精度が著しく悪化することになる．これも退化と呼ばれる．

実際のところ，6.3 節でも述べたように，リサンプリングを行ったとしても，ごく少数の粒子からの複製だけが残ってしまい，結果として分布の形状をうまく表現できなくなってしまうということがしばしば起こる (この現象もやはり退化と呼ばれる)．しかし，リサンプリングを行った場合と比べるとリサンプリングを行わない SIS の方が退化の問題は深刻である．例えば，時刻 $t-1$ における重み $\{\gamma_{t-1}^{(i)}\}$ のうち，実質的にある 1 個の粒子の重み $\gamma_{t-1}^{(1)}$ のみが 1 に近い値をとり，残りの粒子の重みはほぼ 0，すなわち

$$\begin{cases} \gamma_{t-1}^{(1)} \simeq 1 \\ \gamma_{t-1}^{(i)} \simeq 0 \quad (i \neq 1) \end{cases} \tag{A.61}$$

という極端な状況が起こったとしよう．SIS の一期先予測の式 (A.57) の導出の過程で，$p(\boldsymbol{x}_{t-1}, \boldsymbol{v}_t|\boldsymbol{y}_{1:t-1})$ を (A.58) 式のようにおいたが，これは，時刻 $t-1$

のフィルタ分布 $p(\boldsymbol{x}_{t-1}|\boldsymbol{y}_{1:t-1})$ を $p(\boldsymbol{x}_{t-1}|\boldsymbol{y}_{1:t-1})$ からのサンプル $\{\boldsymbol{x}_{t-1}^{(i)}\}$ と重み $\{\gamma_{t-1}^{(i)}\}$ とで表現するとともに，システムノイズの分布 $p(\boldsymbol{v}_t)$ を $p(\boldsymbol{v}_t)$ からのサンプル $\{\boldsymbol{v}_t^{(i)}\}$ と重み $\{\gamma_{t-1}^{(i)}\}$ とで表現した形になっている．(A.61) 式のような状況においては，フィルタ分布 $p(\boldsymbol{x}_{t-1}|\boldsymbol{y}_{1:t-1})$ は実質的にたった 1 個の粒子 $\boldsymbol{x}_{t-1}^{(1)}$ のみで表現されることになり，さらに，システムノイズの分布 $p(\boldsymbol{v}_t)$ も実質的に $p(\boldsymbol{v}_t)$ からの 1 個のサンプル $\boldsymbol{v}_t^{(1)}$ のみで表現されることになる．したがって，予測分布 $p(\boldsymbol{x}_t|\boldsymbol{y}_{1:t-1})$ の近似に寄与するのも 1 個の粒子 $\boldsymbol{x}_t^{(1)}$ のみということになる．これは，予測分布 $p(\boldsymbol{x}_t|\boldsymbol{y}_{1:t-1})$ を単一のデルタ関数で近似したのと同じである．予測分布 $p(\boldsymbol{x}_t|\boldsymbol{y}_{1:t-1})$ がデルタ関数であるとすると，観測 $\boldsymbol{y}_t$ が与えられてもフィルタ分布に観測の情報は反映されないことになり，明らかに適切な状態推定ができない．一方，リサンプリングを行うと，ある特定の粒子の重み $\beta_{t-1}^{(1)}$ が他と比べて著しく大きかったとしても，そこには多数の粒子 (の複製) が配置されるため，少なくともシステムノイズの分布については十分な数の粒子で表現される．したがって，予測分布には少なくともシステムノイズによって分布が広がる効果が反映されることになり，幾分かはまともな状態推定ができるといえる．

実際には，ある 1 個の粒子を除くすべての粒子の重みがほぼ 0 という極端な状況はまれにしか起こらないが，それでも，重みが 0 に近い値となる粒子が多い場合には，リサンプリングを行わないと適切な推定ができなくなることが多い．したがって，大抵の場合はリサンプリングを行った方がよい．ただし，SIS は (6.7) 式の近似を使わないので，システムノイズがきわめて小さい場合や各粒子の尤度 $p(\boldsymbol{y}_t|\boldsymbol{x}_t^{(i)})$ にあまり違いが出ない場合には，リサンプリングを行うよりも分布の近似精度がよくなる場合がある．特に，扱う対象によっては，システムノイズを少しでも加えると物理的な整合性が崩れてしまうため，システムノイズを 0 に設定しなくてはならないことがあるが，このような場合には，リサンプリングを行うよりも SIS のアルゴリズムを使った方がよいだろう．

B

表　記　法

B.1　本書で使う主な表記

	記号	次元
状態ベクトル	$\boldsymbol{x}_t$	k
システムノイズ	$\boldsymbol{v}_t$	m
観測ベクトル	$\boldsymbol{y}_t$	l
観測ノイズ	$\boldsymbol{w}_t$	l
状態遷移関数	$\boldsymbol{f}_t$	k
観測関数	$\boldsymbol{h}_t$	l
状態遷移行列	F_t	$k \times k$
駆動行列	G_t	$k \times m$
観測行列	H_t	$l \times k$
状態ベクトルの分散共分散行列	V_t	$k \times k$
システムノイズの分散共分散行列	Q_t	$m \times m$
観測ノイズの分散共分散行列	R_t	$l \times l$
カルマンゲイン	K_t	$k \times l$

B. 2　他書との対応表

	Evensen 2003[12]	Kalnay 2003[23]	Lewis et al. 2006[33]	露木・川畑 2008[68]	淡路ら 2009[61]	本書
状態ベクトル	ψ^t	$\mathbf{x}^t(t_i)$	$\mathbf{x}_k$	$\mathbf{x}_i^t$	$\mathbf{x}_t^{\mathrm{true}}$	$\boldsymbol{x}_t$
—の次元	n	—	n	N	n	k
観測ベクトル	$\boldsymbol{d}$	$\mathbf{y}_i^o$	$\mathbf{z}_k$	$\mathbf{y}_i^o$	$\mathbf{y}_t$	$\boldsymbol{y}_t$
—の次元	m	—	m	p	m	l
予測分布の平均ベクトル	ψ^f	$\mathbf{x}^f(t_i)$	$\mathbf{x}_k^{\mathrm{f}}$	$\mathbf{x}_i^f$	$\mathbf{x}_t^f$	$\boldsymbol{x}_{t\mid t-1}$
予測分布の分散共分散行列	$\boldsymbol{P}^f$	$\mathbf{P}^f(t_i)$	$\mathbf{P}_k^{\mathrm{f}}$	$\mathbf{P}_i^f$	$\mathbf{P}_t^f$	$V_{t\mid t-1}$
フィルタ分布の平均ベクトル	ψ^a	$\mathbf{x}^a(t_i)$	$\hat{\mathbf{x}}_k$	$\mathbf{x}_i^a$	$\mathbf{x}_t^a$	$\boldsymbol{x}_{t\mid t}$
フィルタ分布の分散共分散行列	$\boldsymbol{P}^a$	$\mathbf{P}^a(t_i)$	$\hat{\mathbf{P}}_k$	$\mathbf{P}_i^a$	$\mathbf{P}_t^a$	$V_{t\mid t}$
粒子数	N	K	N	m	L	N
予測分布の近似粒子	ψ_j^f	$\mathbf{x}_k^f(t_i)$	$\xi_k^{\mathrm{f}}(i)$	$\mathbf{x}_i^{f(k)}$	$\mathbf{x}_t^{f(l)}$	$\boldsymbol{x}_{t\mid t-1}^{(i)}$
—のサンプル平均	$\overline{\psi^f}$	$\overline{\mathbf{x}}^f(t_i)$	$\mathbf{x}_k^{\mathrm{f}}(N)$	$\bar{\mathbf{x}}_i^f$	$\overline{\mathbf{x}}_t^f$	$\hat{\boldsymbol{x}}_{t\mid t-1}$
—のアンサンブル	$\boldsymbol{A}$	—	—	—	—	$X_{t\mid t-1}$
—の擾乱アンサンブル	$\boldsymbol{A}'$	—	—	$\delta\mathbf{X}_i^f$	—	$\check{X}_{t\mid t-1}$
—のサンプル分散共分散行列	$\boldsymbol{P}_e^f$	—	$\mathbf{P}_k^{\mathrm{f}}(N)$	—	$\overline{\mathbf{P}}_t^f$	$\hat{V}_{t\mid t-1}$
フィルタ分布の近似粒子	ψ_j^a	$\mathbf{x}_k^a(t_i)$	$\hat{\xi}_k(i)$	$\mathbf{x}_i^{a(k)}$	$\mathbf{x}_t^{a(l)}$	$\boldsymbol{x}_{t\mid t}^{(i)}$
—のサンプル平均	$\overline{\psi^a}$	$\overline{\mathbf{x}}^a(t_i)$	$\hat{\mathbf{x}}_k(N)$	$\bar{\mathbf{x}}_i^a$	$\overline{\mathbf{x}}_t^a$	$\hat{\boldsymbol{x}}_{t\mid t}$
—のアンサンブル	$\boldsymbol{A}^a$	—	—	—	—	$X_{t\mid t}$
—のサンプル分散共分散行列	$\boldsymbol{P}_e^a$	—	$\hat{\mathbf{P}}_k(N)$	—	$\overline{\mathbf{P}}_t^a$	$\hat{V}_{t\mid t}$
システムノイズ	$d\boldsymbol{q}$	$\eta(t_i)$	$\mathbf{w}_t$	η	$\mathbf{q}_t$	$\boldsymbol{v}_t$
観測ノイズ	$\boldsymbol{\epsilon}$	ε_i^o	$\mathbf{v}_k$	ε_i^o	$\mathbf{r}_t$	$\boldsymbol{w}_t$
観測ノイズのアンサンブル	Υ	—	—	—	—	W_t
—のサンプル分散共分散行列	$\boldsymbol{R}_e$	—	$\mathbf{R}_k(N)$	—	$\overline{\mathbf{R}}_t$	$\hat{R}_t$
カルマンゲイン	$\boldsymbol{K}$	$\mathbf{K}_i$	$\mathbf{K}_k$	$\mathbf{K}_i$	$\mathbf{K}_t$	K_t
—のサンプル推定値	$\boldsymbol{K}^e$	—	$\mathbf{K}$	$\mathbf{K}_i$	$\overline{\mathbf{K}}_t$	$\hat{K}_t$

あとがき

本書では内容がなるべく自己完結するように1章と付録で必要とされる数学の解説を行ったが，それでも相当不十分と思われる．確率統計に関してさらに詳しい説明を欲する読者は，ベイズ統計の視点で一貫した記述がなされている下記の書籍がすすめられる．

『パターン認識と機械学習－ベイズ理論による統計的予測 (上)』，C. M. ビショップ (著)，元田　浩・栗田多喜夫・樋口知之・松本裕治・村田　昇 (監訳)，シュプリンガー・ジャパン，2007.

行列に関する数値計算法，具体的にはコレスキー分解や固有値分解は初学者には理解が困難 (面倒) と思われるが，スペースの関係で言葉の引用のみにとどまったので，下記の教科書などで基礎概念を習得していただきたい．

『線形代数汎論 (基礎数理講座 3)』，伊理正夫，朝倉書店，2009.

『統計のための行列代数 (上，下)』，D. A. ハーヴィル (著)，伊理正夫 (監訳)，シュプリンガー・ジャパン，2007.

数値計算の知識に関しては，差分法やルンゲ–クッタ法などの常微分方程式や偏微分方程式の数値解法についても十分な説明を加えることができなかった．実際にデータ同化を行う際に既存のシミュレーションコード (プログラム) やアプリケーションを利用する場合は，これらの数値解法に深く通じる必要はないが，システムモデルの設定法がカギとなることも多いので，下記の教科書などで少なくとも差分法については理解しておくことをすすめる．

『偏微分方程式の差分解法 (東京大学基礎工学双書)』，高見穎郎・河村哲也，東京大学出版会，1994.

『偏微分方程式の数値シミュレーション』，登坂宣好・大西和栄，東京大学出版会，2003.

本書でのカルマンフィルタの導出法は，あえて他書でよくみられる流儀を採用しなかった．その理由は，データ同化の諸技法の多くがベイズ統計の枠組みで統一的に理解できることを示すためである．通常の導出法を学習することによりベイズ統計の理解がより増すため以下の書籍にてカルマンフィルタをぜひ復習していただきたい．

『新版 応用カルマンフィルタ』，片山　徹，朝倉書店，2000.

『時系列解析入門』，北川源四郎，岩波書店，2005.

逐次ベイズフィルタについては，上述の『時系列解析入門』が教科書として定番である．特に粒子フィルタを初学者向けにやさしく解説した書籍としては，本書の著者の一人が執筆した以下の本が適当である．

『予測にいかす統計モデリングの基本』，樋口知之，講談社，2011.

データ同化の一般的概念の補助的な理解については下記の啓発本を参考にされたい．

『統計数理は隠された未来をあらわにする：ベイジアンモデリングによる実世界イノベーション』，樋口知之 (監修・著)，東京電機大学出版局，2007.

上述の『予測にいかす統計モデリングの基本』の応用編にもデータ同化の実例が示されている．

データ同化の教科書たる書籍としては，和書は下記のものが唯一である．執筆者は気象・海洋の研究者が中心であるため，データ同化の応用対象としては主に気象・海洋を念頭においている特徴がある．

『データ同化』，淡路敏之・蒲地政文・池田元美・石川洋一 (編)，京都大学学術出版会，2009.

入手がやや難しいが下記の特集号 (総 277 ページ) は，気象データ同化に携わる実務者の視点から記載されており，具体的問題をかかえた読者には必携である．

『気象学におけるデータ同化』，露木　義・川畑拓矢 (編)，気象研究ノート，第 217 号，気象協会，2008.

洋書の教科書は多数あるが，本書との関連からは

“*Data Assimilation: The Ensemble Kalman Filter*”, Geir Evensen, Springer-Verlag, 2009.

“*Dynamic Data Assimilation: A Least Squares Approach* (*Encyclopedia of Mathematics and its Applications*)”, John M. Lewis, S. Lakshmivarahan, and Sudarshan Dhall, Cambridge University Press, 2006.

がすすめられる．“*Dynamic Data Assimilation*” は，カルマンフィルタ，アンサンブルカルマンフィルタはもちろん，本書で取り扱わなかった 4 次元変分法の記載も充実している．

本書についての最新情報は次の Web ページを参照のこと．

データ同化研究開発センター http://daweb.ism.ac.jp/datext/

文　　献

1) U. Alon. *An Introduction to Systems Biology.* Chapman and Hall, 2006.
2) J. L. Anderson and S. L. Anderson. A Monte Carlo implementation of the nonlinear filtering problem to produce ensemble assimilations and forecasts. *Monthly Weather Review*, Vol. 127, No. 462, p. 2741, 1999.
3) A. Arakawa and V. Lamb. Computational design of the basic dynamical processes in the ucla general circulation model. In J. Chang, ed., *General Circulation Models of the Atmosphere*, Vol. 17, pp. 174–264. Academic Press, 1977.
4) C. F. Barnett, H. T. Hunter, M. I. Fitzpatrick, I. Alvarez, C. Cisneros, and R. A. Phaneuf. *Collisions of H, H2, He and Li atoms and ions with atoms and molecules, Atomic Data for Fusion, Vol. 1, Report ORNL-6086/V1.* Oak Ridge National Laboratory, Oak Ridge, Tennessee, 1990.
5) M. Bolic, P.M. Djuric, and S. Hong. Resampling algorithms for particle filters: A computational complexity perspective. *Journal on Applied Signal Processing*, Vol. 55, pp. 2267–2277, 2004.
6) M. Bolic, P.M. Djuric, and S. Hong. Resampling algorithms and architectures for distributed particle filters. *IEEE Transactions on Signal Processing*, Vol. 5, pp. 2442–2450, 2005.
7) K. C. Chen, L. Calzone, A. Csikasz-Nagy, F. R. Cross, B. Novak, and J. J. Tyson. Integrative analysis of cell cycle control in budding yeast. *Molecular Biology of Cell*, Vol. 15, pp. 3841–3862, 2004.
8) B. H. Choi and S. J. Hong. Simulation of prognostic tsunamis on the Korean coast. *Geophysical Research Letters*, Vol. 28, pp. 2013–2016, 2001.
9) A. Doi, S. Fujita, H. Matsuno, M. Nagasaki, and S. Miyano. Constructing biological pathway models with hybrid functional Petri nets. *In Silico Biology*, Vol. 4, pp. 271–291, 2004.
10) A. Doi, M. Nagasaki, H. Matsuno, and S. Miyano. Simulation-based validation of the p53 transcriptional activity with hybrid functional Petri net. *In Silico Biology*, Vol. 6, pp. 1–13, 2006.
11) G. Evensen. Sequential data assimilation with a nonlinear quasi-geostrophic model using Monte Carlo methods to forecast error statistics. *Journal of Geophysical Research*, Vol. 99(C5), pp. 10143–10162, 1994.
12) G. Evensen. The ensemble Kalman filter: Theoretical formulation and practical implementation. *Ocean Dynamics*, Vol. 53, pp. 343–367, 2003.
13) M.-C. Fok and T. E. Moore. Ring current modeling in a realistic magnetic field

configuration. *Geophysical Research Lettes*, Vol. 24, p. 1775, 1997.

14) N. J. Gordon, D. J. Salmond, and A. F. M. Smith. Novel approach to nonlinear/non-Gaussian Bayesian state estimation. *Radar and Signal Processing, IEE Proceedings F*, Vol. 140, No. 2, pp. 107–113, 1993.

15) P. J. E. Goss and J. Peccoud. Analysis of the stabilizing effect of Romon the genetic network controlling ColE1 plasmid replication. *Pacific Symposium on Biocomputing*, pp. 65–76, 1999.

16) T. Higuchi. Monte carlo filter using the genetic algorithm operators. *Journal of Statistical Computation and Simulation*, Vol. 59, No. 1, pp. 1–23, 1997.

17) N. Hirose. Least-squares estimation of bottom topography using horizontalvelocity measurements in the Tsushima/Korea straits. *Journal of Oceanography*, Vol. 61, pp. 789–794, 2005.

18) O. Hirose, R. Yoshida, S. Imoto, R. Yamaguchi, T. Higuchi, D. S. Charnock-Jones, C. Print, and S. Miyano. Statistical inference of transcriptional module-based gene networks from time course gene expression profiles by using state space models. *Bioinformatics*, Vol. 24, pp. 932–942, 2008.

19) R. R. Hodges. Monte Carlo simulation of the terrestrial hydrogen exosphere. *Journal of Geophysical Research*, Vol. 99, p. 23229, 1994.

20) M. Hürzeler and H. R. Künsch. Monte Carlo approximations for general state space models. *Journal of Computational and Graphycal Statistics*, Vol. 7, pp. 175–193, 1998.

21) X. Jin, L. P. Shearman, D. R. Weaver, M. J. Zylka, G. J. de Vries, and S. M. Reppert. A molecular mechanism regulating rhythmic output from the suprachiasmatic circadian clock. *Cell*, Vol. 96, pp. 57–68, 1999.

22) K. Kajiura. Some statistics related to observed tsunami heights along the coast of japan. In *Tsunami: Their Science and Engineering*, pp. 131–145. Terra Scientific Publication, 1983.

23) E. Kalnay. *Atmospheric Modeling, Data Assimilation and Predictability.* Cambridge University Press, Cambridge, 2003.

24) S. Kikuchi, D. Tominaga, M. Arita, K. Takahashi, and M. Tomita. Dynamic modeling of genetic networks using genetic algorithm and S-system. *Bioinformatics*, Vol. 19, pp. 643–650, 2003.

25) S. Kimura, K. Ide, A. Kashihara, M. Kano, M. Hatakeyama, R. Masui, N. Nakagawa, S. Yokoyama, S. Kuramitsu, and A. Konagaya. Inference of S-system models of genetic networks using a cooperative coevolutionary algorithm. *Bioinformatics*, Vol. 21, pp. 1154–1163, 2004.

26) G. Kitagawa. A self-organizing state-space model. *Journal of the American Statistical Association*, Vol. 93, pp. 1203–1215, 1998.

27) G. Kitagawa and W. Gersch. *Smoothness Priors Analysis of Time Series*, p. 261. Lecture Notes in Statistics. Springer-Verlag, New York, 1996.

28) G. Kitagawa. Monte Carlo filter and smoother for non-Gaussian nonlinear state space models. *Journal of Computational and Graphical Statistics*, Vol. 5, No. 1, pp. 1–25, 1996.

29) H. Kitano. Systems biology: A brief overview. *Science*, Vol. 295, pp. 1662–1664,

2002a.

30) H. Kitano. Computational systems biology. *Science*, Vol. 420, pp. 206–210, 2002b.

31) J. H. Kotecha and P. M. Djurić. Gaussian particle filtering. *IEEE Transactions on Signal Processing*, Vol. 51, pp. 2592–2601, 2003.

32) G. Le, C. T. Russell, and K. Takahashi. Morphology of the ring current derived from magnetic field observations. *Annales Geophysicae*, Vol. 22, p. 1267, 2004.

33) J. M. Lewis, S. Lakshmivarahan, and S. K. Dhall. *Dynamic Data Assimilation: A Least Squares Approach.* Cambridge University Press, Cambridge, 2006.

34) J. S. Liu. *Monte Carlo Strategies in Scientific Computing.* Springer-Verlag, New York, 2001.

35) E. N. Lorenz. Deterministic nonperiodic flow. *Journal of the Atmospheric Sciences*, Vol. 20, pp. 130–141, 1963.

36) L. Manshinha and D. Smylie. The displacement field of inclined faults. *Bulletin of the Seismological Society of America*, Vol. 61, No. 5, pp. 1433–1440, 1971.

37) H. Matsuno, A. Doi, M. Nagasaki, and S. Miyano. Hybrid Petri net representation of gene regulatory network. *Pacific Symposium on Biocomputing*, pp. 341–352, 2000.

38) H. Matsuno, S. T. Inouye, Y. Okitsu, Y. Fujii, and S. Miyano. A new regulatory interactions suggested by simulations for circadian genetic control mechanism in mammals. *Journal of Bioinformatics and Computational Biology*, Vol. 4, pp. 139–153, 2006.

39) C. Musso, N. Oudjane, and F. Le Gland. Improving regularized particle filters. In A. Doucet, N. de Freitas, and N. Gordon, eds., *Sequential Monte Carlo Methods in Practice*, chapter 12, pp. 247–271. Springer-Verlag, New York, 2001.

40) I. Nachman, A. Regev, and N. Friedman. Inferring quantitative models of regulatory networks from expression data. *Bioinformatics*, Vol. 20, pp. i248–i256, 2004.

41) M. Nagasaki, A. Doi, H. Matsuno, and S. Miyano. Genomic Object Net: A platform for modelling and simulating biopathways. *Applied Bioinformatics*, Vol. 2, pp. 181–184, 2003.

42) M. Nagasaki, A. Doi, H. Matsuno, and S. Miyano. A versatile Petri net based architecture for modeling and simulation of complex biological processes. *Genome Informatics*, Vol. 15, pp. 180–197, 2004.

43) M. Nagasaki, R. Yamaguchi, R. Yoshida, S. Imoto, A. Doi, Y. Tamada, H. Matsuno, S. Miyano, and T. Higuchi. Genomic data assimilation for estimating hybrid functional Petri net from time-course gene expression data. *Genome Informatics*, Vol. 17, pp. 46–61, 2006.

44) K. Nakamura, T. Higuchi, and N. Hirose. Sequential data assimilation: Information fusion of a numerical simulation and large scale observation data. *Journal of Universal Computer Science*, Vol. 12, pp. 608–626, 2006.

45) K. Nakamura, R. Yoshida, M. Nagasaki, S. Miyano, and T. Higuchi. Parameter estimation of *in silico* biological pathways with particle filtering towards peta-scale computing. *Pacific Symposium on Biocomputing*, pp. 227–238, 2009.

46) S. Nakano, G. Ueno, and T. Higuchi. Merging particle filter for sequential data assimilation. *Nonlinear Processes in Geophysics*, Vol. 14, pp. 395–408, 2007.

47) H. E. Rauch, F. Tung, and C. T. Striebel. Maximum likelihood estimates of linear

dynamic systems. *AIAA Journal*, Vol. 3, No. 8, pp. 1445–1450, 1965.

48) S. Rogers, R. Khanin, and M. Girolami. Bayesian model-based inference of transcription factor activity. *BMC Bioinformatics*, Vol. 8, S2, 2007.

49) K. Satake. Inversion of tsunami waveforms for the estimation of heterogeneous fault motion of large earthquakes: The 1968 Tokachi-oki and the 1983 Japan Sea earthquakes. *Journal of Geophysical Research*, Vol. 94, pp. 5627–5636, 1989.

50) M. A. Savageau. Biochemical systems analysis ii: the steady state solution for an n-pool system using a power law approximation. *Journal Theoretical Biology*, Vol. 25, pp. 370–379, 1969.

51) N. A. Tsyganenko. Modeling the Earth's magnetospheric magnetic field confined within a realistic magnetopause. *Journal of Geophysical Research*, Vol. 100, p. 5599, 1995.

52) N. A. Tsyganenko and D. P. Stern. A new-generation global magnetosphere field model, based on spacecraft magnetometer data. *ISTP Newsletter*, Vol. 6(1), p. 21, 1996.

53) H. R. Ueda, W. Chen, A. Adachi, H. Wakamatsu, S. Hayashi, T. Takasugi, M. Nagano, K. Nakahama, Y. Suzuki, S. Sugano, M. Iino, Y. Shigeyoshi, and S. Hashimoto. A transcription factor response element for gene expression during circadian night. *Nature*, Vol. 418, pp. 534–539, 2002.

54) G. Ueno, T. Higuchi, T. Kagimoto, and N. Hirose. Prediction of ocean state by data assimilation with the ensemble Kalman filter. In *Joint 3rd International Conference on Soft Computing and Intelligent Systems and 7th International Symposium on advanced Intelligent Systems (SCIS & ISIS 2006)*, pp. 1884–1889, Tokyo, Japan, 2006. SOFT.

55) P. J. van Leeuwen. Particle filtering in geophysical systems. *Monthly Weather Review*, Vol. 137, pp. 4089–4114, 2009.

56) M. H. Vitaterna, D. P. King, A. M. Chang, J. M. Kornhauser, P. L. Lowrey, J. D. McDonald, W. F. Dove, L. H. Pinto, F. W. Turek, and J. S. Takahashi. Mutagenesis and mapping of a mouse gene, clock, essential for circadian behavior. *Science*, Vol. 29, pp. 719–725, 1994.

57) D. J. Wilkinson. *Stochastic Modelling for Systems Biology*. Chapman and Hall, 2006.

58) X. Xiong, I. M. Navon, and B. Uzunoglu. A note on particle filter with posterior Gaussian resampling. *Tellus*, Vol. 58A, pp. 456–460, 2006.

59) R. Yoshida, M. Nagasaki, R. Yamaguchi, R. Imoto, S. Miyano, and T. Higuchi. Bayesian learning of biological pathways on genomic data assimilation. *Bioinformatics*, Vol. 24, pp. 2592–2601, 2008.

60) S. E. Zebiak and M. A. Cane. A model El Niño-Southern Oscillation. *Monthly Weather Review*, Vol. 115, pp. 2262–2278, 1987.

61) 淡路敏之・五十嵐弘道・池田元美・石川洋一・石崎士郎・一井太郎・印 貞治・上野玄太・碓氷典久・大嶋孝造・蒲地政文・倉賀野連・小守信正・杉浦望実・高山勝巳・土谷 隆・豊田隆寛・中山智治・平原和朗・広瀬直毅・藤井賢彦・藤井陽介・本田有機・増田周平・松本聡・万田敦昌・宮崎真一・美山 透・望月 崇・渡邊達郎. データ同化—観測・実験とモデルを融合するイノベーション. 京都大学学術出版会, 2009.

62) 岡本正宏. S-system による遺伝子の相互作用推定. 高木利久・冨田 勝 (編), ゲノム情報

生物学, pp. 165–188. 中山書店, 2000.

63) 小倉義光. 気象力学通論. 東京大学出版会, 1978.

64) 片山　徹. 新版 応用カルマンフィルタ. 朝倉書店, 2000.

65) 北川源四郎. モンテカルロ・フィルタおよび平滑化について. 統計数理, Vol. 44, pp. 31–48, 1996.

66) 北川源四郎. 時系列解析入門. 岩波書店, 2005.

67) 北川源四郎・樋口知之. 知識発見と自己組織型の統計モデル. 発見科学とデータマイニング, bit 別冊, pp. 159–168. 共立出版, 2000.

68) 露木　義・川畑拓矢 (編). 気象学におけるデータ同化. 気象研究ノート, No. 217. 日本気象学会, 2008.

69) 東京大学教養学部統計学教室 (編). 統計学入門. 東京大学出版会, 1991.

70) 長崎正朗・斎藤あゆむ・宮野　悟. パスウェイのモデル化とシミュレーションツール. 実験医学, Vol. 7, pp. 169–175, 2008.

71) 中野慎也・上野玄太・中村和幸・樋口知之. Merging particle filter とその特性. 統計数理, Vol. 56, No. 2, pp. 225–234, 2008.

72) 中村和幸・上野玄太・樋口知之. データ同化：その概念とアルゴリズム. 統計数理, Vol. 53, pp. 211–229, 2005.

73) D. A. ハーヴィル (著), 伊理正夫 (監訳). 統計のための行列代数 (上, 下). シュプリンガー・ジャパン, 2007.

74) 蒲地政文・藤井陽介・石崎士郎・松本　聡・中野俊也・安田珠幾. 熱帯太平洋での気候変動に関連した海洋データ同化の最近の発展. 統計数理, Vol. 54, No. 2, pp. 223–245, 2006.

75) 樋口知之. 遺伝的アルゴリズムとモンテカルロフィルタ. 統計数理, Vol. 44, No. 1, pp. 19–30, 1996.

76) 樋口知之. 地球科学におけるモデルヴァリデーション. 北川源四郎 (編), モデルヴァリデーション, pp. 117–153. 共立出版, 2005.

77) 樋口知之. 全体モデルから局所モデルへ/状態空間モデルとシミュレーション. 数学セミナー II, Vol. 46, No. 11, pp. 30–36, 2007.

78) 樋口知之・石井　信・照井伸彦・井元清哉・北川源四郎. 統計数理は隠された未来をあらわにする：ベイジアンモデリングによる実世界イノベーション. 東京電機大学出版局, 2007.

79) C. M. ビショップ (著), 元田　浩・栗田多喜夫・樋口知之・松本裕治・村田　昇 (監訳). パターン認識と機械学習 (上, 下) — ベイズ理論による統計的予測. シュプリンガー・ジャパン, 2007, 2008.

80) 福島雅夫. 数理計画入門. 朝倉書店, 1996.

81) 吉田　亮・樋口知之. 細胞内生化学反応経路のグラフィカルモデリングと統計的推測手法の新展開. 日本統計学会誌, Vol. 38, No. 2, pp. 213–236, 2009.

索　　引

欧　文

data distribution　13
DNA マイクロアレイ　205
ensemble Kalman filter　78
ensemble Kalman smoother　91
MAP 解　13
MAP 推定量　207
processing element　169, 212
RTS 平滑化　74, 91
sampling importance resampling　101

ア　行

アンサンブル　80
アンサンブルカルマンスムーザ　91
アンサンブルカルマンフィルタ　78
アンサンブル近似　79, 101, 102
アンサンブルメンバー　80
アンサンブルメンバー数　80

一時点尤度　37
1 階トレンドモデル　55
一期先尤度　12
一期先尤度関数　12
一期先予測　102, 104
一期先予測尤度　12
一般状態空間モデル　32, 102
遺伝的アルゴリズム　44
イノベーションノイズ　8

カ　行

ガウシアン粒子フィルタ　117
ガウス分布　9
カオス時系列モデル　31
拡大システム　59
拡大状態ベクトル　44, 108, 122
拡張カルマンフィルタ　79
確率密度　8
確率論的なシミュレーション　18
隠れマルコフモデル　32
カルマンゲイン　52
カルマンフィルタ　53
観測演算子　27
観測行列　26
観測ノイズ　29, 190
観測モデル　29, 128

期待値　10

グラフィカルモデル　202

決定論的なシミュレーション　18

降下法　14
固定区間平滑化　39
固定区間平滑ゲイン　73
固定点平滑化　40
固定点平滑ゲイン　62, 66
固定ラグ平滑化　41, 108, 121
固定ラグ平滑ゲイン　69, 71

サ　行

再解析データセット　3
最小分散推定値　77
最尤法　43

事後周辺分布　15
事後分布　13

事後平均　207
システムノイズ　8, 23
システムモデル　8, 18, 24, 127
事前分布　13
シミュレーション　17
シミュレーションモデル　17
周辺化　9
準ニュートン法　43
条件付き確率　8
状態空間表現　205
状態空間モデル　30
状態ベクトル　5, 18
状態変数　5
擾乱付き観測　82
初期条件　18
初期値　16, 18
初期分布　102

正規分布　9
線形・ガウス状態空間モデル　31, 48
線形最小分散推定値　77
線形最小分散フィルタ　77

タ　行

退化　107, 115, 226
対数尤度　110
対数尤度関数　12
畳み込み　23
多変量ガウス分布　215
多変量正規分布　10, 215
多峰性　107
タンパク質相互作用ネットワーク　198

逐次重点サンプリング　226
逐次ベイズフィルタ　34, 40
長期予測　37
直接挿入法　29
直接法　43
直交射影　77

データセントリックサイエンス　1
データ同化　29
データ分布　13
デルタ関数　10
転写因子　198
転写制御ネットワーク　198

同時分布　9
貪欲法　44

ナ　行

ナッジング法　29

ハ　行

ハイパーパラメータ　46

非線形・非ガウス状態空間モデル　31
非線形・非ガウスモデル　31
非逐次型のデータ同化手法　14
表現誤差　29

フィルタ　36, 105
フィルタ分布　34, 102, 105, 119
双子実験　125
ブートストラップフィルタ　101
分解速度係数　204
分散　9
分散型粒子フィルタ　212
分散共分散　9
分散共分散行列　11

平滑化　57
平滑化分布　34, 109
平均　9
平均値　11
ベイズ周辺尤度　213
ベイズ推定量　207
ベイズの定理　12
ベイズフィルタ　34, 40
並列粒子フィルタ　212
ペトリネット　201
変数変換　9

マ　行

マルコフ性　33, 145

ミカエリス–メンテン反応速度式　201

メンバー数 80

モデリング言語 201
モンテカルロ近似 80
モンテカルロフィルタ 101

ヤ 行

融合粒子スムーザ 121
融合粒子フィルタ 116, 117, 195
尤度 12, 37, 102, 110
尤度関数 12

4 次元変分法 14

予測 36
予測分布 34, 105

ラ 行

ランダムウォークモデル 45

リサンプリング 106, 107, 111
粒子 80, 101
粒子数 80
粒子スムーザ 109, 207
粒子フィルタ 101

ローレンツ 63 モデル 125

編著者略歴

樋口知之（ひぐち ともゆき）

1961年　宮崎県に生まれる

1989年　東京大学大学院理学系研究科博士課程修了

現　在　統計数理研究所所長

　　　　理学博士

シリーズ〈予測と発見の科学〉6

データ同化入門

―次世代のシミュレーション技術―

定価はカバーに表示

2011年9月25日　初版第1刷

2023年3月15日　　　第11刷

編著者　樋口知之

発行者　朝倉誠造

発行所　株式会社 朝倉書店

東京都新宿区新小川町6-29

郵便番号　162-8707

電　話　03(3260)0141

FAX　03(3260)0180

https://www.asakura.co.jp

〈検印省略〉

© 2011〈無断複写・転載を禁ず〉　Printed in Korea

ISBN 978-4-254-12786-7　C 3341

JCOPY ＜出版者著作権管理機構 委託出版物＞

本書の無断複写は著作権法上での例外を除き禁じられています．複写される場合は，そのつど事前に，出版者著作権管理機構（電話 03-5244-5088，FAX 03-5244-5089，e-mail: info@jcopy.or.jp）の許諾を得てください．

統数研 福水健次著
シリーズ〈多変量データの統計科学〉8
カーネル法入門
—正定値カーネルによるデータ解析—
12808-6 C3341 A5判 248頁 本体3800円

急速に発展し，高次のデータ解析に不可欠の方法論となったカーネル法の基本原理から出発し，代表的な方法，最近の展開までを紹介。ヒルベルト空間や凸最適化の基本事項をはじめ，本論の理解に必要な数理的内容も丁寧に補う本格的入門書。

慶大 小暮厚之・野村アセット 梶田幸作監訳
ランカスター ベイジアン計量経済学
12179-7 C3041 A5判 400頁 本体6500円

基本的概念から，MCMCに関するベイズ計算法，計量経済学へのベイズ応用，コンピュテーションまで解説した世界的名著。〔内容〕ベイズアルゴリズム／予測とモデル評価／線形回帰モデル／ベイズ計算法／非線形回帰モデル／時系列モデル／他

東北大 照井伸彦著
シリーズ〈統計科学のプラクティス〉2
Rによるベイズ統計分析
12812-3 C3341 A5判 180頁 本体2900円

事前情報を構造化しながら積極的にモデルへ組み入れる階層ベイズモデルまでを平易に解説〔内容〕確率とベイズの定理／尤度関数，事前分布，事後分布／統計モデルとベイズ推測／確率モデルのベイズ推測／事後分布の評価／線形回帰モデル／他

慶大 古谷知之著
シリーズ〈統計科学のプラクティス〉5
Rによる 空間データの統計分析
12815-4 C3341 A5判 184頁 本体2900円

空間データの基本的考え方・可視化手法を紹介したのち，空間統計学の手法を解説し，空間経済計量学の手法まで言及。〔内容〕空間データの構造と操作／地域間の比較／分類と可視化／空間的自己相関／空間集積性／空間点過程／空間補間／他

慶大 安道知寛著
統計ライブラリー
ベイズ統計モデリング
12793-5 C3341 A5判 200頁 本体3300円

ベイズ的アプローチによる統計的モデリングの手法と様々なモデル評価基準を紹介。〔内容〕ベイズ分析入門／ベイズ推定(漸近的方法；数値計算)／ベイズ情報量規準／数値計算に基づくベイズ情報量規準の構築／ベイズ予測情報量規準／他

早大 豊田秀樹編著
統計ライブラリー
マルコフ連鎖モンテカルロ法
12697-6 C3341 A5判 280頁 本体4200円

ベイズ統計の発展で重要性が高まるMCMC法を応用例を多数示しつつ徹底解説。Rソース付〔内容〕MCMC法入門／母数推定／収束判定・モデルの妥当性／SEMによるベイズ推定／MCMC法の応用／BRugs／ベイズ推定の古典的枠組み

中大 小西貞則・前統数研 北川源四郎著
シリーズ〈予測と発見の科学〉2
情報量規準
12782-9 C3341 A5判 208頁 本体3600円

「いかにしてよいモデルを求めるか」データから最良の情報を抽出するための数理的判断基準を示す〔内容〕統計的モデリングの考え方／統計的モデル／情報量規準／一般化情報量規準／ブートストラップ／ベイズ型／さまざまなモデル評価基準／他

中大 小西貞則・大分大 越智義道・東大 大森裕浩著
シリーズ〈予測と発見の科学〉5
計算統計学の方法
—ブートストラップ，EMアルゴリズム，MCMC—
12785-0 C3341 A5判 240頁 本体3800円

ブートストラップ，EMアルゴリズム，マルコフ連鎖モンテカルロ法はいずれも計算機を利用した複雑な統計的推論において広く応用され，きわめて重要性の高い手法である。その基礎から展開までを適用例を示しながら丁寧に解説する。

D.K.デイ・C.R.ラオ編
帝京大 繁桝算男・東大 岸野洋久・東大 大森裕浩監訳
ベイズ統計分析ハンドブック
12181-0 C3041 A5判 1076頁 本体28000円

発展著しいベイズ統計分析の近年の成果を集約したハンドブック。基礎理論，方法論，実証応用および関連する計算手法について，一流執筆陣による全35章で立体的に解説。〔内容〕ベイズ統計の基礎(因果関係の推論，モデル選択，モデル診断ほか)／ノンパラメトリック手法／ベイズ統計における計算／時空間モデル／頑健分析・感度解析／バイオインフォマティクス・生物統計／カテゴリカルデータ解析／生存時間解析，ソフトウェア信頼性／小地域推定／ベイズ的思考法の教育

上記価格（税別）は 2021年 7月現在